Michael P. Wagner

Groupware und neues Management

Einsatz geeigneter Softwaresysteme für flexiblere Organisationen

Michael P. Wagner

Groupware und neues Management

Einsatz geeigneter Softwaresysteme für flexiblere Organisationen

Softcover reprint of the hard cover 1 st edition 1995

Der Verlag Vieweg ist ein Unternehmen der Bertelsmann Fachinformation GmbH.

Druck und buchbinderische Verarbeitung: Lengericher Handelsdruckerei, Lengerich
Gedruckt auf säurefreiem Papier

ISBN-13: 978-3-322-84933-5 e-ISBN-13:978-3-322-84932-8
DOI: 10.1007/978-3-322-84933-5

Vorwort

Dieses Buch vermittelt einen umfassenden Überblick über das vielschichtige Thema *Groupware*. Es gewährt Einblicke in Basistechnologien und Managementtechniken und versucht, Hilfestellung bei der Anwendung der verfügbaren Produkte und der Umsetzung der bisherigen Erfahrungen zu geben. Im Vordergrund stehen dabei die Erkenntnis der eigenen Problemstellung und die Anregung zur Selbsthilfe. Die Erläuterungen der Groupware-Konzepte dienen weniger als konkrete Anweisungen, sondern sie sollen die Anpassung zu einer für den jeweiligen Einzelfall individuellen Vorgehensweise ermöglichen.

Aufbau

Das Buch wurde möglichst übersichtlich gegliedert. Ein Exkurs zur strategischen Bedeutung von Groupware bildet den Einstieg in die komplexe Materie, gefolgt von einer informellen Darstellung der Grundlagen, des neuen Managementverständnisses und dem aktuellen Stand der Technologie. Die Einführung von Groupwaresystemen bildet einen weiteren Schwerpunkt, gefolgt von konkreten Fallbeispielen und einem Ausblick auf die Marktentwicklung. Ein ausführlicher Anhang mit Produkt- und Literaturverzeichnissen rundet das Werk ab.

Leserschaft

Um die erfolgreiche Umsetzung der Groupware-Konzepte in der Praxis zu erleichtern, wurde dieses Buch für eine breite Leserschaft geschrieben. Vom Manager bis zum Techniker, vom Visionär bis zum Pragmatiker sollen alle an Groupware-Einsätzen beteiligtem Personen durch dieses Buch die Chancen und Möglichkeiten dieser neuen Technologie kennenlernen.

Sprache

Um den Text verständlich zu halten, wurde auf die Verwendung der üblichen Fachsprache soweit wie möglich verzichtet. Die verwendeten Fachbegriffe und Abkürzungen werden in einem Glossar erläutert.

Dieses Groupware-Buch zu schreiben hat sich als wesentlich aufwendiger erwiesen als ursprünglich angenommen. Ohne die Unterstützung vieler Kollegen und Freunde wäre diese Aufgabe nicht zu bewältigen gewesen. Mein besonderer Dank gilt Jörn-Alexander Heye.

München, August 1995

Michael Wagner

Für Rita

Inhaltsverzeichnis

1 Einführung

Der Begriff *Groupware* entstand zu Beginn der achtziger Jahre, als Trudy und Peter Johnson-Lentz [37] eine neue Art von Software definierten, die der Zusammenarbeit von Teams dienen sollte. Seit diesen Anfängen hat sich Groupware als Oberbegriff für kommerzielle Produkte der Informationstechnik durchgesetzt, die der Unterstützung von Organisationen dienen. Im gleichen Zeitraum verschwand die vermeintliche Beschränkung auf Arbeitsgruppen, und Groupware gewann eine universelle Bedeutung als Organisationstechnologie.

Die Aufmerksamkeit, die der Groupware in jüngster Zeit zukommt, wurde nicht allein von den ersten kommerziellen Groupwareprodukten hervorgerufen, die seit wenigen Jahren auf den Markt drängen. Erst in jüngster Zeit hat sich das Organisationsverständnis soweit gewandelt, daß derartige Werkzeuge erfolgreich eingesetzt werden können. Nicht wenige Groupwaresysteme werden zur Unterstützung von Reorganisationsmaßnahmen eingesetzt. Ob die Verfügbarkeit von Groupware die Reorganisation angeregt hat oder aufgrund der organisatorischen Ziele Groupware als geeignetes Werkzeug entdeckt wurde, ist meistens irrelevant. In jedem Fall ist der Einsatz von Groupware untrennbar mit begleitenden oder vorbereitenden organisatorischen Maßnahmen verbunden.

Kontext

Der Kontext, in dem Groupwaresysteme eingesetzt werden, erstreckt sich von den Randbedingungen der technischen Realisierung bis zur strategischen Unternehmensentwicklung, von den Veränderungen der Organisationsstruktur bis zur Weiterentwicklung der Geschäftsprozesse, von der Verwaltung von Informationen bis zur Anwendung der Organisationspsychologie, vom Aufbau der technischen Infrastruktur bis zum Wandel der Unternehmenskultur. Entsprechend breit ist die Fülle der Themen, die in den fachlichen Diskussionen zum Thema Groupware angesprochen werden.

Technologie

Groupware ist andererseits keine verhältnismäßig einheitliche Softwarekategorie wie Textverarbeitung oder Tabellenkalkulation. Die Einsatzbreite heutiger Groupwareprodukte reicht von computerbasierten Kommunikationsmedien wie elektronischer Post oder Videokonferenzsystemen bis zu Softwarewerkzeugen, die eine Abbildung der organisatorischen Realität mit informationstechnischen Mitteln verfolgen. Das Wirkungsspektrum von Groupware reicht dementsprechend von neuen Alternativen der zwischenmenschlichen Kommunikation bis zur Verbesserung der Unternehmensentwicklung. Auf der technischen Seite stellt Groupware die logische Konsequenz der fortschreitenden Vernetzung dar. Alle Groupwaresysteme sichern auf die eine oder andere Art die Konsistenz verteilter Informationen.

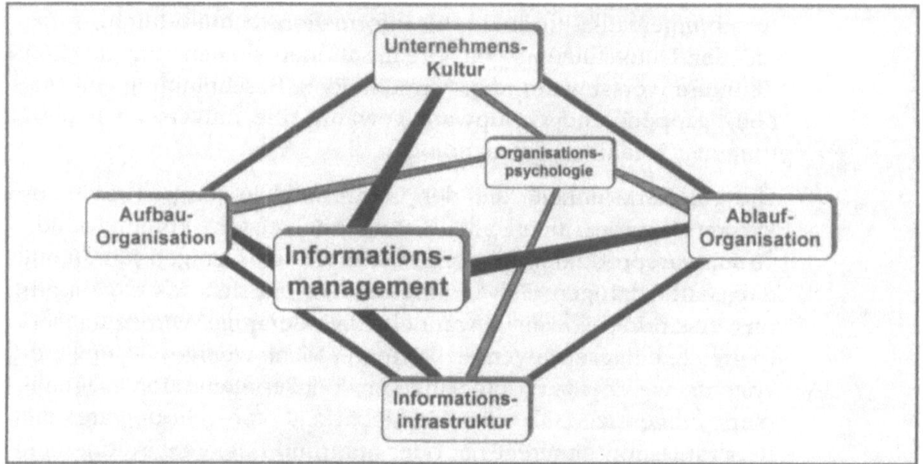

Abb. 1.1: *Die Groupware-Begriffswelt steht im Kontext von Organisationsentwicklung und Informationstechnik.*

Begriffsdefinition

Alle diese Faktoren tragen zu dem diffusen Bild bei, das sich um den Begriff Groupware entwickelt hat. Aufgrund der vielfältigen Abhängigkeiten von den Spezifika der jeweiligen Organisation gibt es keine eindeutige Interpretation des Begriffes *Groupware.* Jedes Unternehmen muß selbst herausfinden, was Groupware innerhalb der eigenen Organisation und darüber hinaus bewirken kann.

Motivation

Obwohl Groupwaresysteme auf einigen neuen Technologien basieren, sind technische Gründe selten für einen Einsatz entscheidend, konkrete wirtschaftliche Ziele stehen meist im Vordergrund. In der Regel sind es allerdings weiche, schwer zu quantifizierende Faktoren, die sich für die Entscheidungen ausschlaggebend auswirken. Zielgrößen wie Kundenzufriedenheit, Wettbewerbs- beziehungsweise Wandlungsfähigkeit oder Innovationskraft von Organisationen lassen sich nur vage mittels Indikatoren überprüfen. Trotz fehlender Erfahrungen zur Aufwandsentwicklung werden Groupwaresysteme vielfach als Querschnittsanwendung in kritischen Geschäftsbereichen oder gar als unternehmensweite Infrastruktur eingesetzt, da man einen vielfältigen Nutzen in den unterschiedlichsten Organisationsbereichen erwartet.

Eigenschaften

Umfassende Groupwaresysteme, insbesondere Groupwareplattformen ermöglichen eine Verknüpfung der in den Unternehmen in vielfältigster Weise vorhandenen Informationen mit der Struktur der Organisation und mit den Anforderungen der zu bewältigenden Aufgaben. Ihre Wirkung geht allerdings über die reine Steuerung der Informationsflüsse innerhalb der Organisationen und zwischen den Unternehmen weit hinaus.

Wirkungen

Der Einsatz von Groupware als verteilter Informationsspeicher ermöglicht eine Transformation des individuellen Wissens der Mitarbeiter zu einem gemeinsamen Wissen aller Mitarbeiter. Als unternehmensweites Diskussionssystem kann Groupware neuartige themen- und problemorientierte Synergien aufzeigen, die bislang nicht erkennbar waren. Als Kommunikationsmedium schafft Groupware mit der Unabhängigkeit von räumlichen und zeitlichen Beschränkungen die *Virtualisierung* der Organisationsabläufe.

erster Ordnung

Die primären, kurzfristigen Auswirkungen eines Groupwareeinsatzes sind in der Regel quantitativer Natur. Bestehende Kommunikationsvorgänge und Abläufe können durch Groupwaresysteme beschleunigt beziehungsweise voneinander entkoppelt werden. Auch wenn keine organisatorischen Veränderungen vorgenommen werden, so lassen sich manche Organisationsprobleme wie Kommunikationsengpässe mit Groupwaresystemen zumindest nachweisen.

zweiter Ordnung

Die sekundären, mittelfristigen Groupwareeffekte zeigen eine qualitative Wirkung. Durch organisatorische Anpassungen können Verbesserungen der Abläufe erreicht werden. Diese reichen von mehr Flexibilität bis zu einer Eigendynamik des Groupwareeinsatzes. Neben den qualitativen Veränderungen kann über Maßnahmen der Teamentwicklung eine Revitalisierung bestehender Organisationen erreicht werden.

Die qualitativen Veränderungen können durch eine Dezentralisierung des Managements der zugrundeliegenden Informationssysteme unterstützt werden. Um den Organisationseinheiten den nötigen Freiraum bei der Anwendung der Groupwaresysteme zu lassen, kann eine Verlagerung der Verantwortung für die Entwicklung spezifischer Groupwareanwendungen in die Fachbereiche sinnvoll sein. Der EDV-Abteilung kommt die zentrale Rolle der Konsistenzsicherung zu, sie muß aber dezentral mit den Unternehmensbereichen zusammenarbeiten können, die ihre Anforderungen direkt umsetzen.

dritter Ordnung

Die tertiären, langfristigen Konsequenzen eines Groupwareeinsatzes sind struktureller Art und zielen auf einen strategiegetriebenen Organisationswandel. Neben der Einführung und der Unterstützung selbstregulierender Organisationsformen kann sich Groupware zudem langfristig als Unternehmensentwicklungswerkzeug etablieren.

Voraussetzungen

Ausschlaggebend für den Erfolg eines Groupwareeinsatzes ist neben dem Engagement des verantwortlichen Managements die Entwicklungsstufe der zu unterstützenden Organisation. Grundsätzlich lassen sich mit Groupwaresystemen fast alle Organisationsformen unterstützen, insbesondere auch hierarchisch gegliederte, mit strikten Weisungsrechten und Berichtswegen ausgestattete Unternehmen. Die gemeinsamkeitsfördernde Wirkung von Groupware entfaltet sich jedoch in den Organisationen besonders gut, die von Offenheit, Selbständigkeit, Eigeninitiative und Vertrauen geprägt sind.

Einsatzformen

Groupware kann prinzipiell sowohl abteilungs- als auch funktions- oder unternehmensweit beziehungsweise -übergreifend eingesetzt werden. Was die inhaltlichen Schwerpunkte eines Einsatzes angeht, so sollte man den Groupware-Hebel dort ansetzen, wo mit Blick auf die Zielsetzungen des Einsatzes am meisten bewegt werden kann. Grundsätzlich unterscheidet man operative Einsätze, die auf eine schrittweise Verbesserung abzielen, und strategische Einsätze, die mit Groupware eine neue Grundlage des Geschäftes schaffen wollen.

operativ

Ein operativer Einsatz von Groupware ist für nahezu alle Organisationsformen in den unterschiedlichsten Größenordnungen möglich. Bestehende Organisationsstrukturen und -abläufe können in der Regel direkt abgebildet werden. Die Akzeptanz des Groupwaresystems durch die Mitarbeiter ist in einem solchen Fall ausschlaggebend für den Erfolg.

strategisch

Ein strategischer Einsatz von Groupware setzt eine gewisse Größenordnung der Installation als kritische Masse voraus und sollte durch organisatorische Maßnahmen wie der Überprüfung von

Routineabläufen vorbereitet werden. Ein solcher Einsatz ist insbesondere dort interessant, wo mehrere strategische Erfolgsfaktoren positiv beeinflußt werden können. Erst mit einem Zusammenspiel informationstechnischer, organisatorischer und kultureller Bedingungen wird sich eine Eigendynamik des Groupwareeinsatzes einstellen. Eine schrittweise Transformation eines operativen Einsatzes zu einem strategischen ist ebenfalls denkbar.

Technische Umsetzung

Die Realisierung der vielfältigen und oft rasch wechselnden Anforderungen an ein Groupwaresystem kann nur selten mit herkömmlichen Mitteln erreicht werden. Eine kosteneffektive Evolution der zugrundeliegenden Informationstechnik, die sich auf die wesentlichen Kernfunktionen konzentriert und die *Connectivity* und Interoperabilität aller Teillösungen sicherstellt, ist für den langfristigen Erfolg unverzichtbar. Keine allumfassende Globallösung, sondern die Integrationsfähigkeit der Speziallösungen über eine standardisierte Kommunikation steht im Mittelpunkt.

Einführungsprobleme

Schwierigkeiten beim Einsatz von Groupwaresystemen ergeben sich vor allem in den Fällen, in denen die Rolle der Technik überbetont und zwischenmenschliche Faktoren vernachlässigt wurden. Insbesondere der Entwicklungsstand der Organisation muß bei der Planung eines Groupwareeinsatzes von Anfang an berücksichtigt werden. Keine Technologie kann Defizite des Managements beziehungsweise der Gruppendynamik innerhalb der Organisationseinheiten wettmachen.

Für einen reibungslosen Einsatz von Groupwaresystemen ist in vielen Fällen ein Wandel der Denkweise notwendig. Veränderungen dürfen nicht als Bedrohung empfunden werden, sondern müssen als Chance begriffen und im Sinne der Unternehmensstrategie genutzt werden. Nur in diesem Kontext kann Groupware in der Rolle einer Infrastruktur zur Stärkung der Wandlungs- und Entwicklungsfähigkeit von Unternehmen beitragen.

Praxis

Trotz einer langen Tradition akademischer Forschung sind erst seit wenigen Jahren kommerzielle Groupwareprodukte verfügbar. Die Verbreitung von Groupware steht insbesondere in Deutschland noch am Anfang der Entwicklung. Der Markt für Groupwareprodukte und -dienstleistungen ist noch im Entstehen begriffen. Die technische Entwicklung hat sich noch nicht stabilisiert, auch wenn ein deutlicher Trend zu Plattformen zu verzeichnen ist. Erst eine Standardisierung der Groupware-

Basistechnologien wird die Anwendbarkeit von Groupwaresystemen wesentlich erhöhen und den Markt endgültig öffnen.

Anwendungsbeispiel

Das folgende informelle Groupware-Beispiel soll einen ersten Eindruck der konkreten Anwendungsmöglichkeiten verfügbarer Produkte vermitteln.

Sitzungsunterstützung

Groupwaresysteme zur Unterstützung von Sitzungen, sogenannte *Meetingware*, dient der Verbesserung persönlicher Kommunikation innerhalb einer Diskussionsrunde. Synchrone Konferenzsysteme setzen die gleichzeitige Anwesenheit aller Teilnehmer voraus und werden meist in einem eigens geschaffenen Diskussions- oder Entscheidungsraum installiert.

Man könnte meinen, daß eine direkte persönliche Kommunikation innerhalb einer Gruppe die beste Form der Zusammenarbeit darstellt und es dort nicht mehr viel zu verbessern gibt. Bei genauerer Betrachtung zeigen sich jedoch eine ganze Reihe von Kommunikationsproblemen, die sich mit Hilfe von Meetingware lösen lassen.

Parallelität

Ein quantitatives Probleme von Gesprächsrunden ist die vergleichsweise schmalbandige Kommunikation innerhalb einer Sitzung. In der Regel ergreift einer der Anwesenden das Wort, und alle übrigen hören zu. Für einen Vortrag ist dies sinnvoll, in offener Diskussion oder gar in einer Brainstormingsitzung kann sich diese Vorgehensweise jedoch als zu aufwendig erweisen.

Diskussionssysteme ermöglichen es allen Sitzungsteilnehmern, ihre Gedanken parallel zum gleichen Zeitpunkt auszudrücken. Durch die textuelle Eingabe in freier Form oder anhand einer vorgegebenen Struktur können in der gleichen Zeit mehr Beiträge, Gedanken und Ideen erfaßt werden, als dies im direkten Gespräch möglich wäre. Zwischen den eigenen Eingaben beziehungsweise in einer zweiten Phase können diese Beiträge dann von allen Teilnehmern gelesen, geordnet und elektronisch oder mündlich diskutiert und zur Entscheidungsreife verdichtet werden.

Anonymität

Ein weiteres Kommunikationsproblem innerhalb von Gruppen sind persönliche Sympathien oder Antipathien beziehungsweise die Dominanz einzelner Personen. Konferenzsysteme können dieses Ungleichgewicht durch eine wahlweise Anonymisierung der Beiträge lösen. Die Diskussion konzentriert sich auf die sachliche Ebene, wenn die Herkunft der Beiträge nicht nachvollzogen werden kann. Zu den sekundären Effekten der Sitzungsunterstützung zählt die abnehmende Bedeutung der Rhetorik und die Konzentration auf schriftliche Formulierungen, was allein schon zu einer Versachlichung der Diskussion führen kann. Weiterhin kann die Steuerung einer elektronischen Diskussion durch einen Moderator erfolgen, der die üblichen Funktionen einer Diskussionsleitung für die direkte wie die elektronische Kommunikation übernimmt.

Konsensfindung

Um Streitigkeiten über Abstimmungsmodalitäten zu vermeiden und neue Wege der Konsensfindung aufzuzeigen, verfügen Diskussionssysteme über eine Reihe unterschiedlichster Abstimmungsmechanismen. Neben den üblichen Wahlverfahren kommen auch Reihenfolge- beziehungsweise Punkteverfahren zum Einsatz. Die Abstimmungen können ebenfalls anonymisiert und mit oder ohne Echtzeit-Rückmeldung über Wahlbeteiligung und Abstimmungsverhalten durchgeführt werden.

Dokumentation

Mit der elektronischen Erfassung der Beiträge steht nach Abschluß der Diskussion unmittelbar ein Ergebnisprotokoll der Sitzung zur Verfügung. Als Nachteil des Einsatzes von Meetingware wird gelegentlich die Nachprüfbarkeit jedes Diskussionsbeitrages genannt. Unabhängig von den Möglichkeiten der Software ist dies jedoch vor allem ein Problem des Verhaltens innerhalb der Gruppe und weniger ein technisches Problem.

Asynchronität

Diese neuartige Form der Diskussionsführung kann durch asynchrone Konferenzsysteme auf den räumlich oder zeitlich verteilten Fall ausdehnt werden. Die Eingabe der Beiträge erfolgt dann nicht mehr zur gleichen Zeit am gleichen Ort, sondern kann unabhängig voneinander erfolgen. Das asynchrone Konferenzsystem stellt sicher, daß die Bezüge zwischen den Beiträgen trotz der Verteilung erhalten bleiben und allen Teilnehmern sichtbar werden. Dadurch können komplexe Themenstellungen trotz hoher Mobilität und Abwesenheitsquote der Diskussionsteilnehmer auch über längere Zeiträume verfolgt werden.

2 Die strategische Rolle

Wir leben in einer Zeit, die von einer zunehmenden Veränderung unserer Wirtschaftssysteme geprägt ist. Der Konkurrenzdruck zwischen Unternehmen, Branchen, Nationen und Wirtschaftsräumen wächst unaufhörlich. Die Technisierung der Entwicklung und die Automatisierung der Produktion tragen zu einer Verkürzung der Produktlebenszyklen bei. Steigende Qualitätsansprüche für Konsum- wie Investitionsgüter und die Globalisierung der Märkte sind die treibenden Kräfte dieser Entwicklung. Die Notwendigkeit internationaler Präsenz in Verbindung mit einem Trend zur Individualisierung der Kundenanforderungen stellt viele Unternehmen nahezu täglich vor neue Aufgaben.

In dem Maße wie sich die Veränderungen der Unternehmensumwelt beschleunigen, verringert sich die Schlagkraft bestehender Organisationen und schwindet die Wirkung der klassischen Reorganisationsmaßnahmen und Managementkonzepte. Eine Anpassung überholter Organisationsstrukturen an die veränderte Situation mit konventionellen Mitteln zeigt immer weniger oder nur für kurze Zeit Wirkung. Diese Entwicklung ist nicht auf die heimische Wirtschaft beschränkt. Weltweit suchen Unternehmen nach neuen Möglichkeiten, Organisationen effektiver zu gestalten und flexibler an Veränderungen anpassen zu können.

Neue Denkansätze

In dieser Zeit wachsender Unsicherheiten treffen zwei Strömungen unterschiedlichen Ursprungs aufeinander. Ein Überdenken herkömmlicher Unternehmensstrukturen mittels neuer Ansätze für flexiblere Management- und Organisationsformen findet seine Entsprechung in einer Welle neuer Informationstechnologien, die unter dem Stichwort *Groupware* eine wirkungsvollere Organisationsunterstützung ermöglichen. Beide Entwicklungen ergänzen einander. Eine weitgehende Neugestaltung der Organisationen ist ohne adäquate informationstechnische Unterstützung kaum mehr denk- beziehungsweise durchführbar. Das Potential der neuartigen Informationssysteme kann andererseits ohne eine gleichzeitige Weiterentwicklung der Organisationen nicht voll ausgeschöpft werden. Die Umsetzung des organisatorischen Wandels mit Hilfe von Groupwaresystemen ist dann besonders erfolgreich, wenn das Zusammenspiel von Unternehmenskultur,

-organisation und Informationstechnik möglichst eng aufeinander abgestimmt sind.

Neue Zielsetzungen

Die Kommunikations- und Organisationsinfrastruktur Groupware kann sich zu einer Querschnittsfunktion im Unternehmen entwickeln und zur Erhöhung der Entwicklungsfähigkeit der Organisation entscheidend beitragen. Langfristig werden Groupwaresysteme die Grundlage aller Unternehmensaktivitäten bilden. Die strategische Bedeutung des Groupwareeinsatzes ergibt sich aus der Re-Vitalisierung aller Unternehmensbereiche. Der Einsatz von Groupwaresysteme hat positiven Einfluß auf wichtige Erfolgsfaktoren, ermöglicht und stimuliert den Wandel zu neuen Organisationsformen und definiert die Rolle der Informationstechnologie neu.

2.1 Kritische Erfolgsfaktoren

Der wirtschaftliche Erfolg eines Unternehmens hängt sowohl von marktspezifischen als auch allgemeinen Erfolgsfaktoren ab. In demselben Maße, in dem der Einfluß marktspezifischer Erfolgsfaktoren wie Produktionsstandort, Fertigungstechnologie oder Produktqualität sinkt, steigt die Bedeutung allgemeiner Erfolgsfaktoren wie Kreativität der Mitarbeiter, Verfügbarkeit von Informationen und Reaktionsfähigkeit der Organisation als Ganzes. Groupware hat einen positiven Einfluß auf die grundlegenden Erfolgsfaktoren: *Menschen*, *Information* und *Zeit*, und kann auch eine Reihe marktspezifischer Faktoren günstig beeinflussen.

Wertewandel in globalen Märkten

Die Verbesserung der Telekommunikation und des Transportwesens vereinfachen die Verlagerung von Produktionsstandorten und Niederlassungen. Hochtechnologie in der Fertigung und eine nahezu perfekte Produktqualität entwickeln sich auch in internationalen Märkten zu einer Selbstverständlichkeit. Diese Faktoren bilden zwar Markteintrittsbarrieren für neue Mitbewerber, bieten aber kaum noch Unterscheidungsmerkmale zur inzwischen internationalen Konkurrenz. Mit der Beschleunigung des Marktgeschehens avancieren Anpassungsfähigkeit und Reaktionsgeschwindigkeit zu den erfolgsrelevanten Unternehmenseigenschaften. Innovationskraft und Timing, die Fähigkeit zu agieren und Zeichen zu setzen, gewinnt an Bedeutung.

Agieren statt reagieren

Um im schnellen Kampf um Kunden und Märkte zu überleben, gilt es, Entwicklungen und neue Trends früh zu erkennen und schnell mit entsprechenden Produkten und passendem Marketing zu reagieren. Andernfalls bleiben Marktpotentiale ungenutzt. Signifikante Umsatzeinbußen und unter Umständen ein Verlust von Marktanteilen sind die Folgen. Im Idealfall sollten flexible Unternehmen in der Lage sein, proaktiv zu arbeiten und selbständig neue Produkte, Trends und Märkte zu kreieren.

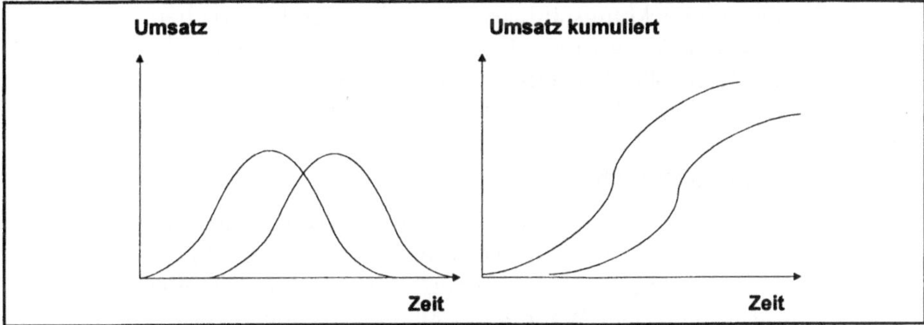

Abb. 2.1: *Ein falsches Timing bei der Produkteinführung kann zu Verlusten an Marktpotential führen.*

Erfolsfaktor Information

Die Reaktionsgeschwindigkeit eines Unternehmens auf Marktveränderungen hängt unmittelbar von der effizienten Sammlung und Verteilung des Wissens um Marktveränderungen und Mitbewerber ab. Die Gestaltung von Organisationen im Hinblick auf einen optimalen Informationsfluß ist von zentraler Bedeutung. Groupwaresysteme können sich für das Management der Informationsflüsse innerhalb der Organisationen, aber auch über die Grenzen der Unternehmen hinaus als Schlüsseltechnologie erweisen.

Erfolgsfaktor Mensch

Die reine Verbreitung von Informationen ist ohne eine kreative Zusammenarbeit der Mitarbeiter allerdings sinnlos. Erst aus der innovativen Umsetzung der gemeinsam gewonnenen Erkenntnisse resultiert der wirtschaftliche Erfolg. Die Förderung der Kreativität und Teamfähigkeit der Mitarbeiter ist daher ebenso von Bedeutung wie die Koordinierung der Arbeitsteilung. Groupware reduziert den notwendigen Abstimmungsaufwand und wirkt der Bürokratisierung der Arbeitswelt entgegen. Ein geschickter Einsatz kann darüber hinaus den Teamgeist und das Zusammengehörigkeitsgefühl der Mitarbeiter stärken.

Erfolgsfaktor Zeit

Einer der wohl am stärksten unterschätzten allgemeinen Erfolgsfaktoren ist die Zeit. Mitarbeiter, Kapital, Know How und andere Faktoren können bei Bedarf akquiriert werden, Zeit ist dagegen nicht disponibel. Hat es ein Unternehmen versäumt, rechtzeitig neue Produkte zu entwickeln, so muß in der Regel hingenommen werden, daß die Konkurrenz Marktanteile übernimmt. Nur wenn die Konkurrenz ebenfalls Fehler begeht, kann sich diese Situation wieder bessern.

Ein Ausweg aus dieser Zwangslage ist die Steigerung der eigenen Entwicklungsfähigkeit. Bei der kontinuierlichen Beobachtung der Konkurrenz kann Groupware ebenso helfen wie bei der Kontrolle der Effizienz der eigenen Organisation und der Verbesserung ihrer Wandlungsfähigkeit.

2.2 Organisationsformen

Die Veränderungen der Kundenbedürfnisse und die Aktivitäten der internationalen Konkurrenz zwingen die Unternehmen zu einer ständigen Anpassungen ihrer Organisationsabläufe und -strukturen. Der Wandel der Märkte vollzieht sich inzwischen so schnell, daß herkömmliche Reorganisationsmethoden oft nicht mehr zeitgerecht greifen. Mit neuen Managementkonzepten versuchen die Unternehmen, auf diesen Wandel zu reagieren. Nicht selten können diese Konzepte erst durch den Einsatz neuer Organisationstechnologie wie Groupware in die Praxis umgesetzt werden. Auch als Werkzeug für die Steuerung des kontinuierlichen Wandels kann Groupware wichtige Dienste leisten. Der Trend der Organisationsentwicklung mit Groupware reicht dabei vom Aufbau eines organisationellen Gedächtnisses über lernende Organisationen bis hin zu Ansätzen der Selbstorganisation.

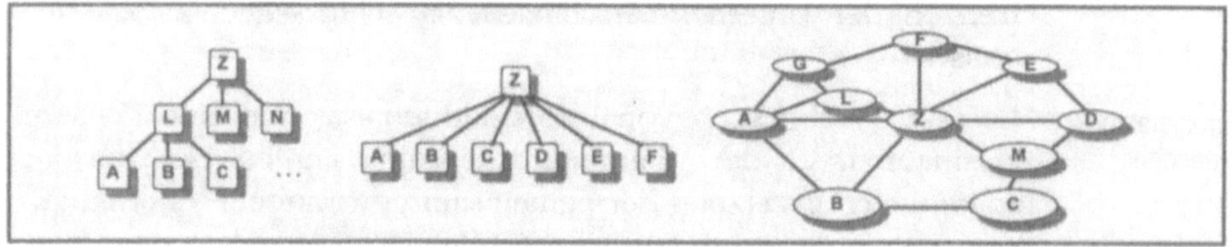

Abb. 2.2: *Der Wandel der Organisationsstrukturen vollzieht sich über flache Hierarchien zu offenen Netzwerken.*

Offene Netzwerke

In der Organisationsentwicklung ist bereits seit Jahren ein allgemeiner Trend zu beobachten – eine Orientierung auf die wesentlichen Geschäftsprozesse und ein Wandel zu flexibleren, offeneren Strukturen. „Offen" ist in dem Sinne gemeint, daß Veränderungen nicht bekämpft, sondern positiv akzeptiert, wenn nicht gar aktiv gesucht oder proaktiv kreiert werden. Diese Tendenz zeigt sich auf allen Wirtschaftsebenen. Der Terminus des *Netzwerkes* setzt sich als Inbegriff kooperativer Zusammenarbeit, von teamorientierten Arbeitsweisen bis zu strategischen Partnerschaften von Unternehmen, immer mehr durch. Allen Netzwerken ist gemein, daß eine enge Zusammenarbeit auf den verschiedensten Ebenen bewußt eingegangen wird, um flexibler auf Umwelteinflüsse reagieren zu können. Die Basis der Zusammenarbeit ist, wie könnte es anders sein, ein intensiver Informationsaustausch. Groupwaresysteme können dabei die Rolle der organisationsübergreifenden, koordinierenden Kommunikationsmedien übernehmen.

2.3 Informationsstrategien

Die betriebliche Informationsverarbeitung steckt vielerorts in der Krise. Die bestehenden Informationssysteme sind teilweise nicht mehr handhabbar, und die Migration zu neuerer Technologie erweist sich als problematisch. Gleichzeitig stehen die EDV-Abteilungen am Übergang von einer funktionalen Rolle hin zu einer unternehmensweiten Basisdienstleistung. Diese wird nicht mehr zentral, sondern dezentral in Anspruch genommen und muß sich zusätzlich an den fachspezifischen Anforderungen der einzelnen Organisationseinheiten orientieren. Die langfristigen Entwicklungstrends führen weg von aufwendigen funktionsbezogenen Einzellösungen, hin zu einer kosteneffektiven Evolution der Informationssysteme.

Evolution der Informationssysteme

Das zentrale Problem der betrieblichen Informationsverarbeitung ist die notwendige Zentralisierung der Kontrolle bei gleichzeitigem Wachstum des Detailierungsgrades in den Organisationseinheiten. Unternehmensweite oder gar - übergreifende Gesamtlösungen sind zum Scheitern verurteilt, solange sie nicht in der Lage sind, dieses Dilemma zu lösen. Eine sinnvolle Lösungsstrategie ist die Evolution der Einzellösungen auf der Basis ihrer Vereinbarkeit. Zumindest der Abgleich von Informationen muß in beide Richtungen möglich sein, sinnvoller ist jedoch eine wechselseitige Nutzung der Funktionalität – die Interoperabilität. Groupwaresysteme können bei richtigem Einsatz eine Brücke zwischen der zentralen Kontrolle und der dezentralen Anwendung der Informationstechnologie bilden. Sie entlasten die zentrale Dienstbereitstellung und unterstützen eine dezentrale Nutzung.

Groupware kann die zentrale Sammlung harter Daten wie Umsätze oder Kosten garantieren und gleichzeitig den Organisationseinheiten so weit wie möglich eine unabhängige Verwaltung ihrer mit den Kerndaten verbundenen weichen Informationen wie Kundenbeziehungen oder Konkurrenzanalysen ermöglichen.

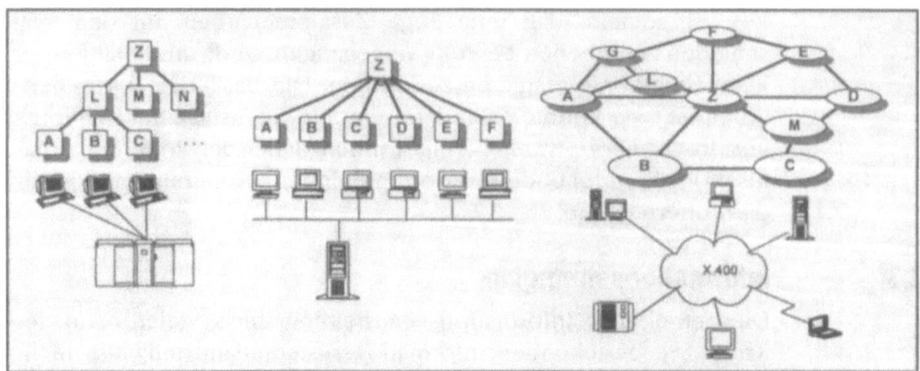

Abb. 2.3: *Die Rolle der Informationsverarbeitung entwickelt sich von einer zentralen Funktion zu einer dezentralen Infrastruktur.*

Diese Konzentration auf das Wesentliche führt mit Hilfe des Informationsmediums Groupware zu einer kosteneffektiveren Nutzung der Informationsinfrastruktur von der zentralen Datenverarbeitung über die dezentralen Organisationseinheiten bis zum mobilen Mitarbeiter im Feld.

3 Grundlagen

Für eine intensive Beschäftigung mit dem Thema *Groupware* ist es sinnvoll, einige der inzwischen fast selbstverständlich in der Literatur verwendeten Begriffe zu hinterfragen. Da wissenschaftliche Definitionen nur in den seltensten Fällen zu finden sind, liegt der Schwerpunkt auf einem informellen Verständnis der Begriffswelt und ihrer Zusammenhänge.

3.1 Daten, Informationen, Wissen

Von zentraler Bedeutung für die Erklärung der Wirkung von Groupwaresystemen ist ein Verständnis der Begriffe *Daten*, *Informationen* und *Wissen*. Außer der wenig praktikablen, technisch-orientierten Informationstheorie nach Shannon [73] existiert keine eindeutige Definition dieser Begriffe. Die folgende Unterscheidung kann jedoch zumindest zur Orientierung dienen.

Als *Daten* bezeichnet man Symbole aller Art. Dazu zählen Buchstaben der verschiedenen Alphabete ebenso wie Zahlen, Satzzeichen und Piktogramme. Diese Zeichen können zwar in der Regel durch Menschen als solche erkannt werden, für sich allein genommen ergeben Daten aber noch keinen Sinn. Chinesische Schriftzeichen werden jedem, der diese Symbole nicht kennt, unverständlich bleiben. Erst im Zusammenhang werden aus Daten *Informationen*, die für den Betrachter eine Bedeutung haben. Während Informationen über die Schrift, wie etwa ein Kalligraphiebuch, bei der Entzifferung helfen kann, wird sich ein Verständnis der Sprache erst mit dem Wissen um die chinesische Kultur einstellen. Neues *Wissen* entsteht aus der Verknüpfung von Informationen mit vorhandenem Wissen.

Als Beispiel für diese Unterscheidung kann eine Zahlenkolonne dienen. Für sich genommen besteht diese aus reinen Daten. Erst im Zusammenhang mit der zusätzlichen Information, daß es sich etwa um die Entwicklung eines Devisenkurses handelt, wird aus diesen Daten eine sinnvolle Information. Mit dem Wissen um die Mechanismen der Börse und die derzeitige Lage der notierten Unternehmen und der Weltwirtschaft können daraus Handlungsalternativen abgeleitet werden.

Codierung

Wesentlicher Unterschied zwischen Daten, Informationen und Wissen ist die Dokumentationsfähigkeit. Während Daten in elektronischen Datenverarbeitungsanlagen binär codiert gespeichert sind und durch geeignete Werkzeuge zu sinnvollen Informationen verknüpft werden können, ist das zugehörige Wissen letztendlich immer nur in den Köpfen der beteiligten Menschen vorhanden. Mit Hilfe der Informationstechnik läßt sich lediglich ein statisches Abbild des vorhandenen Wissens schaffen.

Meta-Wissen

Im Forschungsbereich der Künstlichen Intelligenz wird darüber hinaus mit dem Begriff des *Meta-Wissens* gearbeitet, mit dem man das Wissen um Schlußfolgerungs-, Problemlösungsstrategien und Wissensakquisition bezeichnet. Eine Nachbildung der Kombinationsgabe, der Kreativität oder des Wissensdurstes des Menschen ist bislang jedoch nicht gelungen.

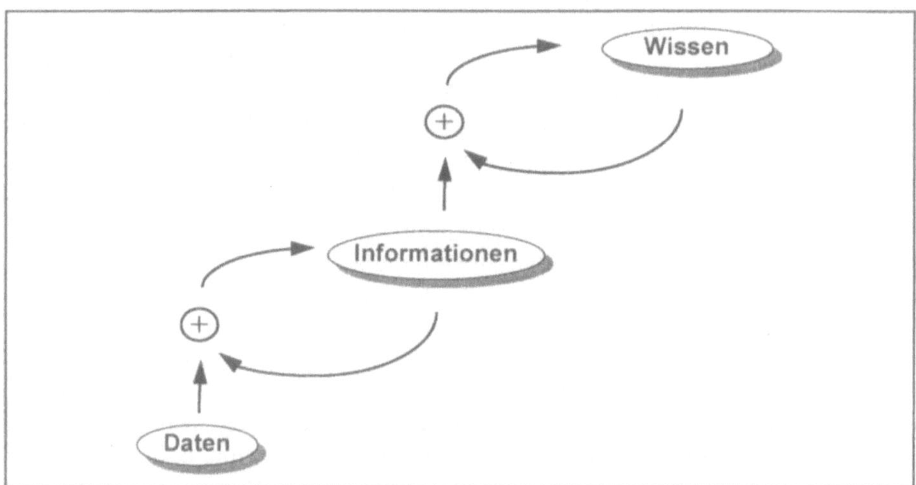

Abb. 3.1: *Durch Verknüpfung mit Informationen werden Daten zu neuen Informationen, in Verbindung mit Wissen werden Informationen zu neuem Wissen kombiniert.*

Informationseigenschaften

Mit den genannten Begriffen lassen sich eine Reihe von Adjektiven verbinden, die eine Differenzierung ermöglichen. So unterscheidet man oft den Formalisierungsgrad von Daten und Informationen. Während Daten meist vollständig *formalisiert* sind, können Informationen auch in *informeller* Form vorliegen. Diese Unterscheidung ist jedoch relativ und hängt meist vom Zusammenhang ab. Während eine Zahlentabelle oder ein Nachrichtentext als formal charakterisiert wird, können eine handschriftliche Notiz oder die Beschreibung einer persönlichen Einschätzung informeller Natur sein. Nicht selten spricht man auch von *implizitem* oder *explizitem* Wissen, womit die Unterscheidung zwischen logischen Schlußfolgerungen und dokumentiertem Wissen gemeint ist.

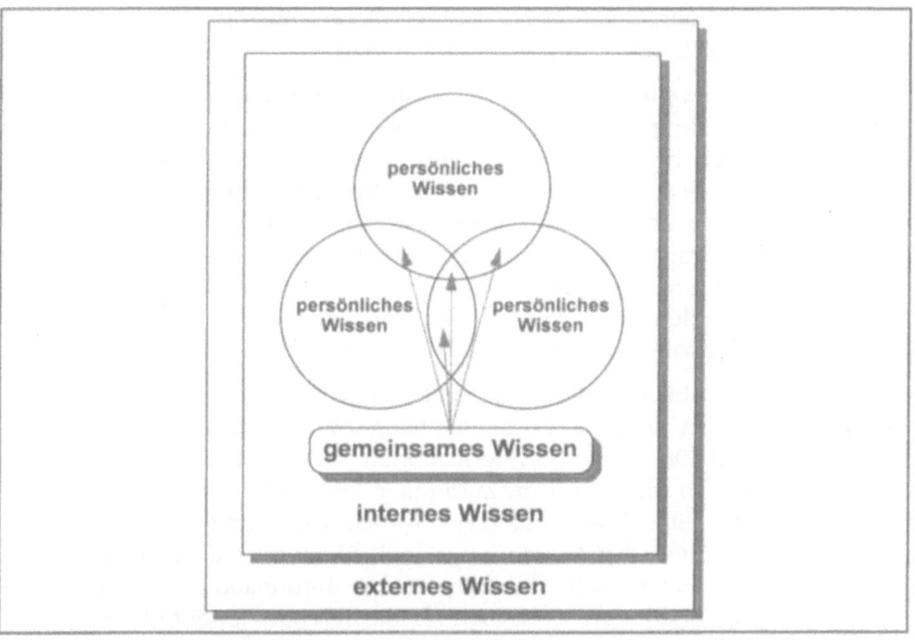

Abb. 3.2: *Das gemeinsame Wissen einer Organisation ist die Schnittmenge der Erfahrungen der Mitarbeiter und steht im Kontext des gesamten intern verfügbaren bzw. extern vorhandenen Wissens.*

Informationsarten

Mit Bezug auf Unternehmen und deren Organisationen beziehungsweise die Informationstechnik können weitere Unterscheidungen getroffen werden. So bezeichnet man als *harte* Daten oder *weiche* Informationen zum Beispiel Auftragsvolumina oder Bilanzkennzahlen beziehungsweise Produktbeschreibungen oder qualitative Marktanalysen. Innerhalb von Organisationen muß zudem zwischen *persönlichen* und *gemeinsamen* Daten, Informationen und Wissen unterschieden werden.

Persönlichen Charakter hat dabei, was einer Person zum ausschließlichen Gebrauch zur Verfügung steht. Als gemeinsam wird dagegen bezeichnet, worauf eine Gruppe von Personen oder idealerweise die gesamte Organisation zurückgreifen kann. Das Verständnis des gemeinsamen *Wissens* einer Organisation beschränkte sich bislang auf die vorhandenen oder gewachsenen

Verträge, Vorschriften, Richtlinien und sonstigen Dokumente als Grundlage der täglichen Arbeit. Im besten Fall wurde der Begriff des *Know How* oder des geistigen Eigentums eines Unternehmens gepflegt. Mit dem Einsatz der Informationstechnik innerhalb der Organisation kommt diesem Begriff jedoch eine wesentlich umfassendere Bedeutung zu.

Organisationsbezug

Eine weitere, für das Informationsmanagement wichtige Unterscheidung ist die Verfügbarkeit von Informationen. Als *interne* Daten beziehungsweise Informationen wird all das bezeichnet, was dem Unternehmen unmittelbar zur Verfügung steht. Dazu zählen etwa auch Informationsquellen, deren Nutzung vertraglich abgesichert ist, zum Beispiel Online-Datenbanken. *Extern* sind hingegen alle Informationen, die erst im Bedarfsfall gesucht, gefunden oder akquiriert werden müssen. Für beide Arten von Informationen stellt sich die Frage nach ihrem Wert.

Informationsbewertung

Die üblichen Wirtschaftlichkeitsüberlegungen um Kosten und Nutzen sind im Zusammenhang mit Informationen problematisch. Der Wert von Informationen „an sich" ist nicht bestimmbar, da sich dieser erst im Zusammenhang mit ihrer Verwendung ergibt. Eine Bewertung von Informationen ohne Kenntnis des Inhalts und der Anwendungsmöglichkeiten ist daher in den meisten Fällen nicht sinnvoll. Für die Informationsversorgung von Organisationen, aber auch für das Design von Softwaresystemen bedeutet dies ein Dilemma zwischen Informationsunterversorgung und Informationsüberfrachtung.

Die Kosten- und Nutzenbestimmung für Daten, Informationen und Wissen ist im Zusammenhang mit der Frage nach der Relevanz das zentrale Problem des Informationsmanagements.

Die Frage, welche Informationen notwendig sind, wieviele sinnvoll verwaltet werden können und welche Menge den Benutzer überfordert, stellt sich immer wieder neu. Dieses Dilemma wirkt sich bis in die Implementierung von Informationssystemen aus. Mit der Notwendigkeit des Anwendungsbezugs ist das Auffinden wichtiger Informationen nur beschränkt automatisierbar.

Informationskosten

Ein denkbar ungeeigneter, in der Praxis aber oft angewandter Maßstab für die Bewertung von Informationen sind die Kosten der Informationsbeschaffung. Dies gilt nicht nur für die Bereitstellung externer Informationen, sondern auch für die Verteilung von Informationen innerhalb einer Organisation. Der Maßstab Kosten ist sehr kurzsichtig, da sich nur in den seltensten Fällen ein quantifizierbarer Informationsnutzen gegenüberstellen läßt.

Informationsnutzen

Der Nutzen von Informationen läßt sich aufgrund des notwendigen Anwendungsbezugs – wenn überhaupt – nur auf statistischem Weg ermitteln. Für das Informationsmanagement im großen Stil bedeutet dies eine Beschränkung auf das Sammeln, Indexieren und Ordnen der verfügbaren Informationen. Die Verknüpfung von Informationen und die Suche nach neuen Zusammenhängen muß dagegen weitgehend der Kreativität des Menschen überlassen werden.

3.2 Kommunikation

Unter Kommunikation versteht man im engsten Sinne ein Gespräch zwischen zwei Personen. Durch die Verbreitung der Informations- und Kommunikationstechnik wird der Begriff inzwischen jedoch allgemeiner gefaßt als Übertragung von Informationen von einer Quelle über einen Kommunikationskanal an einen Empfänger. Dies umfaßt sowohl die informationstechnische Kommunikation, bei der lediglich Daten verteilt werden, als auch die persönliche Kommunikation, durch die Wissen weitervermittelt wird. Zwischen diesen Extremen existieren eine Reihe von Spielarten, denen unterschiedliche Bedeutung zukommt.

Kommunikationsarten

Die Kommunikationstheorie unterscheidet gewöhnlich zwei Kommunikationsebenen, die Ebene der normalen Kommunikation und die der Meta-Kommunikation. Als *Meta-Kommunikation* wird dabei die Kommunikation über Probleme beim Austausch von Informationen bezeichnet. Kommunikationsprobleme entstehen im technischen Sinne durch Störungen der Informationsübertragung, im zwischenmenschlichen Bereich vor allem durch Unterschiede dessen, was als vorhandenes Wissen für die Kommunikation vorausgesetzt wird. Auf der Ebene der technischen Systeme kommen noch *Medienbrüche* als weitere Hürde der Informationsübertragung hinzu.

Zusätzlich zu einer den Informationsarten analogen Kategorisierung in formalisierte/informelle und interne/externe Kommunikation unterschiedet man auch zwischen verbaler und nonverbaler, aktiver und passiver, direkter und indirekter sowie gerichteter und ungerichteter Kommunikation. Als *verbal* wird die Kommunikation mit Worten, als *non-verbal* die Betonung, Gestik und Mimik der Kommunikationspartner bezeichnet, die die Bedeutung der Worte ergänzen oder verändern kann. Die *aktive* Rolle innerhalb eines Kommunikationsvorgangs nimmt der Sender der Information, zum Beispiel ein Redner ein, während der Zuhörer als Empfänger *passiv* bleibt. Im Zusammenhang mit informationstechnischen Mitteln kann ferner zwischen *synchroner* und *asynchroner* Kommunikation unterschieden werden. Einfachstes asynchrones Beispiel ist etwa ein Anrufbeantworter.

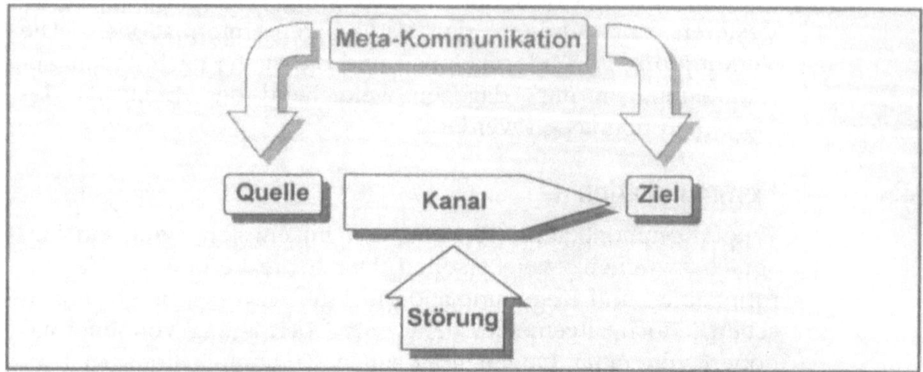

Abb. 3.3: *Im klassischen Kommunikationsmodell dient Meta-Kommunikation der Beseitigung von Kommunikationsproblemen.*

Eine persönliche Kommunikation ist in der Regel *direkt* und *gerichtet*, sei es als Selbstverständlichkeit zwischen zwei Gesprächspartnern oder bei dem Vortrag einer Person vor einem Auditorium. Als *indirekt* oder *ungerichtet* bezeichnet man dagegen jede Form der Kommunikation, bei der die Informationsübertragung über ein technisches Medium geschieht beziehungsweise bei der die Empfänger nicht bekannt sind. Als alltägliches Beispiel für eine weitgehend ungerichtete Kommunikation kann die Werbung gelten, während bereits ein Telefonat eine indirekte Kommunikation darstellt.

Kommunikation in Organisationen

Voraussetzung für eine erfolgreiche Kommunikation und Zusammenarbeit innerhalb einer Gruppe oder Organisation ist ein gemeinsamer Wissensstand der Beteiligten. Zentrale Bedeutung kommt dabei der Verteilung von Informationen zu. Dies gilt insbesondere dann, wenn die Betroffenen räumlich verteilt beziehungsweise zeitlich abwechselnd tätig sind oder sogar in verschiedenen Zeitzonen leben und arbeiten. Je größer sich die zu überwindenden zeitlichen beziehungsweise räumlichen Distanzen gestalten umso höher ist der Kommunikationsaufwand. Welchen Aufwand bereits die persönliche Kommunikation innerhalb einer Gruppe bedeutet, kann an Hand einer einfachen Überlegung verdeutlicht werden.

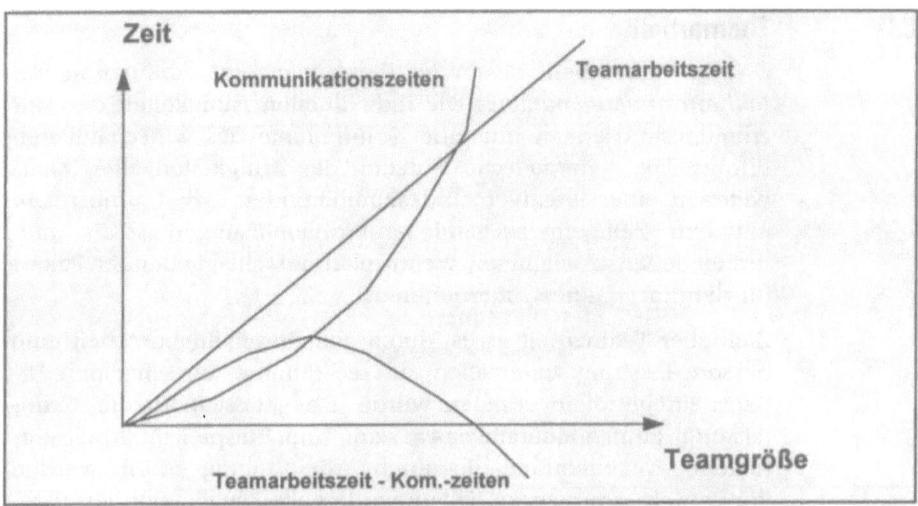

Abb. 3.4: *Der Kommunikationsaufwand innerhalb von Gruppen steigt mit der Anzahl der Mitglieder und ist bestimmend für die optimale Teamgröße (nach [12]).*

Wenn die Mitglieder einer Arbeitsgruppe etwa fünfzehn Prozent ihrer Arbeitszeit benötigen, um persönlich miteinander zu kommunizieren, und weitere fünfzehn Prozent in gemeinsamen Meetings verbracht werden, dann liegt die optimale Teamgröße bei sechs bis sieben Mitarbeitern. Mit weniger Mitarbeitern ist noch eine Steigerung der Teamleistung möglich, mit mehr Mitarbeitern wird der Kommunikationsaufwand jedoch zu hoch, und die Teamleistung sinkt wieder.

Die Auswirkungen multipler Kommunikationsvorgänge in umfangreichen Gruppen sind im Gegensatz zur persönlichen direkten Kommunikation noch weitgehend unbekannt.

Dieses recht einfache Modell der Teamarbeit verdeutlicht die Bedeutung des Informationsaustauschs zwischen den Gruppenmitgliedern. Es vernachlässigt allerdings die Kommunikation zwischen kleineren Gruppen innerhalb des Teams, den Leistungsgewinn durch Arbeitsteilung und Delegation sowie qualitative Synergien. Auf größere Organisationen mit mehreren Hierarchiestufen läßt sich dieses Modell nicht beziehungsweise nur bedingt übertragen.

3.3 Teamarbeit

Zyniker behaupten, das Wort *Team* wäre eine Abkürzung für: *toll, ein anderer macht's.* Die individuellen Fähigkeiten der Mitarbeiter sind jedoch nur eine Komponente des wirtschaftlichen Erfolgs. Die synergetische Nutzung der Fähigkeiten aller Mitarbeiter in einer kreativen und stimulierenden Arbeitsatmosphäre mit dem Ziel gemeinschaftlicher Problemlösungen ist ein mindestens ebenso wichtiger, wenn nicht ausschlaggebender Faktor für den Erfolg eines Unternehmens.

Ziel jeder Teamarbeit ist es, durch gemeinschaftliche Arbeit eine bessere Leistung zu erzielen, als die Summe der einzelnen Arbeitsbeiträge allein ergeben würde. Der Maßstab für die Teamleistung kann quantitativer Art sein, zum Beispiel in Arbeitseinheiten pro Zeiteinheit, die durch Arbeitsteilung erhöht werden können. In den meisten Fällen werden aber qualitative Verbesserungen im Vordergrund stehen, deren Nutzen sich kaum ermitteln läßt. Ein inhaltlich besseres Arbeitsergebnis, zum Beispiel eine Entscheidung mit größerer Realitätsnähe, kann selten direkt quantifiziert werden. In der Regel ist eine Bewertung nur über Indikatoren und meist auch nur im nachhinein möglich.

Von Kommunikation zu Kollaboration

Ausgehend von der Kommunikationstheorie lassen sich fünf Stufen der Teamarbeit ausmachen: *Kommunikation*, *Kontrolle*, *Koordination*, *Kooperation* und *Kollaboration* sowie als Randbedingungen Vernetzung (*Connectivity*) und Veränderung (*Change*). *Kommunikation* stellt die Grundlage für jede Teamarbeit dar und dient dem Aufbau eines gemeinsamen Informationsstands. Mit Kommunikation allein beschränkt sich die Zusammenarbeit jedoch darauf, daß die einzelnen Gruppenmitglieder individuell und nur mit minimaler Abstimmung untereinander vor sich hinarbeiten.

Die erste Stufe der Teamarbeit ist die *Kontrolle* der Teammitglieder durch eine übergeordnete Instanz, zum Beispiel einen Teamleiter. *Kontrolle* dient der Überprüfung des Zielerreichungsgrads und wird in der Regel autoritär ausgeübt, was Auswirkungen auf die Motivation und Leistungsfähigkeit des Teams hat. Im partizipativen Fall spricht man dagegen von *Koordination*, mittels der unter einer zentralen Führung gemeinsame Ziele gesetzt werden und die notwendige Arbeitsteilung im Konsens festgelegt und überprüft wird.

Höherwertige Formen der Teamarbeit ergeben sich erst durch *Kooperation* der Teammitglieder, wenn sich die Zusammenarbeit aus einer Überdeckung der persönlichen Ziele der Teammitglieder motiviert. Die höchste Form der Teamarbeit, die *Kollaboration,* vollzieht sich auf der Basis gemeinsamer Ziele, die sich im Idealfall als ein Ziel der gesamten Gruppe formulieren lassen.

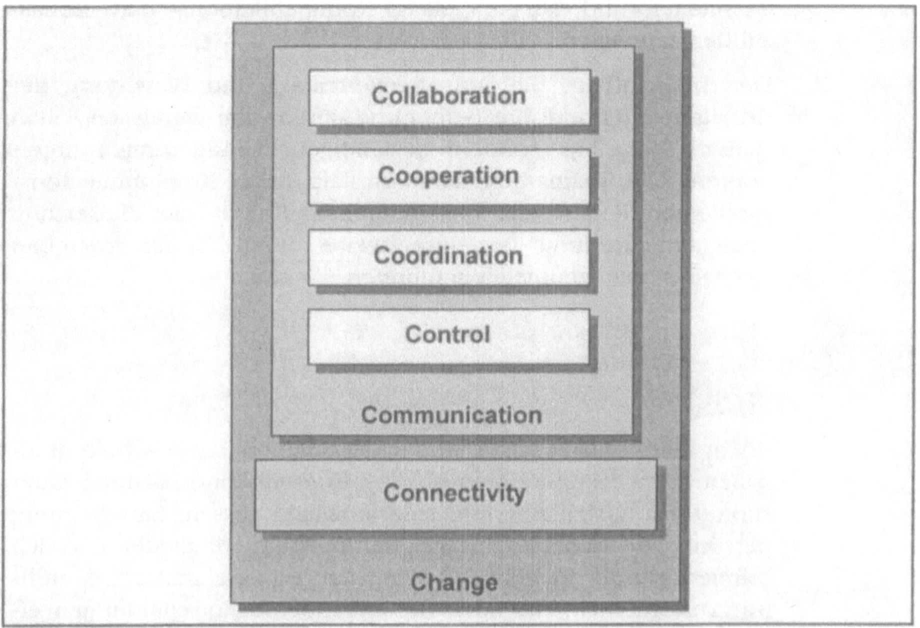

Abb. 3.5: *Das 7C Modell der Teamarbeit (als Erweiterung von [34]), in dem Formen der Zusammenarbeit als Kommunikationsvorgänge auf der Basis technischer Hilfsmittel in die Veränderung der Umwelt eingebunden sind.*

Auf allen Stufen der Teamarbeit ist ein kontinuierlicher Austausch von Informationen notwendig, was den Einsatz entsprechender Arbeitsmittel bedingt. Unter dem Stichwort *Connectivity* werden daher alle Formen der technischen Unterstützung der Teamarbeitsprozesse, von einfacher Kommunikationstechnik, wie dem Telefon, bis zu Groupware zusammengefaßt.

Unter dem umfassenden Begriff *Change* versteht man schließlich die kontinuierlichen Veränderungen der Umwelt- und Randbedingungen, denen die Unternehmen heute – und damit auch die Teamarbeit – unterworfen sind. Die Organisation der Teamarbeit selbst ist daher nicht statisch, sondern einer Eigendynamik unterworfen. Auch die team-inhärenten Veränderungen gilt es zu berücksichtigen.

Probleme der Teamarbeit

Der Erfolg der Teamarbeit ist nicht nur von der Struktur des Teams und der Aufteilung innerhalb der Gruppen abhängig. Eine mindestens ebenso große Rolle spielt die Gruppendynamik, die Interaktion innerhalb der Gruppe, der Führungsstil des Teamleiters und der persönliche Kommunikations- und Arbeitsstil der Beteiligten.

Der Teamaufbau, die Aufgabenverteilung, die Bewertung der Arbeitsleistung und ihre Belohnung sind in den wenigsten Fällen statisch festgelegt, sondern beständigen Veränderungen unterworfen. Die Teamarbeit kann deshalb unter Kommunikationsproblemen leiden, die bei Unklarheiten über die Zielsetzung oder Arbeitsteilung beziehungsweise durch Dominanzstreben oder Kompetenzrangeleien auftreten können.

Zentrale Bedeutung für den Teamerfolg ist das Bewußtsein des Einzelnen für seine Rolle innerhalb der Gruppe und das gegenseitige Vertrauen innerhalb der Gemeinschaft.

Auch eine kollaborative und basisdemokratische Arbeitsatmosphäre birgt Konfliktpotential. Der Konsens einer Gruppe kann suboptimal ausfallen, wenn eine mögliche bessere Entscheidung persönliche Nachteile für die Mehrheit der Mitglieder mit sich bringen würde. In einem solchen Fall ist eine starke Teamführung erforderlich, die auch für unbequeme Entscheidungen einen Konsens durch Einsicht herbeiführen kann.

3.4 Führung

Die Qualität der Zusammenarbeit in einem Team hängt in vielen Fällen vom Führungsstil des oder der Teamleiter ab. Das Spektrum reicht von autokratisch über delegierend, kooperativ, partizipativ und kollaborativ bis zur Führung durch Kompetenz.

Ein Befehlston als Arbeitsatmosphäre kann ohne Zweifel als *autokratischer* Führungstil gelten, insbesondere wenn den Mitarbeitern jede einzelne Tätigkeit genauestens vorgeschrieben wird. Eine *delegierende* Führung wird dagegen ganze Teilaufgaben in die Eigenverantwortlichkeit des Einzelnen legen, im Gegensatz zur *kooperativen* Führung, aber nicht unbedingt das Interesse der betroffenen Mitarbeiter berücksichtigen. *Partizipativ* ist ein Führungsstil dann, wenn die Mitarbeiter an der Festlegung der Arbeitsziele beteiligt sind; *kollaborativ*, wenn zwischen Leitung und Mitarbeiter eine weitgehende Gleichberechtigung herrscht. Die *Führung durch Kompetenz* löst sich zum Teil vom personengebundenen Führungsbegriff, indem eine herausragende Kompetenz eines Mitarbeiters auf dem jeweiligen Sachgebiet innerhalb der Gruppe als fachliche Führung akzeptiert wird.

Neues Führungsverständnis

Neuere Management-Konzepte zielen auf ein stimulierendes Arbeitsklima, in dem Führung nicht als Bevormundung oder Befehligung der Mitarbeiter verstanden wird, sondern als Anleitung und Hilfestellung zu Bestleistungen.

Eine Machtzentrierung der Führung ist im Hinblick auf die Ergebnisverantwortung zweifelsohne notwendig. Sie darf jedoch nicht zu Lasten des Teamerfolgs ausgenutzt werden.

Die Leitung einer Gruppe muß dabei neben dem Gesamterfolg und dem Beitrag jedes Einzelnen auch das Wohlergehen der Mitarbeiter im Auge behalten. Gesundheitliche Aspekte spielen dabei ebenso eine Rolle wie wechselnde Anforderungsprofile, die fachliche Weiterbildung und persönliche Entwicklung des Einzelnen.

3.5 Organisation

Jedes Unternehmen definiert eine eigene Organisation, um seine wirtschaftlichen Zielsetzungen zu bewältigen. Man unterscheidet zwischen der Struktur der Organisation, der *Aufbauorganisation,* und dynamischen Vorgängen innerhalb dieser Organisationsstruktur, der *Ablauforganisation.* Aufbau- und Ablauforganisation bedingen sich gegenseitig und sind nicht eindeutig voneinander zu trennen. Ohne Aufbaustruktur können keine Abläufe festgelegt werden, und ohne definierte Abläufe ist eine Aufbauorganisation nutzlos.

Klassische Organisationsformen

Die Organisationsformen, die Unternehmen entwickelt haben, sind sehr unterschiedlich, die grundlegenden Bestandteile in der Regel jedoch ähnlich. Aufbauorganisationen gliedern sich in *Organisationseinheiten,* wie Stellen und Abteilungen, die untereinander über ein Berichtswesen, Weisungs- und Disziplinarrechte, Informationspflichten sowie Beurteilungs- und Entlohnungsmechanismen miteinander verbunden sind.

Diese Strukturen bilden in den meisten Fällen eine Hierarchie, deren Gliederungsprinzip von den Bedingungen der Märkte abhängt, in denen das Unternehmen tätig ist. Neben der Funktions- und Produktorientierung spielten vor allem Überlegungen um Marktspezifika, regionale Unterschiede oder Fertigungstechnologien eine Rolle.

Stäbe

Als weitere Organisationseinheiten für hierarchieübergreifende Fragestellungen und Sonderaufgaben dienen *Stäbe*, die meist eng an die Geschäftsführung gebunden sind. Als Mischform mehrerer Hierarchien ergeben sich verschiedene Varianten der Matrixorganisation, die oft auch Ausgangspunkt für eine fach- und abteilungsübergreifende Projektorganisation sind.

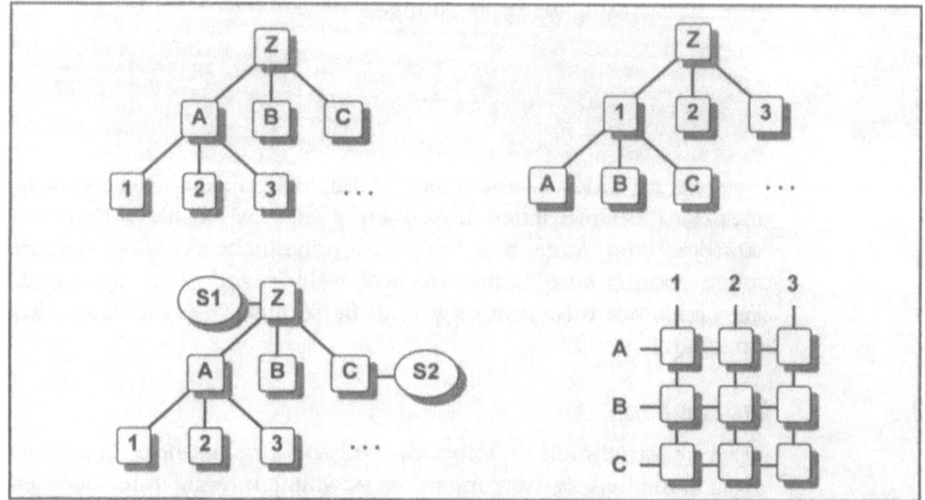

Abb. 3.6: *Klassische Organisationsformen: neben funktionaler beziehungsweise divisionaler Gliederung existieren die Stab-Linien- und die Matrixorganisation.*

Auf der Grundlage einer konkreten Aufbauorganisation lassen sich Abläufe und Vorgänge der Arbeitsteilung definieren, wie sie für die fachliche und zeitliche Abstimmung der einzelnen Arbeitsschritte bei der Bearbeitung der verschiedenen Geschäftsvorfälle notwendig sind. In der Regelung der Ablauforganisation unterscheiden sich die Unternehmen noch stärker voneinander als durch ihren unterschiedlichen Aufbau.

Der Einsatz moderner Informationstechnologie befreit nicht nur von der Notwendigkeit, papiergebundene Informationsflüsse zu kanalisieren, sondern ermöglicht neue Formen der Organisation auf der Basis elektronischer Medien.

4 Managementkonzepte

Von Standpunkt der Management- und Organisationstheorie läßt sich Groupware als *Organisationstechnologie* deuten die Unternehmensstrukturen und -abläufe unterschiedlichster Art unterstützen kann. Ein Groupwaresystem kann der Verbesserung einer bestehenden Organisation oder als Basis für eine neue Organisationsstruktur, etwa nach einer Reorganisationsmaßnahme, dienen. Ein Groupware-Einsatz kann den Anstoß für einen Wandel der Unternehmensorganisation geben oder als Werkzeug bei dessen Implementierung helfen. Das Phänomen Groupware fördert diese Veränderungen und entfaltet sein volles Potential mit der Entwicklung des Unternehmens zu neuen Organisationsformen.

4.1 Neue Organisationsformen

Unkonventionelle Organisationsansätze sind in der Managementliteratur keine Seltenheit mehr. Insbesondere der gezielte Einsatz moderner Informationstechnologien revolutioniert die klassische Organisationslehre. Die neuen Konzepte zielen auf Organisationsformen, die nicht länger in großen Reorganisationsschritten den veränderten Umweltbedingungen angepaßt werden, sondern die sich selbst permanent den Veränderungen angleichen. Die aktuellen Stichwörter dieser Diskussion sind organisationelle Gedächtnisse, die den Aufbau lernender Organisationen ermöglichen und als Basis für die Selbstorganisation, die flexibelste Form der Anpassungsfähigkeit dienen können.

4.1.1 Organisationelles Gedächtnis

Das Selbstverständnis einer konventionellen Organisation beschränkte sich bisher auf die Definition einer Aufbaustruktur sowie die mehr oder weniger detaillierte Festlegung der zugehörigen Ablauforganisation. Insbesondere in größeren Organisationen sind diese Struktur- und Ablaufbeschreibungen meist wenig transparent. Der Status und die Inhalte konkreter Abläufe sowie die Probleme bei deren Bearbeitung werden ebensowenig erfaßt wie der resultierende Änderungsbedarf für die Ablauf- und Aufbauorganisation.

Die Menge der Informationen über Geschäftsvorfälle sowie ihres Kontextes innerhalb einer Organisation bezeichnet man als *organisationelles Gedächtnis* nach dem englischen *Organizational Memory*. Bislang war dieser Begriff nur von ideellem und therotetischem Wert. Mit dem Einsatz von Groupwaresystemen erhält der Begriff jedoch sehr schnell eine konkrete Bedeutung. Mit der Bildung einer gemeinsamen organisationsbezogenen Informationsbasis schaffen Groupwaresysteme die technischen Voraussetzungen für den Aufbau eines organisationellen Gedächtnisses. Sinn und Zweck einer solchen Informationsbasis ist, neben der Transparenz der Organisationsstuktur und der Abläufe für die Mitarbeiter sowie deren optimale Unterstützung, vor allem die Erkennung und Analyse der auftretenden Probleme sowie deren Beseitigung.

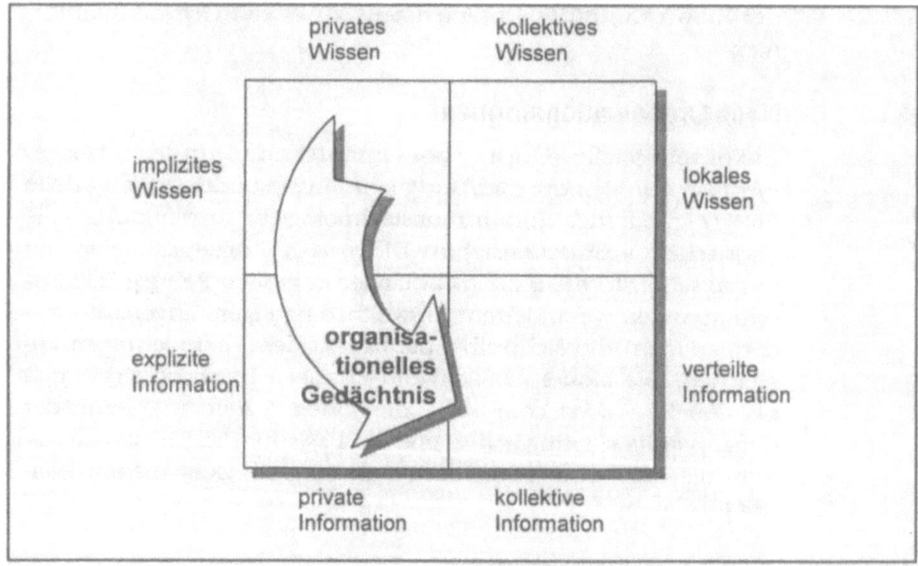

Abb. 4.1: *Die Gesamtheit des innerhalb der Organisation verfügbaren Wissens bezeichnet man als organisationelles Gedächtnis, dessen Formalisierung Groupwaresysteme ermöglichen.*

Das organisationelle Gedächtnis speichert neben den Einzelinformationen zu den Vorgängen und dem gemeinsamen Informationsstand der Beteiligten auch die zeitliche und räumliche Dynamik der Vorgänge sowie deren Abhängigkeiten. Weiterhin können Veränderungen der Aufbau- und der Ablauforganisation dokumentiert und deren unmittelbare Auswirkungen auf laufende Vorgänge beschrieben werden.

Mit herkömmlichen Informationssystemen oder gar manuellen Arbeitsweisen bedeutet Aufbau und Pflege einer solchen Informationsbasis einen nicht zu vertretenden Aufwand. Das Konzept des organisationellen Gedächtnisses kann mittels Groupware erstmals verwirklicht werden, da die Ablaufinformationen und deren notwendigen Verknüpfung wesentlich kostengünstiger erfaßt werden können.

Groupwaresysteme schaffen die technischen Voraussetzungen für den Aufbau organisationeller Gedächtnisse durch Speicherung des gemeinsamen Wissens der Organisationsmitglieder.

Ein unmittelbarer Effekt, der sich aus dem Aufbau eines organisationellen Gedächtnisses ergibt, ist der Erhalt des Wissens um aktuelle wie zurückliegende Vorgänge, auch wenn die beteiligten Mitarbeiter das Unternehmen verlassen. Die Einarbeitung neuer Mitarbeiter wird ebenfalls durch die umfassende Dokumentation wesentlich erleichtert.

Langfristige Wirkungen

Zu den weiterreichenden Effekten zählt die spontane themen- oder problemorientierte Zusammenarbeit über Abteilungsgrenzen hinweg, die sich auf der Grundlage der gespeicherten Informationen anregen lassen. Die wichtigste Aufgabe des organisationellen Gedächtnisses ist es jedoch, als Basis für die lernende Organisation zu dienen.

4.1.2 Lernende Organisation

Das wichtigste neue Managementkonzept, das die Wandlungsfähigkeit von Unternehmen revolutionieren soll, ist das der *lernenden Organisation*, dem englischen *organizational learning* entsprechend. Die Entwicklung einer Organisation verläuft bisher in Wellen. Eine einmal gewählte Organisationsform bleibt solange erhalten, bis die äußeren Umstände eine Reorganisation notwendig erscheinen lassen. Diese wird in der Regel vom Top-Management angeregt, das seine Vision zukünftiger Unternehmenschakteristika durch Einsicht oder, im schlechtesten Fall, durch Druck innerhalb der Organisation durchsetzen wird.

Diese Vorgehensweise bringt hohe Reibungsverluste mit sich, da die gesamte Organisation immer wieder aufs Neue von der Notwendigkeit der Veränderung und den beschlossenen Maßnahmen überzeugt werden muß. Die Mitarbeiter fühlen sich mitunter alleingelassen und insbesondere in Großunternehmen von den „am grünen Tisch" erarbeiteten Konzepten überfordert. Die notwendigen Veränderungen werden von den Mitarbeitern mitunter nur widerstrebend hingenommen oder, im schlimmsten Fall, stillschweigend boykottiert.

Lernende Organisationen hingegen nutzen die Kreativität und das Engagement der Mitarbeiter für eine permanente Selbstkritik und eine kontinuierliche Weiterentwicklung des Unternehmens. Die Mitarbeiter werden aktiv in den Veränderungsprozeß eingebunden und motiviert, den Unternehmenswandel mitzugestalten. Sie sind konsequent auf eine permanente Wandlungsfähigkeit hin ausgerichtet und vermeiden durch kontinuierliche Anpassung an die sich wandelnden Umweltbedingungen den periodisch herhöhten Reorganisationsaufwand.

Organisationelle Intelligenz

Diese Eigenschaft der *organisationellen Intelligenz,* englisch *organizational intelligence,* eines Unternehmens bedeutet nicht, daß die Führungsrolle des Managements in Frage gestellt wird, sondern vielmehr, daß alle Mitarbeiter an dem Entwicklungsprozeß beteiligt und bisher ungenutzte Potentiale innerhalb der Organisation freigesetzt werden. Mitarbeiter, die im direkten Kundenkontakt stehen, kennen die Stärken und Schwächen der eigenen Produkte am besten. Marketing-Experten beschäftigen sich fast ausschließlich mit der Konkurrenzsituation, die Arbeiter in der Produktion wissen um die Probleme der Fertigungsprozesses, um nur einige Beispiele zu nennen. Die Sammlung, Kanalisierung und Analyse dieser wertvollen Erkenntnisse als Input für den Wandlungsprozeß und die gemeinschaftliche Ableitung des Handlungsbedarfs sind die Hauptaufgaben der *lernenden Organisation.*

kontinuierlicher Wandel

Eine zentrale Sammlung und Auswertung der vielfältigen Erfahrungen reicht aber bei weitem nicht aus. Von ausschlaggebender Bedeutung ist die Bereitstellung all dieser auch kontroversen Denkansätze für einen Diskussions- und Lernprozeß aller Mitarbeiter. Mit der Möglichkeit, über die Grenzen der eigenen Erfahrungsbereiche hinauszublicken, den eigenen Standpunkt darzulegen und Lösungsmöglichkeiten zu diskutieren, wächst die Anpassungsgeschwindigkeit der Organisation. An die Stelle weniger großer Reorganisationen treten viele kleine Änderungen, die das Unternehmen mit wesentlich weniger Aufwand auf Kurs halten.

Aufgrund der Größe der Organisationen ist in vielen Fällen der Schlüssel für diese Vorgehensweise ein leistungsfähiges Informationssystem. Es sollte in der Lage sein, die Anregungen der Mitarbeiter im Detail wie im Gesamtzusammenhang aufzubereiten, die Erarbeitung eines Konsenses zu unterstützen und somit über die Aufgabe eines organisationellen Gedächtnisses den Lernprozeß aller Mitarbeiter anzuregen.

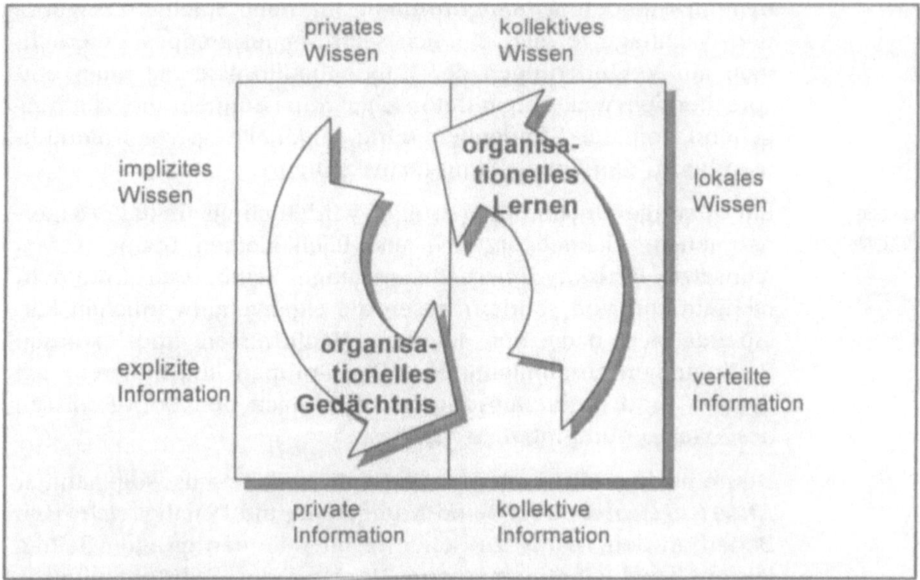

Abb. 4.2: *Lernende Organisationen nutzen das gemeinsame Wissen für eine kontinuierliche Weiterentwicklung.*

Competitive Intelligence

Eine Spielart der organisationellen Intelligenz ist die *competitive intelligence,* die man mit *Wettbewerbs-Intelligenz* übersetzen könnte. Dieses Konzept einer nach außen gerichteten Erweiterung des organisationellen Lernens zeichnet sich durch die kontinuierliche Beobachtung der Konkurrenz, das frühzeitige Erkennen und die Antizipation der Aktivitäten der Wettbewerber sowie die schnelle Ableitung des eigenen Handlungsbedarfs aus.

Die lernende Organisation nutzt ein organisationelles Gedächtnis für eine kontinuierliche Weiterentwicklung der organisatorischen Prozesse und Strukturen aller Unternehmensbereiche.

Im Idealfall sollte eine intelligente Organisation nicht nur in der Lage sein, aus eigenen Fehlern und denen der Konkurrenz zu lernen, sondern auch schneller als die Wettbewerber die Veränderungen des Marktes zu erkennen und selbständig zu handeln.

4.1.3 Selbstorganisation

Wird das Konzept der lernenden Organisation konsequent weitergedacht, so mündet der kontinuierliche Wandel der Organisation in einer nach marktwirtschaftlichen Regulationsmechanismen arbeitenden *Selbstorganisation*. Im freien Spiel von Angebot und Nachfrage reagiert ein sich selbstorganisierendes Unternehmen auf Veränderungen der Kundenbedürfnisse mit einer entsprechenden Welle organisatorischer Anpassungen, die sich ausgehend von der Kundenbetreuung durch das ganze Unternehmen bis zu den Entwicklungsteams ziehen.

Fraktale Organisation

Ein derartige Organisationsstruktur wird auch als fraktales Unternehmen bezeichnet, das sich aus vielen kleinen Teams zusammensetzt. *Fraktale Unternehmen* geben keine feste Unternehmensstruktur vor, sondern lassen die eigenverantwortlichen Mitarbeiter sich nach den internen Bedürfnissen und externen Bedingungen zusammenfinden. Die Gruppen konstituieren sich themen- und problemlösungsorientiert nach den Erfordernissen des externen und internen Marktes.

Der einzelne Mitarbeiter definiert sich dabei als sogenannter *Knowledgeworker* über seine Kompetenz und beteiligt sich nach Bedarf an den Teams, zu denen er oder sie den größten Beitrag leisten kann. Geschieht dieser Vorgang der Selbstorganisation über ein informationstechnisches Medium, so spricht man auch von *virtuellen Teams*. Die Mitglieder einer solchen Gruppe lernen sich nur durch das gemeinsame Interesse an der zu lösenden Problematik über das verbindende Medium kennen.

Grenzen der Selbstorganisation

Das Konzept der Selbstorganisation findet in verschiedenen theoretischen und praktischen Faktoren Grenzen. Die vollständige Selbstorganisation von Unternehmen ist zwar schon in der Realität anzutreffen [68], wird jedoch eher eine branchenabhängige Seltenheit bleiben. Auf der Projekt- und Abteilungsebene ist dagegen eine weite Verbreitung der Selbstorganisation sehr wahrscheinlich. Die notwendige Kapitalaggregation im internationalen Wettbewerb und die kritische Größe arbeitsteiliger Produktionsprozesse begrenzen die Anwendbarkeit der Selbstorganisation als Strukturierungsprinzip. Dort, wo unstrukturierte Aufgaben und Improvisation vorherrschen, sich Flexibilität und Reaktionsgeschwindigkeit als Erfolgsfaktoren erweisen, dort wird sich die Selbstorganisation durchsetzen.

Als wahrscheinlichste Variante sind daher *hybride Organisationsformen* denkbar, die die Vorteile eines selbstorganisierenden Pools von virtuellen Teams mit zentraler Führungskompetenz verbinden. Wichtigste Voraussetzung ist allerdings, daß sich innerhalb dieser Struktur keine Divergenz aufbaut, sondern daß sich alle Mitarbeiter als Teil des ganzen Unternehmens verstehen und auf der Basis des gemeinsamen Wissens sowie gemeinsamer Verhaltenskonventionen zusammenarbeiten.

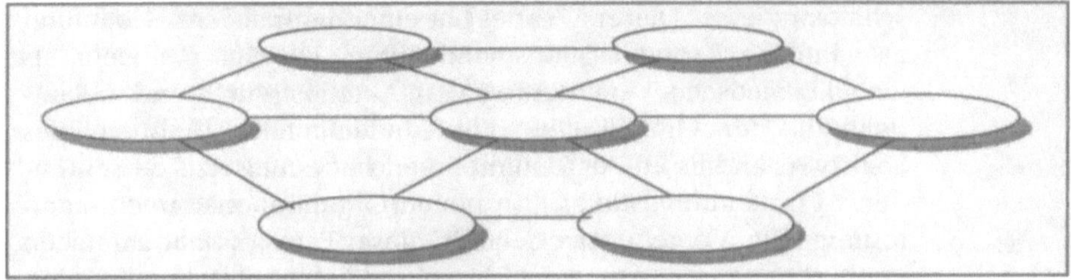

Abb. 4.3: *Zukunft der Selbstorganisation: hybride Organisationen aus virtuellen Teams und Führungskreisen schwimmen auf dem gemeinsamen Wissen von Knowledgeworkern.*

Die Organisationen von morgen bilden sich auf einem Meer aus Informationen und Wissen durch den losen Zusammenschluß von virtuellen Projekt- und Führungsteams. Ausgehend von einem relativ stabilen Führungskreis organisieren sich die verschiedenen Einheiten des Unternehmens bei Bedarf immer wieder neu. Diese Konstellation muß keineswegs geschlossen sein, sondern kann mit anderen Organisationen eng kooperieren und zum Beispiel spezielle Informationsflüsse oder ganze Produktionsströme mit diesen austauschen.

In selbstorganisierenden Unternehmen arbeiten kompetente Knowledgeworker in flexiblen virtuellen Teams auf der Basis des gemeinsamen Wissens der Organisation zusammen.

Erste Anzeichen für selbstorganisierende Unternehmensformen zeigen sich bereits in der Praxis. In nicht wenigen Branchen wird permanent externe Beratungsleistung für unterschiedlichste Zwecke eingekauft und kurzfristig Entwicklungskapazität oder Special Know How akquiriert. Dies macht sich besonders in Wirtschaftsbereichen bemerkbar, die von einem Drang zu kürzeren Entwicklungszeiten, größerer Produktvielfalt und höherer Produktionsflexibilität geprägt sind. Prominente Beispiele sind die Software- ebenso wie die Automobilindustrie, in denen sowohl Entwicklungs- als auch Fertigungskapazitäten nach Spezialisierung und Bedarf zugekauft werden.

4.2 Unternehmensentwicklung

In nicht wenigen innovativen Unternehmen vollzieht sich bereits ein tiefgreifender Wandel von kontrollierenden und reagierenden Managementmethodiken zu offensiven, agierenden und proaktiven Veränderungen der Unternehmensstrukturen und Geschäftsprozesse. Dieser Wandel hat eine langfristigere Bedeutung als einfache Reorganisationsmaßnahmen. Es geht um mehr als eine kosmetische Veränderung von Aufbaustruktur und Ablaufdynamik der Organisation. Ein fundamentaler Umbruch des Selbstverständnisses der Unternehmen hat eingesetzt, dessen äußeres Erscheinungsbild sich in neuen Organisationsformen manifestiert. Die Vorgehensweisen für diese Transformation reichen von schrittweisen Ansätzen bis zu radikalen Einschnitten. Entsprechend variieren Umfang, Risiko und Konsequenz.

4.2.1 Prozeßorientierung

Ein langfristiger Trend der Unternehmensentwicklung in fast allen Branchen und Unternehmensbereichen stellt das Umdenken von der üblichen Aufgaben- und Funktionsorientierung zu ganzheitlichen Geschäftsprozessen dar.

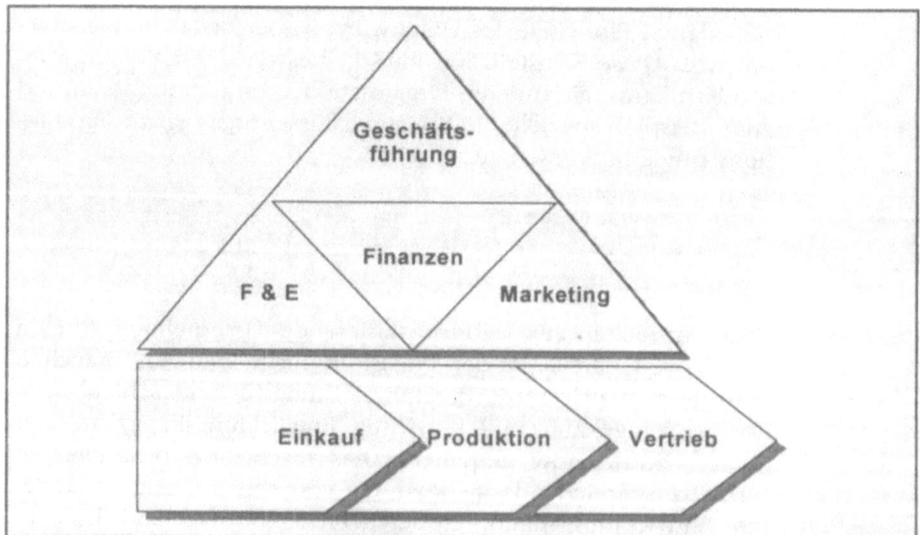

Abb. 4.4: *Die Wertschöpfungsketten der Unternehmen werden als zentrale organisationsbestimmende Prozesse verstanden.*

interne Kunden

Nicht mehr die spezialisierende Arbeitsteilung der Aufgabenbewältigung, sondern die gesamte Vorgehensweise bis zum gewünschten Endprodukt stehen im Vordergrund. Zentraler Angelpunkt der neuen Sichtweise sind die Wertschöpfungsketten in den Unternehmen, die im Rahmen der neuen Denkweise kompromißlos auf Kundenzufriedenheit ausgerichtet werden.

Es gilt eine neue abteilungsübergreifende Denkweise in Geschäftsabläufen zu erarbeiten, die den Kunden und seine Bedürfnisse in den Mittelpunkt stellt und diesen Maßstab innerhalb der eigenen Organisation fortsetzt. Was der Vertriebs-Außendienst und die -Logistik dem Kunden gegenüber darstellt, sind Produktion und Marketing gegenüber dem Vertrieb. Das Verständnis von der Rolle des „Kunden“ innerhalb des Geschäftsprozesses macht nicht länger an den Fabriktoren halt, sondern setzt sich innerhalb der Organisation zwischen internen Auftraggebern und Auftragnehmern fort.

Das Konzept der Prozeßorientierung läuft unter dem Einfluß der wirtschaftlichen Rahmenbedingungen allerdings Gefahr, durch eine kurzfristige Outputorientierung bei der Verbesserung von Prozeßketten neue langfristige Probleme struktureller Art zu erzeugen. Insbesondere die Überwindung der vielfach zementierten Abteilungsgrenzen bedarf besonderer Aufmerksamkeit, soll die gewonnene Transparenz der Prozesse nicht an wiederaufflammenden Rivalitäten scheitern. Auch die nicht unmittelbar als umsatzrelevant identifizierbaren Prozesse müssen beachtet und gemäß ihrer Relevanz für den langfristigen Erfolg in den Umgestaltungsprozeß eingebunden werden.

Die klassische Organisationsentwicklung erfährt durch die Konzentration auf Geschäftsprozesse eine Neuorientierung hin auf die optimale Erfüllung der Kundenbedürfnisse.

Mitunter liegen dem Unternehmenserfolg keine exakt definierbaren Prozesse zugrunde. Revolutionäre neue Produktideen werden selten auf systematische Weise gefunden, und nicht immer geht der Erfolg einer Idee unmittelbar auf ein Kundenbedürfnis zurück. Die Prozessorientierung findet ihre Grenze in der Formalisierbarkeit der Abläufe.

4.2.2 Schlanke Konzepte

Auch die unter den Stichworten schlankes Management (*lean management*) beziehungsweise schlanke Organisation (*lean organization*) bekanntgewordenen Konzepte propagieren eine Beschränkung der Unternehmensaktivitäten auf die wesentlichen, d. h. ergebnisrelevantesten Produkte und Dienstleistungen. Zusätzlich zur prozeßorientierten Umgestaltung der Organisation wird dabei die optimale Unterstützung der zugrundeliegenden Prozesse mit sowenig Ressourcen wie möglich angestrebt. Im Idealfall werden über die Kernprozesse hinaus nur soviel Ressourcen eingesetzt, wie für die Sicherung der Wettbewerbsfähigkeit notwendig sind.

flache Hierarchien

Diese Konzentration auf das Kerngeschäft kann auch als logische nächste Stufe der Prozeßorientierung betrachtet werden, da nur die Geschäftsprozesse mit den besten Erfolgsaussichten weiterverfolgt werden. Der Prozeß des Wandels hin zu einer schlanken Organisation wird als *Downsizing* bezeichnet und zielt auf *flache Hierarchien* als wesentliches organisatorisches Merkmal. Die flache Organisation verkürzt die Informationswege, und die Entscheidungsfindung und vergrößert den Verantwortungsbereich des einzelnen Mitarbeiters.

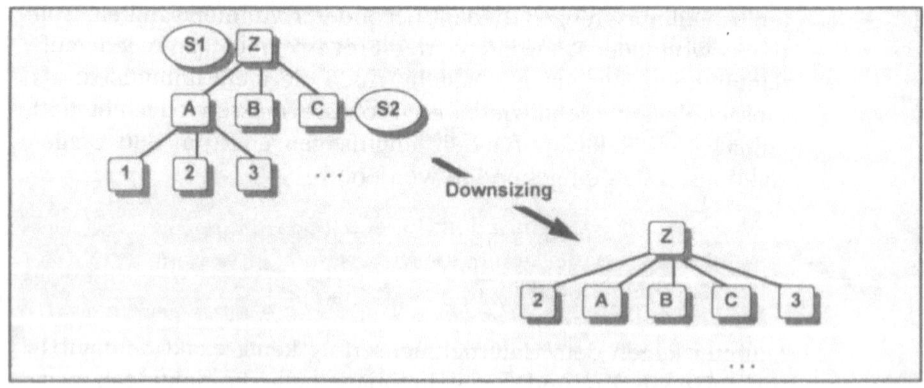

Abb. 4.5: *Schlanke Organisationen versuchen, sich mit flachen Hierarchien auf ihr Kerngeschäft zu konzentrieren.*

Die Abflachung der Hierarchien ist ein Symptom, aber nicht der Selbstzweck des Downsizing. Die Konzentration auf die wesentlichen Prozesse ist oft sinnvoll, die Entwicklungsmöglichkeiten für zukünftige Märkte lassen sich aber nicht ohne Investitionen erzielen.

Schlanke Unternehmen konzentrieren sich auf ihr Kerngeschäft und optimieren ihren Ressourceneinsatz durch flache Hierarchien und flexible Organisationsabläufe.

Schlanke Unternehmen sollten nicht an der Überalterung ihrer optimierten Produkt-Prozesse zugrunde gehen, sondern rechtzeitig mit vertretbarem Aufwand neue Märkte erschließen. Eine gewisser Overhead ist zur Sicherung der langfristigen Konkurrenzfähigkeit unvermeidlich.

4.2.3 Total Quality Management

Eine in der Praxis schon relativ weit verbreitete neue Management-Methodik, die eine stete Verbesserung der Geschäfts- und Produktionsprozesse anstrebt, ist das *Total Quality Management* (TQM). Die Dokumentation der bestehenden Abläufe und deren schrittweise Verbesserung unter Einbezug aller Organisationseinheiten und Mitarbeiter steht dabei im Vordergrund.

Das TQM-Management zielt allerdings nicht nur auf eine beständige Verbesserung der Produktions- und Geschäftsprozesse, sondern in letzter Konsequenz auch auf den TQM-Verbesserungsprozeß selbst. Dieses universell anwendbare Verfahren ist in der ISO 9000 Norm definiert und soll ab 1996 zum europäischen Produktionsstandard avancieren.

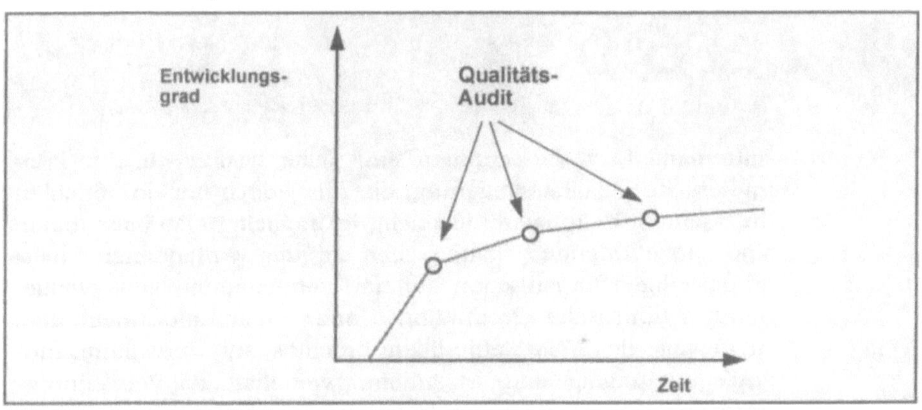

Abb. 4.6: *Total Quality Management führt nach einer Initialphase zu einer kontinuierlichen Verbesserung aller Organisationsteile.*

ISO 9000

Der Zertifizierungsprozeß der ISO 9000 kann dabei als Beispiel für einen ganzheitlichen Prozeßansatz gelten. Der Wandel durch TQM wird nicht von einer externen Instanz, zum Beispiel einem

Berater forciert, sondern muß von der Organisation aus eigener Kraft geschaffen werden. Die Zertifizierung durch ein unabhängiges Institut in einem sogenannten Qualitätsaudit stellt lediglich den Abschluß dieser Bemühungen dar, deren kontinuierliche Fortführung in periodischen Reviews überprüft wird.

Die TQM-Maßnahmen, wie die Dokumentation der Prozesse sowie die Erfassung quantitativer und qualitativer Prozeßverbesserungsvorschläge wird in der Regel in einer Bottom-Up-Vorgehensweise von den unmittelbar betroffenen Mitarbeitern erarbeitet. Ein mit umfassenden Vollmachten ausgestatteter TQM-Leiter koordiniert dabei die parallelverlaufenden Anstrengungen über die Abteilungsgrenzen hinweg und initiiert abteilungsübergreifende Diskussionen der zu lösenden Probleme.

schrittweises Vorgehen

Die wesentlichen Organisationseinheiten bleiben bei dieser Vorgehensweise erhalten und verändern sich mit der Zeit nur schrittweise. Die Konzentration auf Prozeßinhalte beziehungsweise physikalische Produktions- oder Verfahrensverbesserungen steht im Mittelpunkt, ergänzt mit Prozeß-Koordination und Ausnahmebehandlung. TQM stellt auf der quantitativen Seite keine anderen Methoden zur Verfügung als die bisherigen Möglichkeiten der Prozeßoptimierung, eröffnet jedoch weitere Verbesserungsmöglichkeiten auf der qualitativen Ebene und erfordert eine durchgängige und kontinuierliche Vorgehensweise.

Das Total Quality Management zielt auf einen schrittweisen Verbesserungsprozeß, der von allen Organisationsteilen gemeinsam geschaffen und weiterentwickelt wird.

Inkrementelle Verbesserungen sind sicher wichtig für eine kontinuierliche Qualitätssteigerung, ob dies jedoch für ein Mithalten im rasanten Wettbewerb ausreicht, ist fraglich. TQM-Maßnahmen sind prozeßorientiert, bauen aber auf der vorhandenen, meist arbeitsteiligen Organisation auf und zementieren damit weitgehend tayloristische Produktions- und Organisationsmethoden. Inwieweit die TQM-Methodiken bruchlos auf Verwaltungsprozesse übertragbar sind, ist zudem zweifelhaft, da Verwaltungsvorgänge weit weniger standardisiert sind als etwa Produktionsverfahren. Langfristig werden TQM-Prozesse nur noch marginale Verbesserung innerhalb der bestehenden Organisationsstrukturen erreichen können.

4.2.4 Reengineering

Aus dem anglo-amerikanischen Raum kommend etabliert sich eine neue Management- oder auch Reorganisationsmethodik, die sich radikale Veränderungen bestehender Geschäftsprozesse und Unternehmensstrukturen zum Ziel gesetzt hat, das sogenannte *Reengineering*. Die Spanne der unter diesem Stichwort veröffentlichen Konzepte reicht von revolutionären Veränderungen einzelner Geschäftsabläufe bis zu einem völligen Wandel ganzer Unternehmenstrukturen. Die Verwendung der Terminologie ist diffus und uneinheitlich. *Business Process Reengineering* (BPR) scheint sich jedoch für die Veränderung einzelner Geschäftsprozesse und *Business Redesign* für die Neugestaltung ganzer Unternehmen als jeweilige Oberbegriffe durchzusetzen.

Business Redesign

Business Redesign wird in der Regel vom Top-Management initiiert und beabsichtigt einen Neuentwurf aller Bereiche eines Unternehmens. Ein konsequenter Bruch mit den gewachsenen Gegebenheiten der Unternehmen ist die Voraussetzung des auch als „clean sheet design" oder „starting over" bezeichneten Top-Down-Ansatzes. Ausgehend von den durch die strategische Planung vorgegebenen Geschäftsfeldern wird dabei versucht, den für die kritischen Faktoren optimalen Geschäftsablauf zu definieren und diesen ohne Rückgriff und Rücksicht auf bestehende Unternehmensstrukturen umzusetzen.

Business Process Reengineering

Nicht ganz so umfassend, aber ähnlich radikal ist die unter dem Stichwort *Business Process Reengineering* verfolgte qualitative Verbesserung einzelner Geschäftsprozesse innerhalb definierter Grenzen. Unter Einbindung der besten Mitarbeiter der betroffenen Bereiche wird ebenfalls nach einem Top-Down Ansatz ein grundlegend neuer und besserer Ablauf für einen bestehenden Geschäftsprozeß gesucht und konsequent umgesetzt.

Die mit Reengineering erzielten Umsatz-, Qualitätsgewinne oder Verbesserungen der Kundenzufriedenheit sind enorm, wenn man den veröffentlichten Zahlen Glauben schenken darf. In der radikalen Veränderung der Organisationsstrukturen liegt aber zugleich auch das hohe Risiko dieser Vorgehensweise. Ein völlig freier Neuanfang wird nur in den seltensten Fällen möglich sein, da in der Regel zumindest zeitliche oder finanzielle Restriktionen vorliegen. Die Zielvorgaben sind insbesondere in großen Unternehmen nicht immer eindeutig oder sogar widersprüchlich. Der gesamte Prozeß des Rengineering ist, je nach Unternehmensgröße, mit mehreren Jahren Entwicklungs- und Implementierungsdauer zu langwierig.

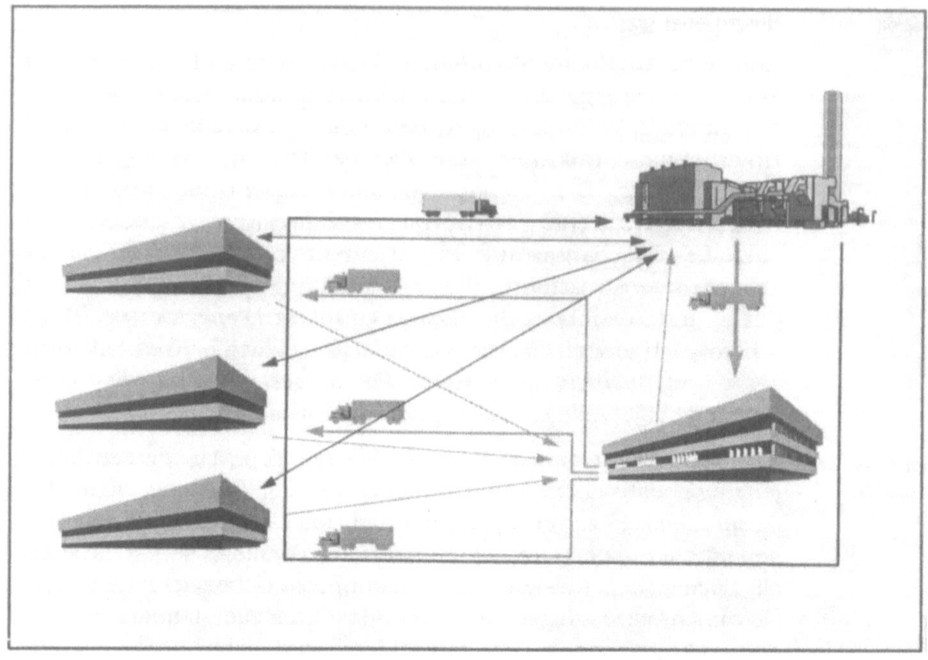

Abb. 4.7: *Ein Beispiel für Business Process Reengineering: An die Stelle eines Zwischenlagers mit komplexer Logistik tritt die Direktauslieferung vom Hersteller mit elektronischer Auftragserteilung und Rechnungsstellung (nach [30]).*

Reengineering setzt durch den radikalen Ansatz enormes Potential frei, ist aber aus dem Ursprungsland USA nicht problemlos auf europäische Verhältnisse übertragbar.

Reengineering kann bei richtiger Anwendung ein Unternehmen in seiner Marktposition nach vorne bringen, aber bei falscher Anwendung auch weitgehend zugrunde richten. Eine beliebige Steigerung der betrieblichen Leistungsfähigkeit durch mehrfachen Einsatz des Reengineering läßt sich sicher nicht erzielen. Eine „Eins-zu-Eins-Übertragbarkeit" des US-amerikanischen Reengineering-Verständnisses auf bundesdeutsche Verhältnisse ist ohnehin nicht gegeben. Allein die Arbeitsgesetzgebung setzt der radikalen Umsetzung in amerikanischer Manier enge Grenzen.

4.2.5 Change Management

Die verschiedenen Methoden des Unternehmenswandels können auch als mögliche Ansätze eines umfassenderen, aus der strategischen Planung erwachsenden Management-Konzeptes, des Change Managements, angesehen werden. Unter *Change Management* versteht man einerseits den Wandel von reagierenden Managementansätzen zur proaktiven Veränderung von Unternehmen, anderseits aber auch die aktive Durchführung notwendiger Veränderungen.

Change Management versteht sich als höchste Form der Unternehmensentwicklung, in dem es den notwendigen beständigen Unternehmenswandel selbst initiiert und steuert.

An die Stelle der Reaktion auf interne oder externe Einflüsse tritt ein aktives Herbeiführen des notwendigen Wandels durch Antizipation von Entwicklungstrends der Unternehmens-Umwelt. Die Ableitung der Unternehmensstrategie aus der Kundenorientierung führt im Idealfall zu einer simultanen Entwicklung von Produkten, Fertigungstechnologien, Marketingkonzepten unter Anpassung der Organisationsstruktur. Innerhalb eines solchen kontinuierlichen Organisationswandels sind bei Bedarf aber auch einzelne radikale Reengineeringschritte denkbar.

Benchmarking

Eine der Methodiken des Change Managements ist das *Benchmarking*, ein periodischer Vergleich verschiedener Charakteristika des eigenen Unternehmens mit denen der Konkurrenz, insbesondere mit den Branchenbesten. Durch diesen Vergleich lassen sich die Einflüße vieler wichtiger Erfolgsfaktoren, die sich nicht unmittelbar quantifizieren lassen, besser einschätzen.

Probleme

Das Change Management findet seine Grenzen in der Unsicherheit der Planbarkeit. Der Erkenntnishorizont der strategischen Planung schwindet mit dem exponentiellen Wachstum der Entwicklungsmöglichkeiten, je weiter man in die Zukunft schaut. Auch eine enge Markt- beziehungsweise Kundenorientierung hilft nicht immer weiter, wenn für neue Produkte noch überhaupt kein Markt definiert werden kann.

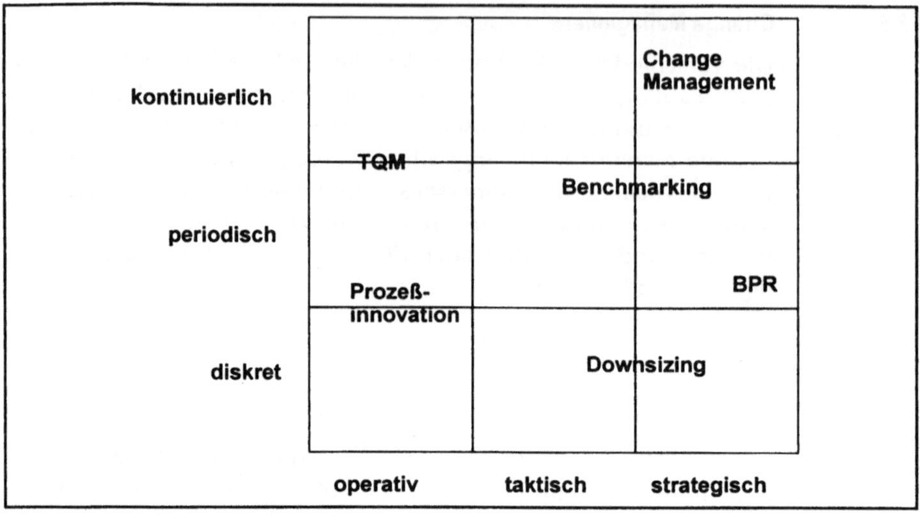

Abb. 4.8: *Change Management zielt auf einen kontinuierlichen Wandel der Unternehmen nach strategischen Gesichtspunkten.*

5 Groupwaretechnologie

Die heutige Groupwaretechnologie setzt die in den zurückliegenden zwanzig Jahren in Forschungs- und Entwicklungslabors der Universitäten und der Industrie unter dem Stichwort *Computer Supported Cooperative Work* (CSCW) gewonnenen Erkenntnisse in die kommerzielle Praxis um. Trotz dieser langen akademischen Tradition ist Groupware eine noch sehr junge Technologie und ständiger Weiterentwicklung unterworfen. Die verfügbaren Groupwareprodukte haben die Schwelle zur Einsatzreife erst in den letzten Jahren überwunden, und der Groupware-Markt ist von einem turbulenten Wachstum geprägt.

Einige wenige Basistechnologien bilden die Grundlage für die Einsatzfähigkeit und den Erfolg der Groupwareprodukte. Betrachtet man die verfügbaren Systeme, so ist eine Klassifizierung nur mit einem groben Raster möglich. Ebenso schwer fällt eine Abgrenzung zu komplementären Technologien. Technische Probleme setzen der Einsatzfähigkeit derzeit noch Grenzen, doch die technologische Entwicklung, insbesondere die Standardisierung, arbeitet für die Groupware-Konzepte.

5.1 Basistechnologien

Ein kleiner Kern von Basistechnologien, die aus anderen Disziplinen der Informationstechnik übernommen und adaptiert wurden, dient fast allen Groupwareprodukten als Grundlage. Die Leistung der Groupwaresysteme liegt weniger in der „Neuerfindung des Rades" als vielmehr in der geschickten Kombination der verfügbaren Mittel zu neuartigen Funktionen. Trotz wesentlicher Unterschiede in der Funktionalität und Implementation erfüllen alle Systeme eine gemeinsame Charakteristik: *Groupwaresysteme stellen die logische Konsistenz der gespeicherten Informationen trotz ihrer physikalischen Verteilung innerhalb der Organisationen sicher.* Als Fundament dieser Funktionalität dienen neben der Vernetzung und einigen grundlegenden Netzwerkdiensten vor allem neuartige Konsistenzmechanismen sowie leistungsfähige Sicherheitstechnologien.

5.1.1 Netzwerke

Ohne Computersysteme und deren Vernetzung sind Groupwaresysteme nicht denkbar. Dabei reicht der Begriff *Netzwerk* von der Verbindung einiger weniger Teamarbeiter über ein *lokales Netz*, auch *Local Area Network* (LAN) genannt, bis zur globalen Vernetzung der weltweit verteilten Standorte von Großunternehmen über ein *Weitverkehrsnetz*, auch *Wide Area Network* (WAN) genannt, einerseits und zu drahtlosen *Mobilnetzen* für die Anbindung der Außendienstmitarbeiter andererseits. Agile Unternehmen haben bereits viele ihrer Standorte vernetzt, aber für den einzelnen Mitarbeiter ist der Zugang zu diesen Netzen noch lange nicht selbstverständlich oder gar universell verfügbar. Nicht selten hat nur ein kleiner Prozentsatz der Mitarbeiter einen direkten Zugang zum „unternehmensweiten" Netzwerk, das hauptsächlich für systemtechnische Aufgaben genutzt wird.

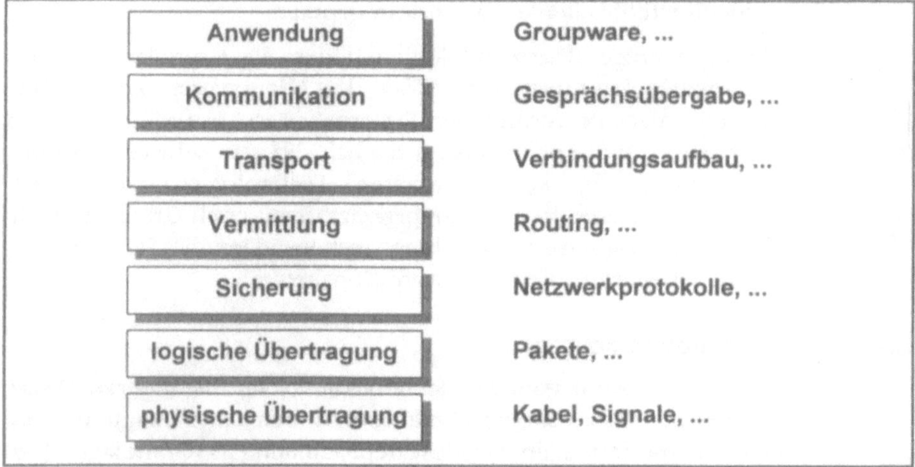

Abb. 5.1: *Das ISO/OSI-Schichtenmodell mit den Bestandteilen physikalische und logische Übertragung, Netzwerkprotokolle, Weiterleitung, Verbindungsmanagement, und Informationsdarstellung (siehe [77] und [41]).*

Während die lokalen Netze, wie der Name nahelegt, nur enge geographische Grenzen abdecken, reichen Weitverkehrsnetze von der Verbindung relativ nahegelegener Standorte über landesweite Standleitungen bis zu Satellitenkanälen rund um den Globus. Weitreichende Verbindungen lassen sich zwar kostengünstig über Telefonwählverbindungen oder in der modernen Variante über das *Integrated Services Digital Network* Integrated

Services Digital (ISDN) erreichen, sind aber in kleinen Unternehmen relativ selten anzutreffen. Großunternehmen dagegen arbeiten vielfach an umfassenden Konzepten für die unternehmensweite Vernetzung. Diese „InHouse"-Standards sind allerdings oft zentralistisch angelegt und werden nur langsam weiterentwickelt. Nicht selten wurden mit abteilungsweiten Einzellösungen bereits Tatsachen geschaffen, deren nachträgliche Integration extrem aufwendig ist. Der teils historisch begründete Wildwuchs *heterogener Netze* ist zugleich eines der größten Probleme für die Groupwaretechnologie. Viele Groupwarehersteller kämpfen in ihrer Produktentwicklung weniger mit der Funktionalität als mit der Unterstützung der verschiedenen Netzwerke.

OSI-Netzwerk-Referenzmodell

Das *Open System Interconnection* (OSI) Architekturmodell der *International Standardization Organization* (ISO) dient gemeinhin als Referenz für die Struktur von Rechnernetzen. Es definiert sieben Schichten, die den Aufbau logisch unterteilen. Ausgehend von den physikalischen Medien und deren Signalübertragungseigenschaften, das Datenformat im Netzwerk, die Übertragungsprotokolle, die Steuerungssprotokolle, die Netzwerkbasisdienste und die Applikationsschnittstellen. Die Steuerung der Netzwerkknoten, den Verbindungsaufbau und den Datentransfer übernehmen *Netzwerkbetriebssysteme,* über die jeder an das Netz angeschlossene Rechner als Netzwerkknoten, englisch *node* genannt, verfügen muß, damit er über die Basisdienste des Netzwerks erreichbar ist. Auf der Grundlage der Netzwerkbetriebssysteme stellt spezielle Systemsoftware *Netzwerkdienste* für Anwendungen zur Verfügung. Teils als Bestandteil der Netzwerkbetriebssysteme, teils eigenständig und betriebssystemunabhängig sorgen *Netzwerkmanagementsysteme* für eine möglichst hohe Verfügbarkeit der Netzwerkdienste.

Medium und Übertragung

Als technisches Medium für die Signalübertragung in Netzwerken dienen im einfachsten Fall simple Kupferleitungen wie beim Telefon, Koaxialkabel, ähnlich den Fernseh-Antennenkabel, beziehungsweise in Hochgeschwindigkeitsnetzen Lichtwellenleiter aus Glasfasern. Der Anschluß einzelner Computer geschieht über Netzwerkadapter, wobei je nach Ausprägung ein *Transceiver* genannter Verstärker mit einer Stichleitung zum Rechner zwischengeschaltet sein kann. Für die Signalübertragung werden die physikalischen Effekte Strom- und Lichtleitung beziehungsweise, im mobilen Fall, Radiowellen genutzt.

Die Heterogenität der Netzwerke stellt die größte technische Hürde für den Einsatz von Groupwaresysteme dar und erhöht die technischen Realisierungskosten.

Unabhängig von den der physikalischen Charakteristika der Signalübertragung ist die Funktionsweise der verschiedenen Netzwerke im wesentlichen gleich. Den Sende- und Empfangsrechnern werden Zahlen als *Adressen* zugeteilt und die übertragenden Daten in *Pakete* bestimmter Länge aufgeteilt. Diese Pakete werden als Signalfolgen über das Netz übertragen, wobei die Adresse des Quell- und Zielrechners vorangestellt wird. Jeder angeschlossene Rechner kann so die Signale beziehungsweise Datenpakete ermitteln, die für ihn bestimmt sind. Der Aufbau der Pakete ist für den jeweiligen Netzwerktyp einheitlich, kann sich aber zwischen Netzwerktypen stark unterscheiden. Meist können Netze nur jeweils ein Paket gleichzeitig übertragen, während spezielle Breitbandnetze mehrere Übertragungen parallel durchführen können.

Protokolle

Aufgrund der technischen Charakteristiken kann es zu Interferenzen bei der Signalübertragung kommen, die die fehlerlose Übertragung der Datenpakete beeinträchtigen können. Um diese Effekte auszugleichen, werden für die verschiedenen Netzwerke sogenannte *Protokolle* definiert, die die korrekte Übertragung sicherstellen. Man unterscheidet verbindungslose und verbindungsorientierte Protokolle. Während in verbindungslosen Protokollen alle Probleme der physikalischen Übertragung wie Paketverluste, -beschädigung, -verdoppelungen oder Vertauschung der Reihenfolge sichtbar werden, bereinigen verbindungsorientierte Protokolle alle diese Probleme und bieten annähernd dieselbe Übertragungsqualität wie eine zwischen zwei Rechnern fest geschaltete Verbindung.

Topologien & Routing

Nach ihren Übertragungseigenschaften lassen sich verschiedene Netzwerk-Topologien unterscheiden. Zu den wichtigsten zählen: Bus-, Ring- und Stern-Topologie, die sich alle zu Baumstrukturen kombinieren lassen. Da in allen Netzwerken nur eine maximale Anzahl von Knoten mit einem Teilstück des Netzwerkes verbunden werden können, ergibt sich die Notwendigkeit der Vermittlung von Datenpaketen zwischen Netzwerkteilen. Dieser *Routing* genannte Vorgang wird von einzelnen Netzwerkknoten oder speziellen Hardwarekomponenten übernommen und über ein eigenständiges Protokoll gesteuert. Ein Paket, das aufgrund seiner Adresse für einen Rechner in einem anderen Netzwerksegment bestimmt ist, wird dabei in Richtung auf den Zielknoten weitergereicht.

Netzwerk-
bausteine

Für den Aufbau größerer Netzwerkstrukturen und die Kombination verschiedener Netzwerktypen stehen eine ganze Reihe verschiedener Hardwarekomponenten mit unterschiedlichen Übertragungseigenschaften bereit. Im einfachsten Fall können mehrere Netzwerkteile gleichen Typs durch einen *Repeater* verbunden werden, der lediglich eine Signalverstärkung durchführt und ankommende Pakete in alle angeschlossenen Kanäle weiterleitet. Ein *Hub* verbindet auf ähnliche Weise unterschiedliche Übertragungsmedien, die jedoch dasselbe Netzwerkprotokoll nutzen. Ein *Router* nimmt, wie der Name vermuten läßt, eine Selektion der zu übertragenden Pakete vor und verteilt die ankommenden Pakete auf den jeweils richtigen Kanal. Eine *Bridge* verbindet zwei sich zum Beispiel in ihrer Übertragungsleistung stark unterscheidende Netzwerke, während ein *Gateway* eine Verbindung zwischen Netzwerken unterschiedlichen Typs herstellt. Der oft anzutreffende Begriff des *Backbone* steht für eine besonders leistungsfähige Verbindung, die für die Übertragung innerhalb eines Netzwerkes eine zentrale Rolle übernimmt. Eine Wolke, im englischen *cloud* genannt, stellt im Gegensatz dazu symbolisch einen Netzwerk-Teil dar, dessen Protokoll bekannt ist, Übertragungswege aber keine Rolle spielen.

Netzwerk-
dienste

Auf der Basis der Netzwerk-Protokolle stellen Netzwerkbetriebssysteme Dienste, sogenannte *Services,* für unterschiedliche Aufgaben bereit. Die jeweiligen Rechner werden dementsprechend als *Server* bezeichnet. Neben Netzwerk-internen Funktionen wie *Name-Server* sind dies vor allem Schnittstellen zur Nutzung verteilter Hardwarekomponenten. Zu den bekanntesten Diensten zählen die Datei- und Drucker-Dienste, auch *File-* und *Print-Server* sowie *Datenbank-Server.* Weniger bekannt ist die Nutzung sogenannter *Compute-Server,* die vordringlich für die schnelle Abarbeitung von Anwendungsprogrammen genutzt werden. Computersysteme, die ausschließlich für die Bereitstellung zentraler Dienste vorgesehen sind, bezeichnet man auch als dedizierte Server.

Für die Implementierung von Groupwaresystemen sind die Netzwerkdienste weitaus wichtiger als die hard- und softwaretechnischen Voraussetzungen der Vernetzung. Der wichtigste Fachbegriff in diesem Zusammenhang ist die *Transparenz* der Netzwerkdienste. Dem Endbenutzer wird bei einem transparenten Dienst nicht unmittelbar „bewußt", ob er auf lokale Hardware oder über das Netzwerk auf entfernte Ressourcen zugreift.

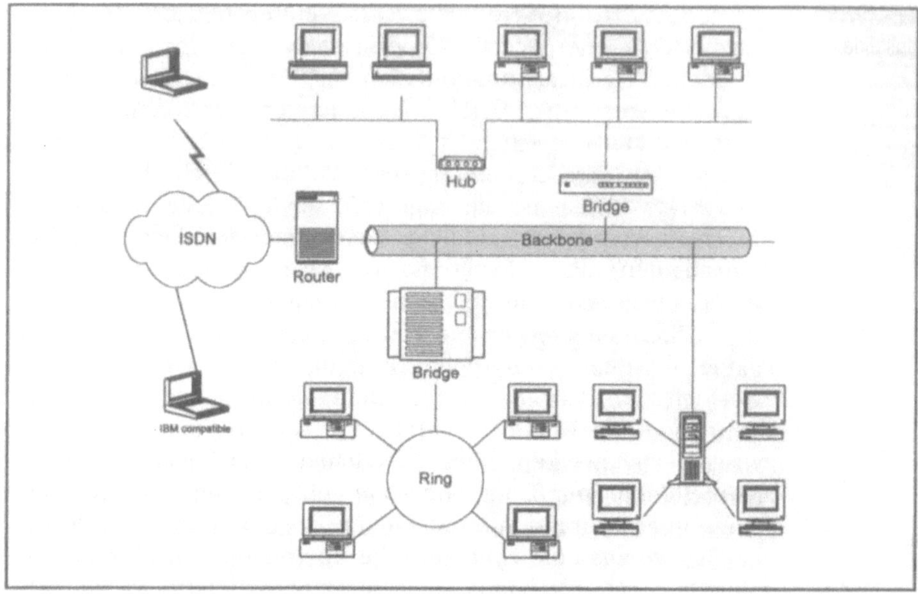

Abb. 5.2: *Netzwerkbausteine und Topologien: Bus-, Ring- und Stern-Strukturen lassen sich über Repeater, Hubs, Bridges und Gateways verbinden.*

Neben den Basisfunktionen, der Nutzung gemeinsamer Ressourcen, Netzwerk-Filesysteme, -Drucker oder andere Peripherie wie Modems, sind für Groupwaresysteme vor allem die höheren Netzwerkdienste von Interesse. Diese Dienste umfassen den Austausch von Daten zwischen Programmen und die wechselseitige Nutzung von Funktionalität über verteilte Prozeduraufrufe *Remote Procedure Call* (RPC). Weitergehende Netzwerkdienste sind etwa die Synchronisation verschiedener Systemzeiten oder die verteilte Kontrolle der Zugriffsrechte über Authentisierung (siehe 5.1.5 Seite 59). Alle diese Dienste sind im Prinzip auch in Weitverkehrsnetzen vorhanden, Verfügbarkeit, Durchsatz und Zugriffszeiten können jedoch differieren.

Problemlösungen

In heterogenen Netzen ist es äußerst schwierig, einen gemeinsamen Satz von Diensten zur Verfügung zu stellen, da die Implementierungen der verschiedenen Netzwerke zu weit voneinander abweichen. Für den Einsatz von Groupwaresystemen ist man daher oft gezwungen, ein für die vorhandenen Netzwerke passendes Groupwareprodukt zu finden, den Umfang der Installation gegebenenfalls einzuschränken oder die konfliktären Netzwerke zu einem einheitlichen Standard zu migrieren. Die Hersteller von Groupwaresystemen haben mittlerweile auf diese prekäre Situation reagiert und arbeiten fieberhaft daran, ihre meist auf einzelne Netzwerkbetriebssysteme abgestimmten Produkte für den Einsatz in heterogenen Netzwerken umzurüsten. Je nachdem, welche Dienste ein Groupwaresystem in Anspruch nimmt, ist man mit etwas Glück heute schon in der Lage, für fast jedes heterogene Netzwerk einen kleinsten gemeinsamen Nenner zu finden.

Aufgrund der Heterogenität definieren Groupwaresysteme eigene Netzwerkdienste oder stellen hohe Systemanforderungen an die unterstützenden Netzwerkbetriebssysteme.

Manche Groupwaresysteme definieren eigene Netzwerkdienste. Für diese Systeme ist es notwendig, auf der Ebene der Protokolle eine gemeinsame Basis für alle beteiligten Netzwerke herzustellen. Für PC-basierte Netze ist der De-facto-Standard-Protokoll NetBIOS, für Unix-basierte Netze das *Transfer Control Protocol/Internet Protocol* (TCP/IP) des *internet*. Zum Teil bedienen sich Groupwaresysteme lediglich eines verteilten Dateisystems. Dies läßt oft mehr Spielraum für den heterogenen Fall, da die Funktionalität der verteilten Dateisysteme weitgehend unabhängig von ihrer Realisierung ist. Andererseits stellt dies auch hohe Anforderungen an die Verfügbarkeit dieses leistungsfähigen Netzwerkdienstes. Als De-facto-Standard der verteilten Dateisysteme gilt das *Network File System* (NFS). Die Groupware-Implementationsbasis mit den geringsten Ansprüchen ist der Austausch von Nachrichten über die elektronische Post (siehe 5.1.4 Seite 57). Unabhängig von den Charakteristika der Netzwerkverbindung stellt das Konsistenzmanagement die höchsten Anforderungen an Groupwaresysteme.

5.1.2 Verteilte Datenbanken

Eine Basistechnologie, auf die viele Groupwaresysteme aufbauen, stellen die um ein verteiltes Transaktionsmanagement erweiterten Datenbanksysteme dar. Unter *Transaktionen* versteht man die Durchführung von Änderungen in einer Datenbank als Alles-oder-Nichts-Operationen. Eine Transaktion wird entweder durch ein *commit* vollständig ausgeführt oder aber durch *abort* folgenlos abgebrochen. Sinn und Zweck des Transaktionsmanagements ist es, die Konsistenz der gespeicherten Daten sicherzustellen. Für den Fall eines Systemzusammenbruchs wird ein Log-File geführt, in dem alle Transaktionen verzeichnet werden. Nach einem Neustart des Systems werden alle zum Zeitpunkt des Zusammenbruchs noch nicht abgeschlossenen Transaktion per *rollback* rückgängig gemacht beziehungsweise alle erfolgreichen, aber noch nicht in die Datenbank übertragenen Transaktion per *roll-forward* erneut ausgeführt.

Locking

Für die Sicherung der Datenbank-Konsistenz ist ferner das Sperren der von laufenden Transaktionen genutzten Datenbank-Einträge notwendig. Für diese auch *Locking* genannte Funktion unterscheidet man schreibende Transaktionen, die Datensätze verändern, von solchen, die nur lesend auf Datensätze zugreifen. Wird ein Datensatz gelesen, so ist dieser fürs Schreiben gesperrt. Verändert eine Transaktion einen Datensatz, so ist er sowohl für Lese- als auch Schreib-Operationen gesperrt. Die Vergabe und Verwaltung der Sperren kann optimistisch oder pessimistisch erfolgen. Im optimistischen Fall wird das Risiko eingegangen, daß Transaktionen abgebrochen werden müssen, im pessimistischen Fall wird eine Transaktion erst dann gestartet, wenn sichergestellt ist, daß sie beendet werden kann. Welche Vergabestrategie gewählt wird, hängt von der Art der Anwendung ab, insbesondere von der Zugriffshäufigkeit und dem Verhältnis lesender und schreibender Zugriffe.

OLTP

In klassischen Fall des *Online Transaktion Processing* (OLTP) wird von einfachen Terminals aus auf ein zentrales, meist hostbasiertes Datenbanksystem zugegriffen. Dabei werden im *Dialogbetrieb* die von den End-Benutzern ausgefüllten Bildschirmmasken in Datenbankabfragen umgesetzt und die Antworten der Datenbank an die Benutzerterminals zurückgeleitet. Datenhaltung und Anwendungsfunktionalität befinden sich vollständig auf dem Host, der, in aufwendigen Systemen durch Vorrechner und *Transaktionsmonitore* genannte Softwarekomponenten, von der Steuerung des Dialogbetriebes entkoppelt wird.

Client-Server

Eine Verteilung der Datenbank-Funktionalität wird im einfachsten Fall durch *Client-Server*-Datenbanken ermöglicht. Dabei führt ein zentrales Serverprogramm Transaktionen aus, die von den verteilten Clientprogrammen angestoßen werden. Je nach Architektur des Systems dienen die Clients nur als einfache Benutzerschnittstellen, während der Server die gesamte Anwendungsfunktionalität bietet. Andernfalls stellt der Server nur allgemeine Datenhaltungsfunktionen zur Verfügung, während die

Clients die eigentliche Anwendungsfunktionalität beinhalten. Die Benutzerführung gestaltet sich jedoch interaktiv, da bereits auf der Clientsseite Konsistenzüberprüfungen der eingegebenen Daten erfolgen können. In jedem Fall verwaltet der zentrale Server den Datenbestand und führt neben dem Transaktionsmanagement auch das Locking durch.

Verteilung

Wird der Datenbestand auf mehreren Rechnern als Kopie gehalten oder gar aufgeteilt, liegt eine verteilte Datenbank vor, deren Verwaltung wesentlich aufwendiger ist. Der zentrale Begriff der verteilten Datenbanken ist das Transaktionsmanagement nach dem *Two-Phase-Commit*-Verfahren, demzufolge eine verteilte Transaktion in zwei Phasen abläuft. In der ersten Phase sendet das System, von dem die Transaktion ausgeht, Commit-Aufforderungen an alle an der Transaktion beteiligten Systeme. Erst wenn alle Systeme daraufhin ihren eigenen Commit eingeleitet und dies zurückgemeldet haben, wird in der zweiten Phase der vollständige Abschluß der lokalen Commits angestoßen.

Two-Phase-Commit

Wenn während der ersten Phase eine oder mehrere Verbindungen unterbrochen werden, so wird nur eine vorbestimmte Zeitspanne auf die ausbleibenden Antworten gewartet. Bleibt von nur einem System die Rückmeldung aus, so wird an alle anderen ein Abort gesendet. Andernfalls wird ein endgültiger Commit-Befehl an alle beteiligten Systeme gesandt. Nach einem erfolgreichen Abschluß der ersten Phase führt ein Netzausfall in der zweiten Phase nicht mehr zum Abort der gesamten Transaktion. Lediglich die Durchführung der lokalen Commit-Operationen der betroffenen Systeme verzögert sich entsprechend. Im verteilten Fall ist allerdings auch das Locking wesentlich aufwendiger, da gegebenenfalls verteilte Datenbestände gesperrt werden müssen. Die Sperrenvergabe kann ebenfalls über einen Zweiphasen-Mechanismus sowohl optimistisch als auch pessimitisch erfolgen.

Probleme

Voraussetzung für die Nutzung des Two-Phase-Commit Verfahrens ist eine hohe Verfügbarkeit der beteiligten Netzwerkverbindungen. Aus demselben Grund sind auch Client-Server-Systeme meist nur in lokalen Netzen anzutreffen. In Weitverkehrsnetzen beziehungsweise in heterogenen Netzen mit geringer Zuverlässigkeit ergeben sich noch eine Reihe weiterer Varianten der Konsistenzsicherung (siehe 5.1.3 Seite 52). Welche Methode für den gegebenen Anwendungsfall die richtige ist, hängt von der Art und Häufigkeit der Transaktionen sowie der Zuverlässigkeit der zugrundeliegenden Netzwerke ab.

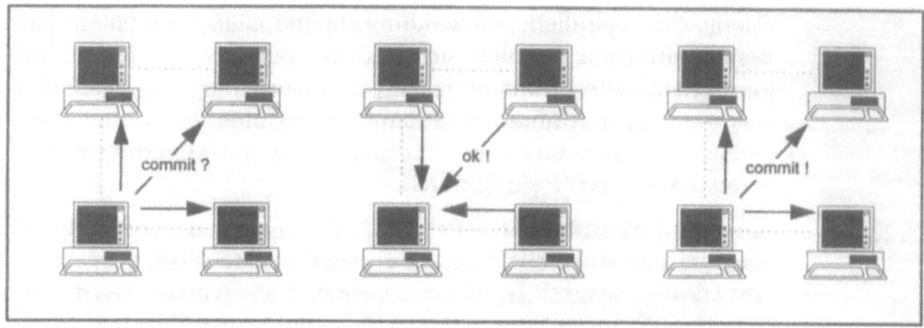

Abb. 5.3: *Das Two-Phase-Commit-Verfahren speichert eine Änderung erst, wenn alle beteiligten Systeme den Abschluß der Transaktion bestätigen.*

Anwendung

Neben dem Messaging (siehe 5.1.4 Seite 57) sind Client-Server-Datenbanken die unter Groupwaresystemen am weitesten verbreitete Implementationsgrundlage. Echte verteilte Datenbanken mit Two-Phase-Commit sind in der Groupwarewelt allerdings noch selten. Mit der Nutzung von Client-Server-Architekturen ergibt sich für diese Groupwaresysteme fast automatisch die Beschränkung auf ein lokales Netz.

Über das Two-Phase-Commit-Verfahren wird die vollständig synchrone Konsistenz der Informationsbestände auch in verteilten Systemen sichergestellt.

Für Aufgabenstellungen, die eine hohe Zuverlässigkeit und Leistungsfähigkeit erfordern, wie etwa für Vorgangssteuerungssysteme mit hohen Durchsatzraten, ist eine solide Datenbankgrundlage unabdingbar. Für den unternehmensweiten Einsatz, insbesondere an verteilten Standorten, ist dies allerdings beim derzeitigen Stand der Weitverkehrsvernetzung mit relativ hohen Kosten verbunden.

5.1.3 Replikation

Da Informationssysteme wie Groupware auch in der Lage sein müssen, über Weitverkehrsverbindungen mit geringer Verfügbarkeit zu arbeiten, wurde die ursprünglich für verteilte Dateisysteme entwickelte Technik der Replikation adaptiert. Unter *Replikation* versteht man im allgemeinen die Verwaltung von Datenkopien auf verteilten Systemen, um auch bei einem Ausfall des Netzwerkes eine hohe Verfügbarkeit zu gewährleisten. Die Sicherung der Konsistenz zwischen den verteilten Kopien kann dabei über verschieden strikte Mechanismen erfolgen. Das Spektrum reicht von synchronen Varianten mit Locking und Two-Phase-Commit über Abstimmungs-Verfahren, englisch *voting* genannt, bis hin zu asynchronen Verfahren.

Voting

Um die Nachteile des Two-Phase-Commit Verfahrens bei geringer Verfügbarkeit der Netzwerke etwas abzumildern bestimmt bei Voting-Verfahren die Mehrheit der noch verbundenen Rechner, ob ein lesender oder schreibender Zugriff erfolgen kann oder abgebrochen werden muß. Dabei kommen je nach Anwendungsfall verschiedene Abstimmungsverfahren mit unterschiedlichen Gewichtungen zum Einsatz. Die von der Mehrheit durchgeführten Änderungen werden von den zwischenzeitlich isolierten Rechnern nachgeholt, sobald diese wieder erreichbar sind. Als problematisch erweisen sich für Voting-Verfahren multiple Verbindungszusammenbrüche und eine Kaskadierung von Netzwerkfehlern, da natürlich auch die Voting-Mechanismen die Netzwerke benutzen. Zudem lockert diese Verfahrensweise den Begriff der Konsistenz insofern, als lediglich eine Konvergenz der Replikate über die Zeit garantiert wird, nicht aber eine absolute Konsistenz aller Kopien zu jedem Zeitpunkt.

Asynchrone Replikation

Eine weitere Lockerung der Konsistenz geschieht bei der *asynchronen Replikation*, die bewußt zeitweise Konflikte in Kauf nehmen, um verteilte Informationsbestände auch über große Entfernungen und Zeitunterschiede hinweg verwalten zu können. Mit diesem Verfahren erfolgt bei Bedarf oder periodisch ein Austausch der lokal geänderten Informationen. Zwischen den Replikationsvorgängen können durch das Nichtvorhandensein einer online-Verbindung und eines Locking-Mechanismus unter den verteilten Systemen Änderungen und inkonsistente Datenbestände entstehen. Diese Konflikte werden erst zum Zeitpunkt des Austauschs entdeckt. Je nach Implementierung des Replikationsmechanismus werden sie automatisch aufgelöst oder müssen nachträglich manuell bearbeitet werden.

Replikationskonflikte

Neben inkonsistenten Änderungen müssen Replikationsmechanismen auch Löschungen berücksichtigen. Je nach den Anforderungen der Anwendung werden Änderungen gegenüber Löschungen bevorzugt behandelt oder umgekehrt. Es existiert kein allgemeingültiges Verfahren zur Auflösung von *Replikationskonflikten*. Im konkreten Einzelfall können aber Regeln gefunden werden, die eine Automatisierung der Konfliktauflösung durch den asynchronen Replikationsmechanismus selbst zulassen.

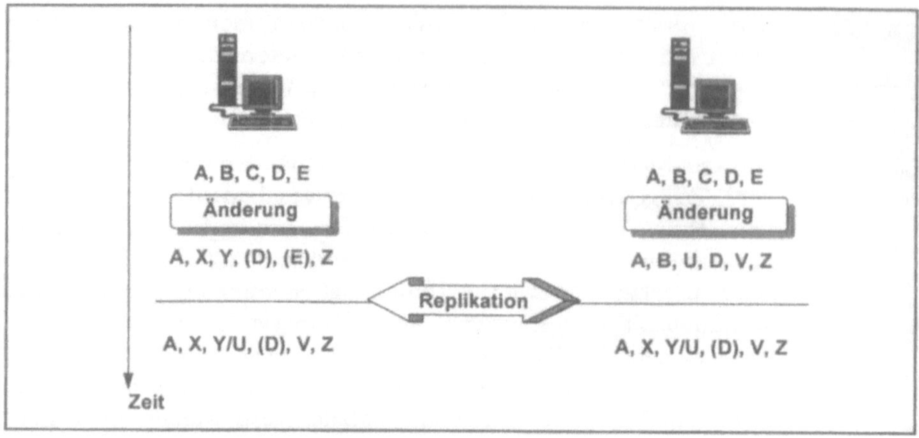

Abb. 5.4: *Asynchrone Replikation: Änderungen (B -> X), Löschungen (D) und Ergänzungen (Z) werden direkt, inkonsistente Änderungen (C -> Y, C -> U) als Replikationskonflikte, Löschungen (D -> (D), E -> V) als Vermerk übertragen.*

Replikation im Bereich Groupware ist vor allem mit dem Produkt Lotus Notes bekannt geworden, das ein optimistisches asynchrones Replikationsverfahren für den Abgleich von Dokumenten in Notes-Datenbanken einsetzt.

Asynchrone Konsistenzmechanismen, insbesondere Replikationsmechanismen, verringern die Anforderungen an die Kommunikationsverbindungen und senken damit die Kosten.

Mehrere andere Groupware-Hersteller arbeiten ebenfalls an derartigen Mechanismen. Auch Anbieter relationaler Datenbanken erweitern ihre Produkte um Replikationsdienste.

5.1.3 Konsistenzmechanismen

Ein Vergleich der Konsistenzmechanismen zeigt ihre unterschiedliche Eignung für verschiedene Anwendungsfälle. So können zum Beispiel asynchrone Replikationsverfahren mit optimistischer Konsistenzsicherung nicht in allen Anwendungsfällen eingesetzt werden. Ein prominentes Beispiel für die Grenzen der Replikation sind die klassischen Buchungssysteme wie Gehaltsabrechnung oder Kontenführung. Ohne pessimistische Konsistenzsicherung kann es zu Doppelbuchungen oder unerwünschten Saldierungen kommen. Zudem dürfen keine Konflikte innerhalb der verteilten Datenbestände zugelassen werden, um Mißbrauch zu vermeiden.

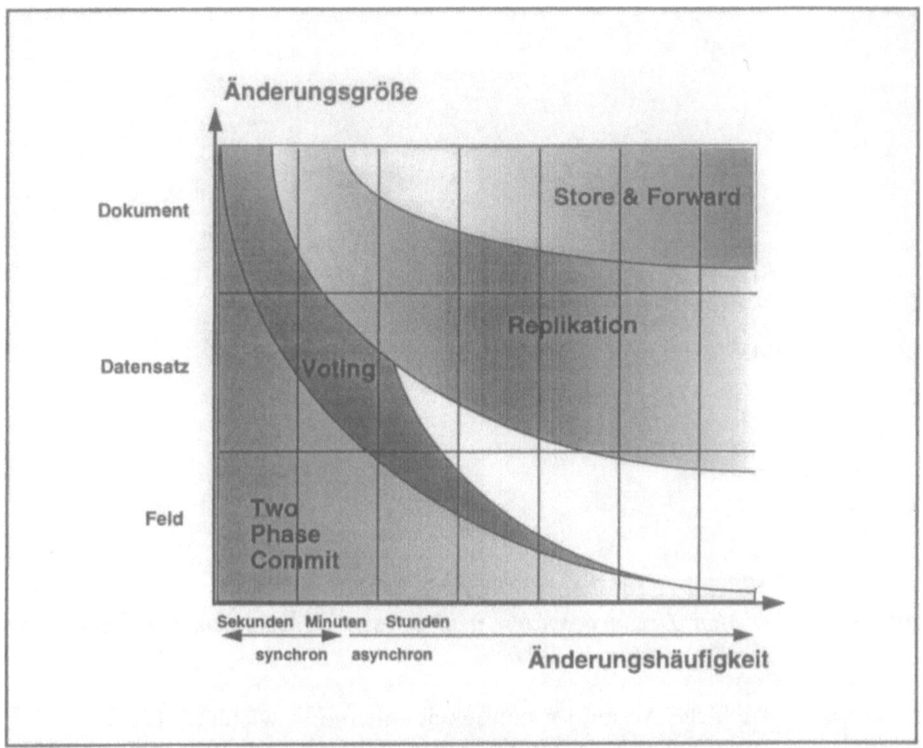

Abb. 5.5: *Die Häufigkeit und Größe der Änderungen bestimmen über die Einsatzfähigkeit der Konsistenzmechanismen.*

Einsatzfälle

Bei einem Anwendungsfall, in dem selten bestehende Daten verändert beziehungsweise nur neue Daten eingetragen werden, kann der Einsatz asynchroner Replikation sinnvoll sein, da wenig Konfliktpotential besteht. Umgekehrt kann es vorteilhaft sein, bestehende Datenbankapplikationen daraufhin zu überprüfen, ob mit Replikationsverfahren Kommunikationskosten eingespart werden können.

Granularität

Die Eignung eines Konsistenzmechanismus hängt zusätzlich von der Granularität der Änderungen ab, d.h. von der Größe der Informationseinheiten, die berücksichtigt werden. Wenn zum Beispiel bei einer Replikation ganze Dokumente oder Datensätze aus mehreren Feldern verglichen werden, dann kann bereits die Änderung zweier unterschiedlicher Felder zu einem Replikationskonflikt führen. Arbeitet der Replikationsmechanismus jedoch auf Feldebene, so führen nur zwei unterschiedliche Änderungen desselben Feldes zu einem Replikationskonflikt.

entfernt				
oft lesen oft schreiben	aR / V	V / TPC	TPC	TPC
selten lesen oft schreiben	aR / V	V	V / TPC	TPC
oft lesen selten schreiben	aR	aR / V	V	V / TPC
selten lesen selten schreiben	aR	aR	aR / V	aR / V
	selten lesen selten schreiben	oft lesen selten schreiben	selten lesen oft schreiben	oft lesen oft schreiben

lokal

Abb. 5.6: *Je öfter Daten geändert und gelesen werden, umso aufwendiger die Konsistenzsicherung.*

Änderungshäufigkeit

Auch die Änderungshäufigkeit spielt eine wichtige Rolle. Mit der Zunahme der Änderungen pro Zeiteinheit steigen die Anforderungen an die Konsistenzmechanismen. Wo ein replizierendes System zu viele Replikationskonflikte erzeugt, muß ein synchrones Verfahren eingesetzt werden.

Anwendungsfälle, die keine Lockerung des Konsistenzbegriffes zulassen, können nur mit synchronen Abstimmungsverfahren wie Two-Phase-Commit implementiert werden.

Neben der Häufigkeit ist auch die Art der Zugriffe wichtig. Während lesende Zugriffe in allen Systemen beliebig parallel ausgeführt werden können, steigen die Probleme mit der Häufigkeit schreibender Zugriffe. Korrelieren die schreibenden Zugriffe mit den Problemen der Verteilung, so kann der Einsatz synchroner Verfahren zwingend sein.

Wie der Vergleich der Konsistenzverfahren zeigt, wäre eine Anpassung der Datenverwaltung an die Anforderungen der Anwendungen wünschenswert. Leider gestatten nur die wenigsten Systeme eine Steuerung ihrer Konsistenzmechanismen. In der Regel ist man auf die Auswahl eines für den Einsatzfall passenden Produktes beschränkt.

5.1.4 Nachrichtentransport

Eine der wichtigsten Basistechnologien für Groupwaresysteme ist der Transport von Nachrichten. Im einfachsten, für den Endbenutzer unmittelbar sichtbaren Fall wird diese Nachrichtenweiterleitung als *elektronische Post* (siehe 5.3.1 Seite 76), *electronic Mail* oder kurz *Email* bezeichnet. Wenn Softwaresysteme von diesem Netzwerkdienst Gebrauch machen, wird auch der Oberbegriff *Messaging* verwendet. Nicht nur wegen der relativ einfachen Realisierbarkeit hat sich Messaging zu einer wesentlichen Implementationsgrundlage für Groupwaresysteme entwickeln können.

Store & Forward

Die analog zu manchen Netzwerken nach dem *Store & Forward*-Prinzip der Zwischenspeicherung eingehender und der Weiterleitung ausgehender Nachrichten arbeitenden Systeme sind in praktisch jedem Netzwerk vorhanden. Es hat zwar fast jeder Netzwerkhersteller in der Vergangenheit eigene *Messaging*-Systeme entwickelt, doch können über *Gateways* genannte Konvertierungsprogramme auf vergleichsweise unkomplizierte Art Kommunikationsverbindungen über die Grenzen heterogener Netzehinweg aufgebaut werden.

Leider sind die über Gateways realisierten Übergänge zwischen den Email-Welten nicht immer verlustlos möglich, und oft bereiten die unterschiedlichen Adressierungsformate für die Email-Nachrichten Schwierigkeiten. Während das Messaging innerhalb eines Netzwerkes meist problemlos und recht leistungsfähig funktioniert, ist bei der Nachrichtenweiterleitung über Gateways mit einer Reihe von Nachteilen zu rechnen. Neben einer Beschränkung der übertragungsfähigen Datenarten und Schwierigkeiten bei der Auflösung der Adressen muß vor allem mit einer geringeren Zuverlässigkeit und Leistungsfähigkeit gekämpft werden.

In heterogenen Netzen, insbesondere in weitverteilten Netzwerken, kann die Weiterleitung einer Nachricht über viele verschiedene Systeme erfolgen. Damit diese Weiterleitung überhaupt erfolgen kann, muß jedem der beteiligten Systeme für jedes potentielle Zielsystem der nächste Rechner „in Richtung" auf dieses Ziel bekannt sein. Allein die Sicherstellung der Konsistenz dieser Weiterleitungs- oder auch *Routing*-Information bei Änderungen ist ein enormes Problem, mit dem sich Netzwerkmanagementsysteme beschäftigen.

Schnittstellen

Ein weiteres Handicap des heterogenen Messaging ist der kleinste gemeinsame Nenner für Nachrichten: ASCII-Daten von maximal 60.000 Zeichen Länge. Zwar haben einzelne Netzwerkhersteller Messagingprotokolle entwickelt, die die Übertragung von Binär-Daten beliebiger Länge zulassen, doch sind diese Mechanismen nicht immer miteinander kompatibel. Es existieren jedoch Konvertierungsprogramme, mit deren Hilfe Binär-Daten als (je nach Länge mehrere) ASCII-Nachrichten versandt werden können, doch ist der Automatisierungsaufwand beträchtlich.

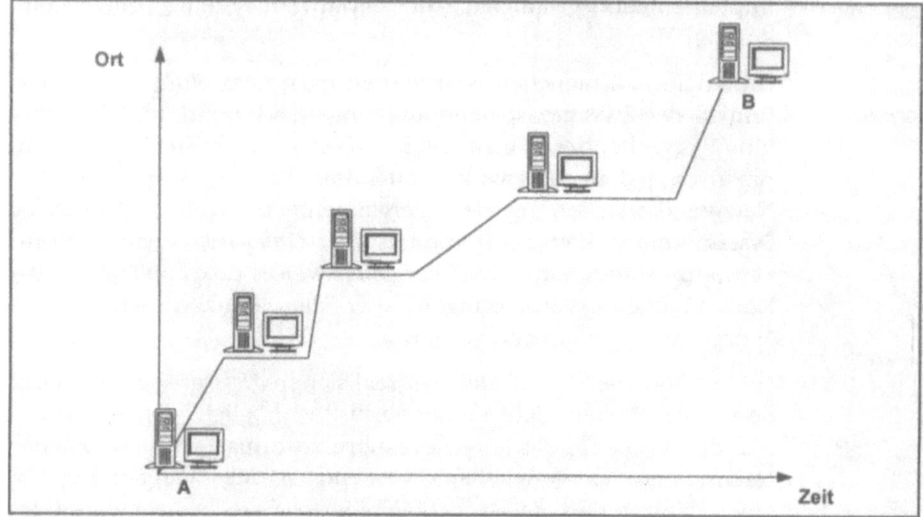

Abb. 5.7: *Messaging, die Nachrichtenübertragung in Netzwerken, arbeitet nach dem Store & Forward-Prinzip. Eingehende Nachrichten werden von den Knotenrechnern zwischengespeichert und nach Möglichkeit in Richtung auf den Zielknoten weitergeleitet.*

Mit der Größe des heterogenen Netzwerkes steigt zudem die Gefahr, daß eine Nachricht wegen einer Fehlfunktion verlorengeht. Eine Rückmeldung über eine erfolgreiche Nachrichtenübermittlung ist zwar möglich, doch muß dabei mit einem entsprechenden Zeitverzug gerechnet werden, und auch die Rückmeldung kann verloren gehen. Angesichts dieser Probleme wird es kaum verwundern, daß die Leistungsfähigkeit der Messaging-Systeme zumindest in der Praxis der internationalen Netze begrenzt ist.

Anwendung

Groupwaresysteme nutzen die Messaging-Dienste, um sowohl anwenderbezogene Nachrichten als auch Kontrollinformationen auszutauschen. Mit der Registrierung der für jeden Benutzer installierten Softwaresysteme durch die Email-Software können sich die einzelnen Teilsysteme der Groupware automatisch Nachrichten senden. Je nach Groupware-Funktion und Netzwerk-Konfiguration kann der Nachrichtenfluß zudem über ein oder mehrere Server-Programme geleitet und von diesen gesteuert und protokolliert werden. Zum Teil wird das Messaging auch für den Informationsaustausch zwischen den zentralen Datenbanken von Client-Server basierten Groupwaresystemen genutzt.

Messaging ist ein weitverbreitetes und flexibles Medium, das sich als Grundlage für Groupwaresysteme eignet, aber keine Garantien für Durchlaufzeiten oder Kapazitäten ermöglicht.

Auf dem Messaging-Mechanismus basierende Groupwaresysteme können sehr flexibel gestaltet und an eine Vielzahl von Netzwerken angepaßt werden. Da im heterogenen Fall, insbesondere in Weitverkehrsnetzen, der Nachrichtenaustausch auch über „unbekannte" Netze führen kann, müssen diese Groupwaresysteme in der Lage sein, sich auf die jeweiligen Einschränkungen einstellen zu können.

5.1.5 Verschlüsselung

Die Verteilung der Datenbestände und der Zugang über Weitverkehrs- beziehungsweise Telefonnetze stellt sowohl an die Zugangsüberprüfung als auch an die Abhörsicherheit der Datenübertragung besondere Anforderungen. Weiterhin ist die Einhaltung individueller Zugriffsberechtigungen innerhalb einer weitverzweigten Organisation von Interesse. Die Kontrolle des Zugangs erfolgt in konventionellen Systemen über eine Benutzerkennung und ein Passwort, die bei der Anmeldung an das System abgefragt werden. Für höhere Sicherheitsansprüche wird ebenso wie bei der sicheren Datenübertragung mit Verschlüsselungsverfahren gearbeitet. Die einfachen Verschlüsselungsverfahren, bei denen beide Kommunikationspartner über denselben Schlüssel verfügen, sind in verteilten Systemen und im speziellen in Groupwaresystemen nur bedingt einsetzbar. Diese herkömmlichen Verfahren setzen voraus, daß der Schlüssel jeweils vor der Kommunikation bereits auf einem anderen, sicheren Wege den Kommunikationspartner erreicht hat. Da in Groupwaresystemen die Kommunikation zwischen zuvor einander unbekannten Personen die Regel ist, werden neuere zweiteilige Verfahren eingesetzt.

Public Key-Verfahren

Soweit nicht bereits durch das Betriebssystem bereitgestellt, werden als Mechanismus der Wahl für alle Sicherheitsbereiche Verschlüsselungssysteme mit öffentlichen Schlüsseln eingesetzt, sogenannte *Public Key*-Verfahren. Der Industriestandard dieser Technolgie ist der rechtlich geschützte RSA-Mechanismus, der von dem gleichnamigen US-Unternehmen weltweit lizensiert wird (RSA ist eine Abkürzung für die Namen der Erfinder des Algorithmus). Die Public-Key-Verschlüsselung geschieht über je zwei große Zahlen, die als öffentlicher beziehungsweise privater Schlüssel fungieren.

„Einbahn-schlüssel"

Die Eigenschaften der Zahlen sind so gewählt, daß eine Verschlüsselung mit dem öffentlichen Schlüssel nur mit dem privaten Schlüssel entschlüsselt werden kann und umgekehrt. Der öffentliche Schlüssel einer Person kann somit auch über unsichere Verbindungen allgemein zur Verfügung gestellt und dazu genutzt werden, eine private Nachricht zu verschlüsseln. Nur der beabsichtigte Empfänger, der als einziger im Besitz des privaten Schlüssels ist, kann die Nachricht dann entschlüsseln, niemand sonst.

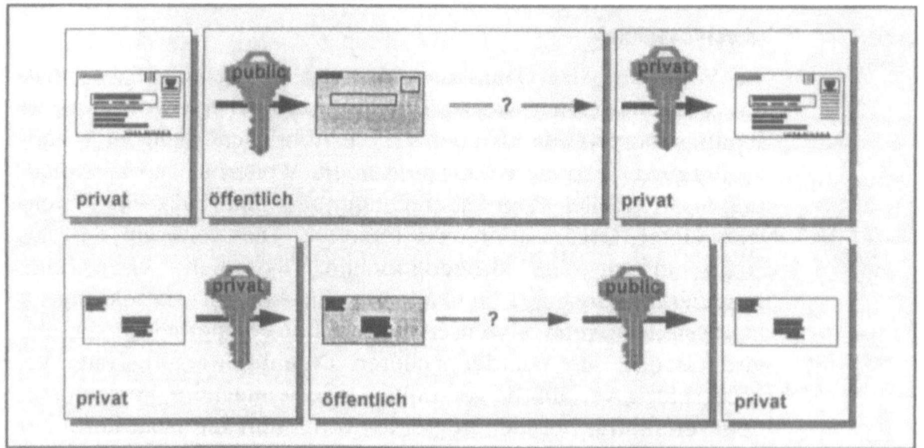

Abb. 5.8: *Das RSA-Public-Key-Verfahren arbeitet mit einem öffentlichen und einem privaten Schlüssel, die wechselseitig, aber nie alleinig zur Ver- beziehungsweise Entschlüsselung genutzt werden.*

Authentisierung

Umgekehrt kann eine mit einem privaten Schlüssel verschlüsselte Nachricht mit dem öffentlichen Schlüssel entschlüsselt werden. Da niemand diese private Verschlüsselung imitieren kann, ist sichergestellt, daß die Nachricht wirklich von der entsprechenden Person gesendet wurde. Dieser *Authentisierung* genannte Vorgang kann sowohl für die Zugangskontrolle als auch für die „elektronische Unterschrift" eingesetzt werden. Da die Übertragung über Weitverkehrsnetze nicht physikalisch gesichert werden kann, müssen zwei kommunizierende Systeme gegenseitig feststellen können, ob das Gegenüber über die entsprechende Berechtigung verfügt. In extremen Situationen muß sichergestellt werden können, daß die Übertragung nicht sabotiert beziehungsweise das kommunizierende System nicht durch ein anderes eventuell sabotiertes ersetzt werden kann. Die Granularität der Überprüfung reicht dabei von der Zugangsberechtigung beim Anmelden an das System über die Überprüfung bei der erstmaligen Nutzung einzelner Dienste bis hin zur striktesten Version, der wechselseitigen Überprüfung jedes Netzwerkzugriffes.

Anwendung

Groupwaresysteme setzen Verschlüsselungsverfahren für alle genannten Einsatzarten ein, wobei der Schwerpunkt auf der Zugangskontrolle durch Authentisierung und der Verschlüsselung der Datenübertragung liegt. Leider ergeben sich gerade in der PC-Welt noch immer eklatante Sicherheitslücken, vor allem durch die mangelnden Sicherheitsmechanismen der Betriebssysteme. Ein höherer Sicherheitsstandard kann für PC-Systeme nur durch aufwendige Hardwareergänzungen oder durch intensive Nutzung von Verschlüsselungsverfahren realisiert werden, was allerdings mit einer Verschlechterung der Systemleistung erkauft werden muß.

Mit dem Industriestandardverfahren RSA können alle sicherheitsrelevanten Probleme von Softwaresystemen auf technische Weise ohne organisatorische Komplikationen gelöst werden.

Durch US-amerikanische Bestimmungen ist es der RSA-Corp. verboten, Public-Key-Technologie mit Schlüsseln größer als 40 Bits aus den USA zu exportieren. Auf Betreiben der Nachrichtendienste dürfen lediglich solche Verschlüsselungssysteme exportiert werden, die von den derzeitigen Hochleistungsrechnern noch mit vertretbarem Aufwand zu entschlüsseln sind.

5.1.6 Objekt-Orientierung

Die Technik der Objekt-Orientierung revolutioniert seit einigen Jahren die Software-Entwicklung. Objekt-orientierte Konzepte wie Kapselung, Message Passing und Vererbung von Eigenschaften entwickeln sich zu Standardtechniken des Software Engineering und beginnen, sich auch im Bereich Groupware als Implementierungsgrundlage durchsetzen.

Objekte

Die Grundidee objekt-orientierter Systeme ist eine Abkehr von der traditionellen Aufteilung der Software in Daten und Algorithmen der *prozeduralen Programmierung*. An die Stelle von Datenstrukturen, Funktionen und Prozeduren tritt das Objekt, das Zustand, und Verhalten, d. h. gespeicherte Informationen und mögliche Operationen untrennbar vereinigt. Im Idealfall enthält ein Objekt einen Zustand, der nur über die *Methoden* genannten Operationen des Objektes verändert werden kann. Man spricht davon, daß ein Objekt seinen Zustand von der Außenwelt abkapselt und nur seine *Schnittstellen*, d. h. die Namen, Argumente und Ergebnisse seiner Methoden für andere Objekte zugänglich sind. Dieses Konzept der *Kapselung*, sorgt dafür, daß Veränderungen an der Realisierung einzelner Objekte vorgenommen werden können, ohne daß andere Teile eines Softwaresystems davon unmittelbar betroffen sind.

Message-Passing

Objekte kommunizieren untereinander über Nachrichten. Dieser *Message Passing* genannte Mechanismus ist eine logische Konsequenz der Kapselung. Ein Objekt kennt nur die Methoden eines anderen Objektes, aber nicht die zugehörigen Implementierung. Eine Nachricht, englisch *message*, an ein Objekt wird von diesem mit der Ausführung einer passenden Methode beantwortet und die Ergebnisse der Operation zurückgereicht. Je nach Programmiersprache werden Nachrichten, die zu keiner Methode eines Objektes passen, vom Softwareentwicklungssystem erkannt oder vom jeweiligen Objekt selbst erkannt und behandelt. Daß sich der Message-Passing-Mechanismus auf natürliche Weise zum Kommunikationsmechanismus in verteilten Systemen skalieren läßt, ist ein interessanter Nebeneffekt für die Implementierung dieser Systeme (siehe 5.1.7 Seite 64).

Vererbung

Die wahre Stärke der Objekt-Orientierung liegt in der Kombination von Kapselung und Message Passing mit dem Konzept der Vererbung, englisch *inheritance*. Der Aufbau und das Verhalten eines Objektes kann durch Vererbung an ein anderes Objekt weitergegeben werden. Dies geschieht durch Einhaltung der vorgegebenen Schnittstellen des „Eltern“-Objektes durch das „Kind“-Objekt oder durch Benutzung der Methoden des „Eltern“-Objektes durch das „Kind“-Objekt. In beiden Fällen ist garantiert, daß das „Kind“ dasselbe Verhalten zeigt, d.h. auf dieselben Nachrichten reagiert wie das „Eltern-“Objekt. Im ersten Fall kann das erbende Objekt die Schnittstelle mit einer eigenen Methode jedoch anders implementieren. Unabhängig von den ererbten Schnittstellen können zusätzliche Methoden definiert werden.

Weiterhin können mit der mehrfachen Vererbung, englisch *multiple-inheritance,* mehrere Objekte beerbt werden.

Um die verschiedenen Gruppen von Schnittstellen besser überblicken zu können, werden in den meisten objekt-orientierten Programmiersprachen sogenannte *Klassen,* englisch *classes,* verwendet, um den Aufbau und das Verhalten gleichartiger Objekte zusammenzufassen. Ein neues Objekt wird dann als Abbild einer Klasse erzeugt und zur Unterscheidung von Klassen *Instanz,* englisch *instance,* genannt. Die Vererbung von Eigenschaften geschieht in diesem Fall auf analoge Weise nur noch zwischen den Klassen, die diese ererbten Eigenschaften an ihre Instanzen weitervererben. Je nach Sprachdefinition werden Klassen als Objekte mit eigenem Verhalten repräsentiert oder nur in Form von Quell-Dateien, die vom Entwicklungssystem zur Erzeugung eines entsprechenden Programms herangezogen werden.

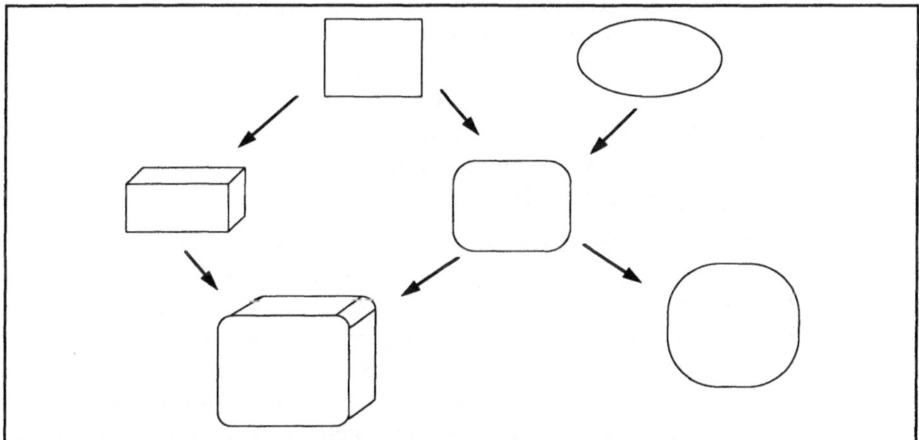

Abb. 5.9: *Der wichtigste Mechanismus objekt-orientierter Systeme ist die Vererbung von Eigenschaften zwischen Klassen. Was hier schematisch als Kombination geometrischer Formen dargestellt ist, vereinfacht das Design von Informationssystemen wesentlich.*

Mit Hilfe der objekt-orientierten Technologien kann man trotz einer Individualisierung der Systeme deren Erweiterungs- und Integrationsfähigkeit sichern. Objekt-orientierte Programmiersprachen bilden die technologische Basis dieser Entwicklung, doch sind die Mechanismen universell einsetzbar. Vor allem auch höhere Abstraktionsebenen, wie objekt-orientierte Analyse- und Desigmethodiken halten derzeit Einzug in die Modellierung von Organisationstrukturen und Geschäftsprozessen.

Die Technologie der Objekt-Orientierung sichert Flexibilität und dient dem Investitionsschutz durch die Stärkung der Erweiterungs- und Integrationsfähigkeit von Softwaresystemen.

Noch sind relativ wenig Groupwaresysteme auf der Grundlage der objekt-orientierten Technologien implementiert, doch die Tendenz ist steigend. Für die Entwicklung von anpassungs- und erweiterungsfähigen Softwaresystemen bietet die Objekt-Orientierung die besten Voraussetzungen. Insbesondere für die Integration bestehender Softwaresysteme und die Implementation verteilter Systeme ergeben sich unschätzbare Vorteile, wie ein Blick auf die CORBA-Technolgien der OMG zeigt.

5.1.7 CORBA Technologie

Die bislang im europäischen Raum kaum bekannte, doch für die Zukunft der Groupware-Realisierung wohl wichtigste Basistechnologie ist der *Common Object Request Broker Architecture* (CORBA)-Standard der *Object Management Group* (OMG). Diese Spezifikation für verteilte Systeme ermöglicht auf der Grundlage objekt-orientierter Technologien eine wechselseitige Nutzung der Funktionalität von Softwaresystemen über die Grenzen von Programmiersprachen, Betriebssystemen und Netzwerken hinweg.

Object Management Group

Die *Object Management Group* (OMG) ist eine non Profit Organisation, die sich der Standardisierung verteilter Systeme verschrieben hat. Seit ihrer Gründung 1989 hat sich die OMG zum mit über 500 Mitgliedern weltgrößten Softwarekonsortium der Welt entwickelt. Neben den großen Informationstechnikherstellern sind auch viele Anwender in *Special Interest Groups* (SIGs) vertreten. Alle von der OMG erarbeiteten Standards sind ebenso öffentlich zugänglich wie der Standardisierungsprozess selbst.

Der Standardisierungsprozeß der OMG ist demokratisch und in zwei Phasen aufgeteilt. In einer ersten Phase wird zunächst unter den aktiven Mitgliedern durch einen *Request for Information (RFI)* ein Konsens erarbeitet, welche Software-Technologien standardisiert werden sollen. In einem *Request for Proposal (RFP)* werden diese Fragestellungen dann der Öffentlichkeit zugänglich gemacht. Unter den Standardisierungsvorschlägen wird dann auf der Grundlage von technischen Empfehlungen der Standard gewählt. Voraussetzung für die Gültigkeit eines Standardisierungsvorschlages ist allerdings der Nachweis einer existierenden Implementierung. Durch diese Bedingung ist der OMG-Standardisierungsprozess wettbewerbsorientiert und initiiert die Durchsetzung des Standards am Markt. Standardisierungsgebiete, über die weitgehende Einigkeit herrscht, können im sogenannten *Fast Track* per *Request for Comment (RFC)* schneller definiert werden. Falls jedoch ein begründeter Widerspruch eines oder mehrerer Mitglieder besteht, wird die jeweilige Technologie dem RFP-Mechanismus des normalen Standardisierungsprozesses unterworfen.

Object Management Architecture

Als Basisdokument der OMG-Arbeit dient die *Object Management Architecture* (OMA), ein Referenz-Modell für Interoperabilität von Softwaresystemen. Kern dieser Architektur ist ein erweiterbares *Object Model* sowie die Komponenten einer verteilten Systemumgebung: *Object Request Broker, Object Services, Common Facilities* sowie *Applikationen.* Während die Object Services und die Common Facilities allgemeine beziehungsweise plattformspezifische Dienste für die Applikationen zur Verfügung stellen, fungiert der Object Request Broker als zentraler Kommunikationsmechanismus.

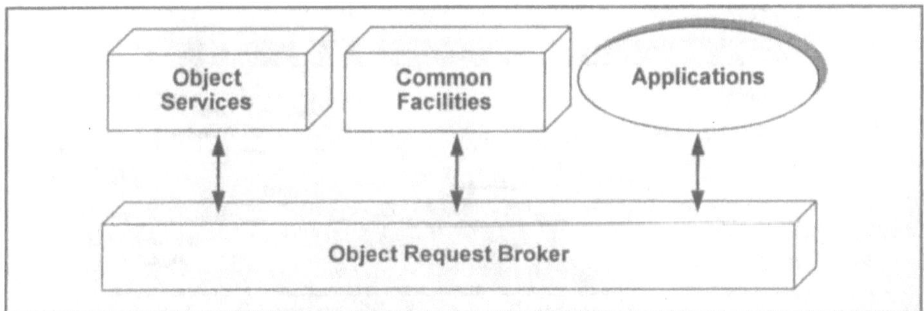

Abb. 5.10: *Die* Object Management Architecture *(OMA) definiert den Aufbau verteilter Systeme als Menge von Diensten, die von Applikationen über ein transparentes Medium, den Object Request Broker, genutzt werden können.*

Object Modell

Das *Object Modell* der *Object Management Architecture* setzt sich aus einem Kern, englisch *Core Object Model* genannt, Erweiterungen, *Extensions,* und sogenannten *Profiles* zusammen. Es baut auf den wesentlichen Basiskonzepten der Objekt-Orientierung wie Klassen und Vererbung auf und stellt eine Grundmenge von Datentypen und Konstruktoren zur Verfügung. Der Kern des Objekt Modells kann in zukünftigen Versionen des Standards erweitert oder für spezielle Zwecke durch *profiles* ergänzt werden.

Die zentralen Bestandteile der *Object Management Architecture* wurden in weiteren Standard-Dokumenten detaillierter spezifiziert und werden beständig weiterentwickelt. Dies sind die *Common Object Request Broker Architecture* (CORBA), die *Common Object Services Specification* (COSS), sowie die *Common Facilities Architecture* (CFA).

Common Object Request Broker Architecture

Die *Common Object Request Broker Architecture* (CORBA) legt den Aufbau und die Funktionsweise der Object Request Broker im Detail fest. CORBA-Hauptbestandteil ist die Definitionssprache *Interface Definition Language* (IDL), die eine programmiersprachen- und betriebssystemunabhängige Festlegung von Softwareschnittstellen ermöglicht. Auf der Basis der IDL-Definitionen können zwei verteilte und völlig verschieden implementierte Softwaresysteme wechselseitig Funktionalität nutzen.

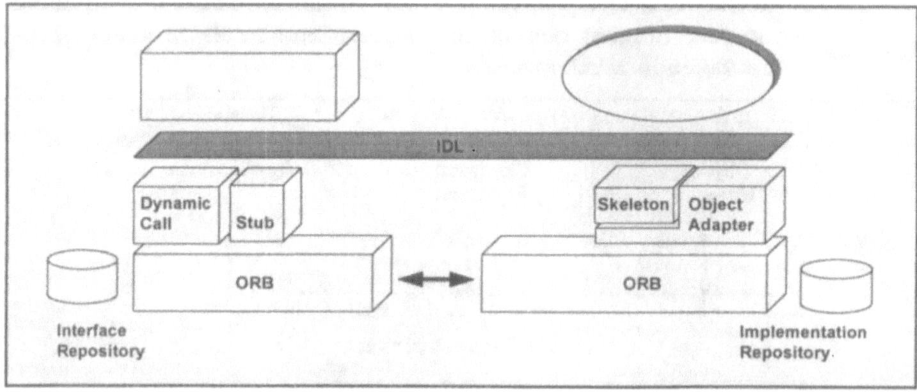

Abb. 5.11: *Die Common Object Request Broker Architecture (CORBA) ermöglicht die programmiersprachen- und betriebssystemunabhängige Interoperabilität von Softwaresystemen.*

Interface Definition Language

Für das zentrale Element der CORBA-Technologie, die Interface Definition Language (IDL), existieren Bindungs-Definitionen, sogenannte *bindings*, für die am weitesten verbreiteten Programmiersprachen. C, C++, Smalltalk, COBOL, Ada und Fortran-bindings wurden bereits festgelegt beziehungsweise sind in Vorbereitung. Ein Sprach-binding legt die Abbildung der unabhängigen IDL-Schnittstellendefinitionen in Typen und Operationsdefinitionen der jeweiligen Programmiersprache fest. Auf der Grundlage dieser Abbildung können Programmierwerkzeuge die entsprechenden Funktionsdefinitionen auf der Applikations- beziehungsweise Service-Seite als sogenannte *stubs* beziehungsweise *skeletons* generieren. Zusätzlich werden die IDL-Definitionen im *Interface-Repository* abgelegt, um ein Auffinden der Objekte beziehungsweise deren Aktivierung über einen *Objekt-Adapter* wie den *Basic Object Adapter* (BOA) und das *Implementation Repository* zu ermöglichen.

Als Alternative zur Generierung von Funktions-Stubs und -Skeletons können über das *Dynamic Invokation Interface* (DII) Schnittstellen-Definitionen im Interface-Repository erfragt und Operationsaufrufe zur Laufzeit dynamisch erzeugt werden. Durch diesen Mechanismus können auch Schnittstellen von zum Implementationszeitpunkt unbekannten Objekten nachträglich entdeckt und angesprochen werden. Die IDL enthält wie das Object Model der OMA objekt-orientierte Elemente, beide bedingen aber keine objekt-orientierte Implementation der verteilten Systeme, sondern ermöglichen bewußt auch die Einbindung prozeduraler Softwaresysteme. Damit ist der Weg für eine Integration bestehender Systeme und deren spätere schrittweise Migration zu modernen Softwaretechnologien offen.

CORBA 2.0

Die aktuelle Version 2.0 des CORBA-Standards definiert zusätzlich zum Basismechanismus das *General Inter-ORB Protocol* (GIOP) für die Kommunikation zwischen CORBA-Implementationen unterschiedlicher Hersteller. In der technischen Umsetzung stützt sich das GIOP auf das *Internet Inter-ORB Protocol* (IIOP) oder auf ein *Environment Specific Inter-ORB Protocol* (ESIOP) ab. CORBA Implementationen mit nicht-Standard-Protokollen werden über sogenannte *Half-Bridges* integriert, die die Konvertierung zum GIOP schaffen. Implementationsbasis für die Gatewaytechnologie ist das *Dynamic Skeleton Interface* (DSI), das eine Bearbeitung beliebiger Nachrichten ermöglicht. Die Kommunikation zwischen verteilten Objekten allein reicht allerdings nicht immer aus. Typische Aufgaben von verteilten Systemen, wie Verbindungen zu unbekannten Systemen aufzubauen, Objekte aufzufinden und zu initialisieren, werden über die Object Services abgewickelt.

Common Object Services Specification

Die *CORBA Services Common Object Services Specification* (COSS) definiert acht grundlegende Objekt-Dienste, die *Lifecycle, Naming, Event, Persistence, Transaction, Concurrency, Relationship* und *Externalization Services.* Der *Lifecycle Service* legt die Steuerung des Lebenzyklus eines Objektes, wie zum Beispiel Objekt-Erzeugung und -Zerstörung, fest, sowie die entfernte Erzeugung und Verschiebung von Objekten. Der *Naming Service* definiert den Zugriff auf verteilte Objekte über hierarchische Namensräume (*namespaces*). Der *Event Service* regelt die Weiterleitung von Ereignissen an verteilte Objekte und erlaubt neben Push- und Pull-Kommunikation die Nutzung und Verknüpfung von Ereignis-Kanälen (*event channels*). Der *Persistence Service* legt die Schnittstellen für die permanente Speicherung von Objekten fest. Dieser Dienst wird aber noch mit einem Standard für objekt-orientierte Datenbanken abgestimmt (siehe 5.1.8 Seite 70). Der *Transaction Service* definiert die atomare Ausführung von Transaktionen (siehe 5.1.2 Seite 49) mittels CORBA-Nachrichten. Der *Concurrency Service* legt die Behandlung nebenläufiger, paralleler Vorgänge über Objekt-Sperren, Locks, fest. Der *Relationship Service* ermöglicht die Verknüpfung von Objekten zu komplexen Datenstrukturen, Objekt-Geflechten. Der *Externalization Service* definiert die Umwandlung und Speicherung von Objekten und Objekt-Geflechten auf Hintergrundspeichern und sequentiellen Medien. Weitere *Object Services* werden derzeit standardisiert, und die *Object Services Architecture*, die Menge der geplanten *Object Services*, wird beständig nach den Anforderungen der Anwender erweitert. Dort, wo diese Dienste plattformspezifischen Charakter annehmen, werden *Common Facilities* eingesetzt.

Common Facilities Architecture

Für die *Common Facilities Architecture* (CFA), die Menge der zu standardisierenden Common Facilities, sind User Interface, System Management, Task Management und Information Modelling Dienste in der Diskussion. Die Standardisierung dieses Teils der OMA wird sicherlich noch einige Zeit dauern.

Die OMG-Technologien, insbesondere der CORBA-Standard, wird für die Implementierung erweiterungsfähiger verteilter Systeme wie Groupware zentrale Bedeutung erlangen.

Die Grundlage für die Nutzung der OMA Technologien ist mit dem CORBA 2.0 Standard bereits geschaffen, der weiteren Verbreitung steht nichts mehr im Wege.

5.1.8 Standards

Als besonders wichtig für die Realisierung von Groupwaresystemen hat sich die Verbreitung von Standards erwiesen. Die Standardisierung in der Informationstechnik ist allerdings noch nicht soweit fortgeschritten, wie es wünschenswert wäre. Wie in vielen anderen technischen Bereichen existieren auch in der Computertechnologie *DeJure*- und *DeFacto*-Standards, solche, die offizielle, nationale oder internationale Gremien erarbeitet haben, und solche, die auf der Marktakzeptanz für einzelne Produkte beruhen. Viele Großanwender definieren zudem, meist in Anlehnung an verfügbare Produkte, *InHouse*-Standards, um die teilweise extrem hohen Investitionen in die Informationstechnologie zu lenken.

Netzwerk-Standards

Zu den Standards, die für die Groupwaretechnologie eine Rolle spielen, zählen bislang vor allem DeFacto-Standards. Auf der Ebene der Netzwerkprotokolle sind dies neben NetBIOS als kleinster gemeinsamer Nenner in der PC-Welt vor allem die Produkte Novell Netware und Banyan Vines innerhalb größerer PC-Netze sowie das aus der Unix-Welt stammende *Transfer Control Protocol/Internet Protocol* (TCP/IP).

Während NetBIOS innerhalb kleinerer Unternehmen und in isolierten Abteilungsnetzen eine weite Verbreitung gefunden hat, sind robuste Netzwerke wie Netware, Vines und vor allem TCP/IP für eine unternehmensweite Vernetzung unentbehrlich. Da NetBIOS auf fast allen diesen Netzen emuliert werden kann, arbeiten nicht wenige Groupwaresysteme mit diesem Quasi-Standard. Für größere Netze ausgelegte Groupwareprodukte arbeiten meist direkt mit den verschiedenen Netzwerkbetriebssystemen zusammen, wobei sich im heterogenen Fall TCP/IP als herstellerunabhängiger Standard eine gewisse Vormachtstellung sichern konnte.

Netzwerk-management

Das Netzwerkmanagement wird insbesondere in heterogenen Netzen vom *Simple Network Management Protocol* (SNMP) beherrscht. Das *Common Management Information Protocol* (CMIP) des ISO/OSI-Komitees (siehe 5.1.1 Seite 44) hat dagegen als wesentlich aufwendigeres Protokoll nach wie vor mit Akzeptanzproblemen zu kämpfen. Die Einbindung von Groupwaresystemen in Netzwerkmanagementumgebungen hat erst in jüngster Zeit begonnen. Die Entwicklung in diesem Bereich ist noch nicht absehbar.

Messaging

Für das Messaging herrscht unter den PC-Systemen teilweise noch das von Novell entwickelte *Message Handling System* (MHS) vor, während das *Messaging Application Programming Interface* (MAPI) von Microsoft beziehungsweise das *Vendor Independent Messaging* (VIM) von Lotus eine weite Verbreitung bei Neuinstallationen finden. In der Unix-Welt nimmt diese Rolle das *Simple Mail Transfer Protocol* (SMTP) sowie die Erweiterung *Multipurpose Internet Mail Extension* (MIME) ein. Als netzwerkübergreifende Standards für Email-Adressierung und Verzeichnisstrukturen können die X.400 beziehungsweise X.500 Protokolle gelten.

Workflow Management Coaltition

Die *Workflow Management Coalition*, ein Zusammenschluß der wichtigsten Hersteller von Workflow-Automation Software hat ein Referenzmodell für Workflowsysteme erarbeitet. An gemeinsamen Programmierschnittstellen auf Basis dieses Referenzmodells wird derzeit gearbeitet.

Datenbank-Standards

Die für die Implementierung von Groupwaresystemen wichtige Datenbanktechnologie wird inzwischen fast ausschließlich von relationalen Systemen beherrscht. Dieser tabellenorientierte Ansatz hat sich aufgrund seiner mathematischen Fundierung gegenüber den bewährten hierarchischen Datenbanksystemen durchsetzen können. Allerdings wird der Großteil der Online-Daten nach wie vor von hierarchischen Datenbanksystemen verwaltet. Lediglich bei den Neusystemen führen die auf der weitgehend standardisierten *Structured Query Language* (SQL) basierenden relationalen Systeme die Statistik an. Inzwischen werden auch objekt-orientierte Datenbanken eingesetzt, die für komplexe Anwendungen besser geeignet sind als die zwar flexiblen, aber relativ schwerfälligen relationalen Systeme.

Object Database Management Group

Analog zur OMG (siehe 5.1.7 Seite 64) haben sich die Hersteller objekt-orientierter Datenbanken in der *Object Database Management Group* (ODMG) zusammengeschlossen und einen gemeinsamen Standard für ihre Produkte erarbeitet. Neben einem OMA-konformen Object Modell beinhaltet dieser Standard eine Erweiterung der Structured Query Language für den Zugriff auf Objekte, die *Object Query Language* (OQL). Grundlage für die Integration unterschiedlicher Object-Datenbanken ist die einheitliche Objekt-Modellierungssprache *Object Definition Language* (ODL), die sich an das OMG-IDL (siehe 5.1.7 Seite 64) anlehnt. Für ODL wurden Abbildungen in verschiedene objekt-orientierte Programmiersprachen wie C++ oder Smalltalk definiert. Auf der Basis dieser Standards lassen sich objekt-orientierte Datenbanksysteme miteinander verbinden und leichter mit bestehenden Informationssystemen integrieren. Den ODMG-Standards wird daher in der Datenbankwelt dieselbe Bedeutung beigemessen wie dem OMG-Standard CORBA für die Entwicklung und Integration verteilter Anwendungen.

Objekt-standards

Zu den allgemeinen Objekt-Standards zählen neben den offiziellen Standardisierungsbemühungen um die objekt-orientierten Programmiersprachen wie C++, Smalltalk oder Object-COBOL vor allem die Arbeit OMG an den CORBA-und COSS-Standards sowie einige mögliche de facto-Standards. Neben dem durch das Betriebssystemprodukt Microsoft Windows relativ weit verbreiteten *Object Linking and Embedding* (OLE) findet auch das von der IBM im Betriebssystem OS/2 entwickelte *System Object Model* (SOM) sowie dessen Erweiterung für zusammengesetzte Dokumente *OpenDoc* Beachtung. Als objekt-orientierte Betriebssystem- bzw. Anwendungsentwicklungsplattform versuchen sich ferner die Firma NeXT mit dem Produkt NeXTstep sowie das Unternehmen Taligent mit der gleichnamigen Klassenbibliothek, der Entwicklungsumgebung TalE und dem Betriebssystem TalOS zu etablieren.

Dokument-Standards

Eine wesentliche Vereinfachung des Dokumentenmanagements wird von der *Standard Generalized Markup Language* (SGML) erwartet, die eine Strukturierung großer Dokumentenmengen erlaubt. Ein konkurrierender Standard ist die *Open Document Architecture* (ODA), die zwar weniger komplex ist, aber auch weniger universell genutzt werden kann. Aus der Großrechnerwelt kommt mit *Electronic Data Interchange* (EDI) ebenfalls ein Standard für den Austausch strukturierter Dokumente. EDI hat jedoch den Nachteil, daß keine einheitlichen Dokumentbeschreibungen existieren. Dem Wildwuchs der teils anwenderspezifischen EDI-Dokumentdefinitionen versucht man über Konvertierungsdienste und die Definition von brancheneinheitlichen Dokumentbeschreibungen wie *Electronic Data Interchange for Administration, Commerce and Transport* (EDIFACT) Herr zu werden. Diese Konsistenzprobleme sind sicherlich neben der Komplexität der Dokumentdefinitionen mit ein Grund dafür, daß sich EDI-Software auf breiter Basis bislang noch nicht durchsetzen konnte.

5.2 Vorläufer

Neben den Systemen des *Computer Supported Cooperative Work* (CSCW), den akademischen Vorläufern der Groupwaresysteme, gibt es eine ganze Reihe von Technologien, die als konzeptuelle Wegbereiter genannt werden müssen. Die Diskussion um die Unterstützung von Gruppenarbeit hat nicht erst mit der Informationstechnologie eingesetzt. In diesem Zusammenhang dürfen traditionelle, nicht-technische beziehungsweise nicht-computerbasierte Gruppenarbeitsmittel ebensowenig fehlen wie andere Software-Kategorien, die geholfen haben, die Groupwaretechnologien vorzubereiten beziehungsweise die Grundlage für die weitere Verbreitung von Groupwaresystemen vorzubereiten.

5.2.1 Gruppenarbeitsmittel

Nichtcomputerbasierte Organisationsmittel zur Unterstützung für Gruppenarbeit reichen von Whiteboards, Flipcharts, Overhead- und Metaplan-Techniken in Diskussionsrunden bis zu gemeinsamen Akten-Ablagen und separaten Gruppenarbeitsräumen, die meist projektbezogen genutzt werden und den aktuellen Stand der Projektarbeit dokumentieren helfen. Die wichtigsten technischen, aber nicht computerbasierten Gruppenarbeitsmittel sind ohne Zweifel *Telefon*, *Anrufbeantworter* und *Telefax*, die bereits zur Überwindung von räumlichen und zeitlichen Distanzen beigetragen haben. Die geographische Unabhängigkeit von Gesprächssitzungen ermöglichen *Konferenzschaltungen*, die sich mit der Verbreitung von ISDN-Anschlüssen sicher stärker etablieren werden. Der Übergang über die *Bildtelefon*-Technologie zu den noch experimentellen *Breitbandnetz-Videokonferenzen* ist fließend. Die kostengünstigere digitale Variante auf PC-Basis fällt dann allerdings schon wieder unter den Groupwarebegriff (siehe 5.3.5 Seite 88).

5.2.2 Bürokommunikation

Die wohl bekannteste Software-Kategorie, die als Groupware-Vorläufertechnologie gelten kann, ist die *Bürokommunikation*, die bereits wesentliche Teilfunktionen der Groupwaresysteme enthält wie zum Beispiel eine rudimentäre *Vorgangssteuerung*. Bürokommunikationssysteme erwuchsen aus der Integration einzelner Büroautomationsanwendungen wie Textverarbeitung oder Terminplanung und orientierten sich meist an den technischen Möglichkeiten der proprietären Systeme, für die sie entwickelt wurden. Dementsprechend ist der größte Mangel der Bürokommunikationssysteme ihre geringe Integrationsfähigkeit mit anderen Softwaresystemen, die in die unternehmensinternen Abläufe eingebunden sind.

In der Ära der Bürokommunikationssysteme herrschten proprietäre Software- und Hardware-Systeme vor, denen Integrations- und Anpassungsfähigkeit fehlten.

Viele Bürokommunikationssysteme bieten zudem nur beschränkte Möglichkeiten zur informationstechnischen Modellierung von Organisationsstukturen und -abläufen. Letztendlich wurde die meist textbasierte Bürokommunikationstechnologie von der Marktentwicklung, insbesondere der Verbreitung grafischer Benutzerschnittstellen und dem Trend zu offenen Systemen, überrollt. Nur wenige der heutigen Groupware-Produkte sind eine Weiterentwicklung von Bürokommunikationslösungen. Groupwaresysteme können Bürokommunikationsfunktionen erfüllen, bieten aber meist ein sehr viel umfangreicheres Leistungsspektrum.

5.2.3 Personal Information Manager

Nur wenig bekannt ist eine Gruppe von PC-Applikationen, die in jüngster Zeit den Nährboden für die Groupwaretechnologie unter den PC-Individualisten bereitet hat, die *Personal Information Manager* (PIM). Fast alle diese zur Verwaltung der vielen alltäglichen persönlichen Informationen der Benutzer gedachten Produkte speichern im wesentlichen die gleichen Informationen. Neben einem persönlichen Terminkalender mit Zeitplanungsfunktionen sind dies vor allem Adressen, Telefon- und Faxnummern, allgemeine Notizen, Aktivitätenlisten, teilweise auch Spesenabrechnungen und in Extremfällen sogar Fahrtenbücher. Neben der Speicherung dieser gern „verlegten" Informationen werden eine Reihe von Verwaltungsfunktionen geboten wie Sortierung nach unterschiedlichen Kriterien, Stichwortsuche oder auch die Verknüpfung verschiedener Informationen. Manche dieser Systeme ermöglichen einen Datenaustausch zwischen der PC-Software und Westentaschen-Notizcomputern (siehe 8.1.1. Seite 185), so daß zumindest Auszüge der Information jederzeit portabel verfügbar sind beziehungsweise Notizen von unterwegs erfaßt werden können. Mit der Vernetzung der PCs wurden die PIMs teilweise zu Gruppenversionen weiterentwickelt. Die Groupware-Kategorie der *Groupscheduler* beziehungsweise *Group Information Manager* (GIM) spiegelt diese Entwicklung wieder (siehe 5.3.2 Seite 79).

5.3 Groupwarekategorien

Es existiert keine allgemein akzeptierte, geschweige denn eindeutige Definition dessen, was man unter *Groupware* beziehungsweise *Workgroup Computing* zu verstehen hat. Wissenschaftler, Hersteller, Berater, Journalisten und auch viele Anwender verbinden immer wieder andere Bedeutungen mit diesen Begriffen. Die Ursachen dieser geradezu babylonischen Definitionsvielfalt liegen neben den extrem unterschiedlichen Einsatzzwecken vor allem in den verwirrenden Spielarten der Groupwaretechnologie selbst. Nicht nur, daß keine abstrakte Begriffsdefinition existiert, Groupware läßt sich auch unter Zuhilfenahme konkreter Beispiele nur unvollständig beschreiben. Unabhängig davon, daß Groupware als Marketingschlagwort mißbraucht wird, gleicht kein Groupwaresystem, das diese Bezeichnung verdient, dem anderen. Trotz mancher konzeptioneller Übereinstimmungen existieren große Unterschiede in der Funktionalität und der Implementierung. Unter diesen Voraussetzungen kann keine Groupware-Klassifizerung eindeutig oder gar allgemein gültig sein. Die schnelle technische Entwicklung, der Groupware als relativ junge Technologie nach wie vor unterworfen ist, läßt zudem viele Unterscheidungsmerkmale schnell veralten. Die im folgenden dargestellten Klassifizierungen dieser vielschichtigen Technologie können daher lediglich als Orientierungshilfe dienen.

Raum und Zeit

Die in unterschiedlichsten Formen am weitesten verbreitete Kategorisierung von Groupwarewerkzeugen orientiert sich am Grad der Unabhängigkeit von zeitlichen und räumlichen Distanzen. Diese auch als *Raum-Zeit-Diagramm* bekannte Darstellung reicht von der Unterstützung von Gruppenarbeit an einem Ort über die Telepräsenz entfernter Personen bis zur völligen Entkoppelung der Kommunikation von Zeit und Ort.

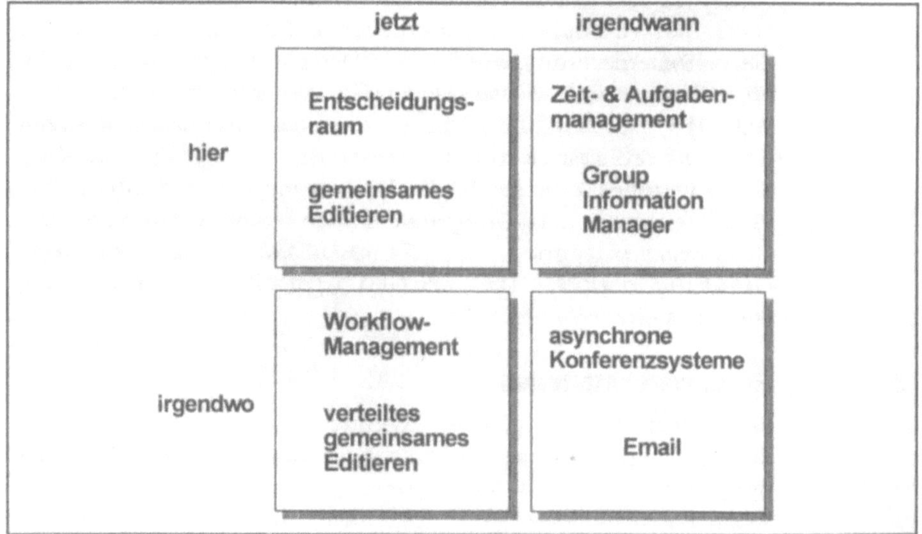

Abb. 5.12: *Die klassische Aufgliederung der wichtigsten Groupwarefunktionen im Raum-Zeit-Diagramm (nach [56]).*

Die Zuordnung einzelner Groupwarefunktionen zu den Diagrammfeldern ist nicht immer eindeutig, da dies oft von den Gegebenheiten des Einsatzes abhängig ist. So können zum Beispiel

Workflow-Werkzeuge sowohl zeitnah und lokal als auch für länger andauernde verteilte Prozesse eingesetzt werden. Andererseits können auch Diskussionssysteme, die synchron arbeiten, je nach Implementierung verteilt eingesetzt werden.

Die klassische Einteilung von Groupwaresystemen nach ihrer Unabhängigkeit von räumlichen Distanzen und Zeitunterschieden ist nur bedingt aussagekräftig.

Die Unabhängigkeit von räumlichen Entfernungen wird im Grunde bereits durch Netzwerk- und Telekommunikationstechnologien erreicht. Groupwaresysteme nutzen diese Kommunikationsmöglichkeiten, um die Konsistenz der verteilten Informationen sicherzustellen. Im asynchronen Fall bedeutet dies den periodischen Abgleich der Struktur und des Inhalts, im synchronen Fall die zeitnahe Verbreitung lokaler Änderungen. Das Raum-Zeit-Diagramm existiert in den unterschiedlichsten Ausprägungen. Es verwirrt, weil organisatorische und technische Unterscheidungskriterien vermischt werden. Eine getrennte Untersuchung dieser Eigenschaften ist für eine eindeutige Kategorisierung notwendig.

Implementierung

Aus der organisatorischen Notwendigkeit der Überwindung räumlicher und zeitlicher Distanzen ergibt sich eine Einteilung nach den technischen Realisierungsmöglichkeiten. Die Technologie, mit der die Sicherung der Konsistenz trotz Verteilung erreicht wird, ist sehr unterschiedlich und setzt dem Einsatz der verschiedenen Groupwaresysteme unterschiedliche Grenzen. Das Hauptunterscheidungskriterium ist dabei, ob der Abgleich zwischen den verteilten Standorten synchron, d. h. sehr zeitnah über eine permanente Verbindung erfolgt, oder ob dieser Informationsaustausch in größeren, möglicherweise periodischen Zeitabständen erfolgt, wobei eine Verbindung nur bei Bedarf aufgebaut wird.

Kriterium Konsistenz

Die Grenze zwischen Synchronität und Asynchronität der Informationsverteilung hängt auch davon ab, ob die Entstehung von Konsistenz-Konflikten technisch verhindert oder temporär in Kauf genommen wird. In der Praxis ist dies oft von der subjektiven Wahrnehmung der Endbenutzer abhängig, für die sich keine eindeutige Zeitgrenze angeben läßt. Auch bei technischer Synchronität werden längere Antwortzeiten, insbesondere in Weitverkehrsnetzen, billigend in Kauf genommen.

Aus der Fülle der möglichen Klassifizierungen, die den einen oder anderen Aspekt der komplexen Groupwaretechnologie beleuchten, soll an dieser Stelle auf die funktionale Einteilung der Groupwaresysteme im Detail eingegangen werden.

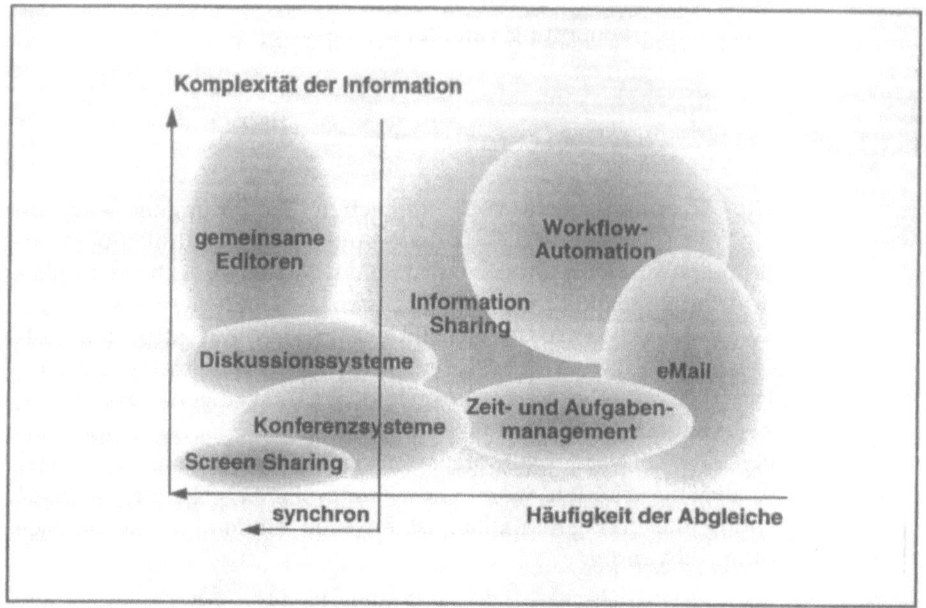

Abb. 5.13: *Die Groupwarefunktionen unterscheiden sich in der Frequenz des Informationsaustausches im verteilten Fall und in der Komplexität der Informationen, die verwaltet werden können.*

Diese Kategorisierung wurde als Schwerpunkt gewählt, weil sie nicht nur technologische Aspekte berücksichtigt, sondern auch als grundlegende Marktsegmentierung dienen kann. Groupwaresysteme und -funktionen lassen sich charakterisieren als Email mit Erweiterungen, Zeit- und Aufgabenmanagement, Informationsverteilung, Konferenzsysteme oder gemeinsame Dokumentenbearbeitung. Manche Groupwareprodukte decken mehrere dieser Funktionen ab oder lassen sich je nach Einsatzart der einen oder anderen Kategorie zuordnen.

5.3.1 Elektronische Post

Als einfachstes Beispiel für Groupware wird oft die elektronische Post genannt. Die *electronic mail* oder kurz Email wird als ein computerbasiertes Kommunikationsmedium verstanden, das den Versand von Nachrichten an andere Nutzer im Netzwerk ermöglicht. Dieses Versenden kann über Verteiler-Listen auf beliebig viele Personen ausgedehnt werden. Die Substitutionswirkung, die Email in lokalen Netzen gegenüber herkömmlichen Kommunikationsmitteln wie Hausbriefen oder Umläufen ausübt, hat zweifelsohne für die weite Verbreitung dieser Technologie gesorgt. Über die Integration verschiedener Netzwerkwelten und Gateways zu überregionalen WAN-Anbietern findet zudem eine Ausweitung der Email-Funktionen über die Grenzen der Organisationen und Unternehmen hinaus statt.

Eine Kommunikation3.2 über Email hat immer gerichteten Charakter. Diese Grundeigenschaft kann auch durch automatisierte Mailing-Listen nur unzureichend abgemildert werden.

Unabhängig von der technischen Realisierung ermöglicht Email aber prinzipiell nur eine gerichtete Kommunikation. Der oder die Empfänger einer Email-Nachricht müssen dem Absender bekannt sein, bevor er die Nachricht abschicken kann. Auch wenn der Nachrichtenversand über eine Verteiler-Liste geschieht, die viele Personen enthält, die dem Absender nicht persönlich bekannt sind, ändert dies nichts an dem prinzipiell gerichteten Charakter der Kommunikation. Wenn für eine Frage der Ansprechpartner nicht bekannt ist, kann sie auch nicht über Email beantwortet werden. Für eine persönliche Kommunikation ist diese Beschränkung sicherlich sinnvoll, für eine offene Diskussion aber zu restriktiv. Der Personenkreis, dem die versandte Information zur Verfügung steht, ist begrenzt, und es gibt für einen Außenstehenden keine direkte Möglichkeit, an der Kommunikation teilzunehmen. Ein Außenstehender kann natürlich über andere Wege, zum Beispiel mündlich, von der Information Kenntnis erhalten. Durch die Einrichtung themenorientierter Mailinglisten, die allen Email-Nutzern offenstehen, können diese Einschränkungen gemildert werden. Im Extremfall (siehe 7.6 Seite 171) erfolgt der Zugang zu diesen Listen nicht durch einen Administrator, sondern die Benutzer tragen sich selbst, ebenfalls mittels Email-Nachricht, in diese Listen ein.

Email-Erweiterungen

Die Informationen, die mittels Email kommunziert werden können, beschränken sich schon lange nicht mehr nur auf Text. Die Erweiterungen, die Email-Systeme von Netzwerkbetriebssystemen und die Produkte der unabhängigen Hersteller mit der Zeit erfahren haben, sind vielfältig. Neben beliebigen Anhängen zu Nachrichten, sogenannten *Attachments*, die zum Beispiel Voice- oder Multimedia-Mail ermöglichen, sind dies vor allem strukturierte Nachrichten, Sicherheitskonzepte und Automatisierungsmechanismen. Über die inhaltliche Struktur der Email-

Nachrichten, die von der einfachen Textformatierung bis zu grafischen Bildschirmformularen reichen, können auch Programmsysteme über das Messaging (siehe 5.1.4 Seite 57) miteinander kommunizieren, ohne daß dies dem Benutzer bewußt wird. Mit Hilfe von Public-Key-Verfahren (siehe 5.1.5 Seite 59) kann zudem eine sichere, weil verschlüsselte Übertragung der Nachrichten gewährleistet sowie zusätzliche Funktionen wie eine fälschungsichere elektronische Unterschrift realisiert werden. Die in vielen erweiterten Email-Systemen implementierten Automatisierungsmechanismen ermöglichen zudem eine Kontrolle der Weiterleitung oder lokalen Bearbeitung und Ablage von Nachrichten, die in ihrer Funktionsmächtigkeit an die Vorgangssteuerungssysteme (siehe 5.3.3 Seite 80) heranreichen kann. Über benutzerdefinierte Regeln kann die automatische Ablage von Nachrichten zu bestimmten Themen oder von einer Gruppe von Absendern ebenso veranlaßt werden wie die Rücksendung einer Bestätigung oder der Versand einer Nachrichtenkopie an einen anderen Benutzer. Mit diesen erweiterten Möglichkeiten heutiger Email-Systeme verschwinden die Hauptkritikpunkte an der Einordnung von Email als Groupware fast völlig. Die fehlende Struktur der kommunizierten Information und der lokalen Speicherung dieser Information kann bei Bedarf über die genannten Mittel ebenso ergänzt werden, wie die Manipulation der Nachrichten über Verschlüsselungstechniken verhindert werden kann.

Ist Email Grounware?

Einer vorbehaltlosen Charakterisierung von Email als Groupware stehen jedoch weitere grundsätzliche Überlegungen im Wege. Die Komplexität einer elektronischen Nachricht und ihre Darstellung als Bildschirmformular mit grafischen Elementen, wie es erweiterte Systeme ermöglichen, erhöht zwar die Informationsbandbreite der Kommunikation, die Funktionalität und die Anwendbarkeit des Systems, stellt jedoch keineswegs die Konsistenz der verteilten Information sicher. Neben der Tatsache, daß die lokale Ablage der Email-Nachrichten von jedem Benutzer anders vorgenommen werden kann, besteht vor allem keine Möglichkeit, ein zentrales Protokoll der Kommunikation zu führen. Nur wenige Systeme bieten eine automatische Kontrolle der erfolgreichen Nachrichtenübermittlung an.

Die elektronische Post ist im strengen Sinne keine Groupware, da die Konsistenz der verteilten Informationen nicht in ausreichenden Maße sichergestellt werden kann.

Entscheidend für die endgültige Einordnung der erweiterten Email-Systeme in die Groupware-Kategorie ist die zentrale Administrierbarkeit der Systeme. Damit ist nicht nur die Verwaltung von Benutzeradressen und Versandwegen gemeint, sondern auch die Vereinheitlichung der lokalen Darstellung, Verwaltung und gegebenenfalls Weiterleitung der Nachrichten.

Solange die genannten Automatisierungsmöglichkeiten nicht zentral festgelegt und Änderungen automatisch verteilt werden können, ist die verteilte Konsistenz des Systems nicht sichergestellt. Erst mit der logisch zentralen Kontrolle der Eigenschaften des Gesamtsystems, die von den lokalen Benutzern nur in definierten Bereichen ergänzt oder geändert werden kann, erzielen Emailsysteme die geforderte logische Konsistenz der Informationen trotz physikalischer Verteilung.

5.3.2 Zeit- & Aufgabenmanagement

Die Verwaltung einer Zeitplanung und die Verfolgung der Aufgabenerfüllung kann mit unterschiedlichen Groupwaresystemen durchgeführt werden. Eine ganze Gruppe von Produkten wurde jedoch speziell für diesen Aufgabenbereich entwickelt. Die auch *Groupscheduler* genannten Werkzeuge ermöglichen eine Abstimmung der verteilten Terminkalender mehrerer Benutzer untereinander. Neben der einfachen Einsicht in die öffentlichen Teile der elektronischen Terminkalender anderer Nutzer automatisieren die Groupscheduler komplexe Abstimmungsprobleme, wie etwa die Suche nach einem gemeinsamen Termin für eine zweistündige Besprechung einer Gruppe von Mitarbeitern.

Nutzen: Zeitersparnis

Was ohne informationstechnische Unterstützung nur über eine längere Folge von Telefonaten erreicht werden kann, kann mit Hilfe eines Groupschedulers in kurzer Zeit optimiert werden. Zeitliche Überschneidungen, sogenannte Terminkonflikte, werden von den einzelnen Produkten jedoch unterschiedlich behandelt. Das Spektrum reicht von einer manuellen Nachbearbeitung von Terminkonflikten per Email bis zur automatischen Suche nach Ausweichterminen und Terminverschiebungen über eine Priorisierung der Termine. Die Verfolgung von Terminbestätigungen gehört dagegen ebenso zum Standardfunktionsumfang wie die naheliegenden Erweiterungen um Reservierungsfunktionen für beschränkte Ressourcen, wie Besprechungsräume, Präsentationsmittel oder Firmenwagen.

Aufgabenplanung

In der Verbindung der Terminplanung mit der Verfolgung von Aufgaben über sogenannte To-do-Listen, der Delegation von

Aufgaben und deren Kontrolle ergibt sich ein abgestufter Übergang zum verteilten Projektmanagement. Der Wandel von der persönlichen Terminplanung über die Zeit- und Aufgabenplanung von Arbeitsgruppen zu Projektplanungsinstrumenten ist fließend. Vollständige verteilte Planungssysteme sind jedoch noch selten, da eine zentrale Steuerung bei einem weit verteilten Projektgeschehen eine zuverlässige Anbindung aller Projektteilnehmer bedingt. Die Einbeziehung aller Mitarbeiter in die Termin- und Aufgabenplanung sowie die Disziplin der Mitarbeiter bei der Pflege der gespeicherten Information hat sich als Achilles-Ferse der Groupscheduler erwiesen. Oft werden die Termine in mehreren Medien, meist noch in Papierform, verwaltet, so daß es leicht zu Inkonsistenzen kommen kann. Die Verbreitung von leistungsfähigen Taschencomputern und deren Einbindung in das verteilte Zeit- und Aufgabenmanagement (siehe 8.1.1. Seite 185) wird dieses Problem etwas lindern, aber sicher nicht beheben.

Werkzeuge zur Zeit- und Aufgabenverwaltung werden auf lange Sicht in die Standardfunktionen umfassenderer Groupwareprodukte aufgehen.

Die Gruppe der Werkzeuge für die gemeinsame Verwaltung von Terminen und Aufgaben haben sich in vielen Fällen aus Anfängen als Einzelplatzversionen der *Personal Information Manager* (PIM) hin zu verteilt arbeitenden *Group Information Managern* (GIM) entwickelt. Der Übergang der *Groupscheduler* zu allgemeinen Information Sharing-Werkzeugen (siehe 5.3.4 Seite 86), aber auch zu Systemen zur Steuerung komplexer Arbeitsprozesse ist fließend.

5.3.3 Arbeitsfluß-Automatisierung

Unter den Begriffen Arbeitsfluß-Automatisierung, Vorgangssteuerung oder *Workflow-Management* versteht man die Steuerung der zeitlichen und örtlichen Abfolge von Aufgaben inklusive des notwendigen begleitenden Informationsflusses durch ein Groupwaresystem. *Workflow-Automation* ist vor allem wegen der zu erwartenden Rationalisierungeffekte gefragt und wird teilweise als eigenständige Software-Kategorie neben Groupware angesehen. Vorgangssteuerungssysteme stellen aber eher eine Einsatzmöglichkeit von Groupware dar, mit einer Spezialisierung auf die Automatisierung wohlstrukturierter Routinevorgänge.

Modellierung

Gelegentlich werden Workflow-Systeme auch mit dem Managementkonzept des Business Process Reengineering verknüpft (siehe 4.2.4 Seite 39). Auch wenn Workflow-Produkte bei der Gestaltung oder Umsetzung von Reorganisationsmaßnahmen hilfreich sein können, so haben diese Managementmethodiken doch sehr viel grundlegendere Auswirkungen als die Automatisierung von verwaltungstechnischen Routinevorgängen.

Die Basis eines Vorgangssteuerungssystems ist ein Organisationsmodell, das die Struktur und die Eigenschaften der beteiligten Organisationseinheiten beschreibt. Darauf aufbauend werden Arbeitsflußmodelle für die zu verwaltenden Vorgänge festgelegt, mit deren Hilfe konkrete Abläufe gesteuert werden können. Die verschiedenen Arten der Organisationsmodelle reichen vom einfachsten Fall, der Eins-zu-Eins-Übernahme von Benutzerinformationen aus der Netzwerkverwaltung über detaillierte Abteilungs-, Stellen- und Rollendefinitionen bis hin zur Anwendung objekt-orientierter Mittel.

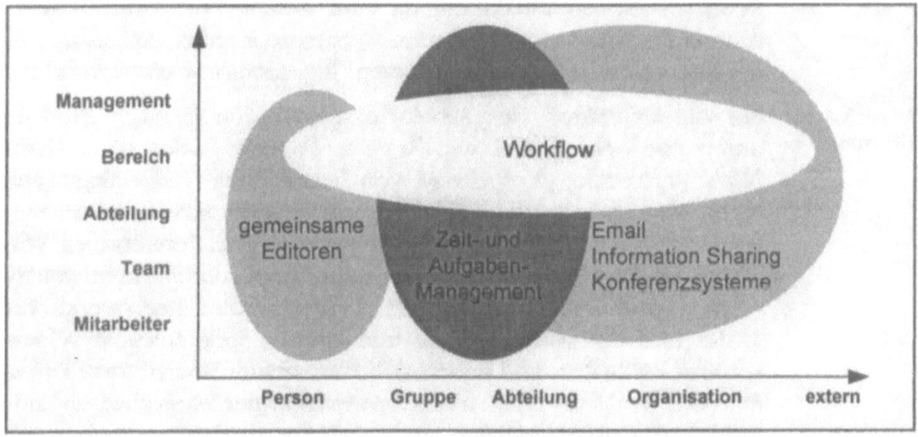

Abb. 5.14: *Die Abgrenzung von Groupware zu Workflow ergibt sich aus dem Einsatzumfang und der organisatorischen Bedeutung.*

Organisationsmodell

Das Organisationsmodell bildet alle für die Arbeitsflußsteuerung wichtigen Aspekte der Aufbauorganisation mit softwaretechnischen Mitteln nach. So werden zum Beispiel Weisungsrechte, Berichtspflichten oder Vertretungsregelungen in entsprechende Kommunikationswege, Informationsflüsse und Zugriffsrechte umgesetzt.

Die Organisationsmodelle der Workflowsysteme sind noch zu sehr auf die technischen Gegebenheiten hin ausgerichtet und lassen kaum Änderungen der Organisationsstruktur zu.

Dort, wo nur die Benutzerinformationen der Netzwerkbetriebssysteme genutzt werden, ist es extrem schwierig, Änderungen der Organisationsstruktur auch informationstechnisch nachzuvollziehen. Als leistungsfähigeres Modellierungsmittel wird von vielen Systemen neben der Festlegung von Benutzergruppen die Definition von *Rollen* ermöglicht. *Rollen* fassen Analogien der Rechte und Aufgaben „ähnlicher" Benutzer zusammen und können oft relativ zur Organisationsstruktur definiert werden. So kann zum Beispiel die Rolle „Stellvertreter eines Abteilungsleiters" einmal für alle Abteilungen innerhalb eines Unternehmens festgelegt und damit auch zentral geändert werden.

Die flexibelste Form der Organisationsmodellierung bedient sich objekt-orientierter Hilfsmittel, wie der inkrementellen Definition von Organisationseinheiten oder der Vererbung von Eigenschaften. Dies vereinfacht die informationstechnische Umsetzung von Reorganisationsmaßnahmen, da zum Beispiel die Umstrukturierung einer Abteilungszuordnung zu entsprechenden Anpassungen der Rechte in allen untergeordneten Organisationseinheiten führt.

Arbeitsflußsteuerung

Für die Definition des Arbeitsflusses werden je nach Produkt unterschiedliche Mittel wie Regeln, Tabellen oder auch *Petri-Netze* verwendet. Ausgehend von bestimmten Vorbedingungen legen Regeln fest, welche Arbeitsschritte oder Kommunikationsvorgänge als nächstes angestoßen werden. Die Verwendung von *Regeln* ist für kleine bis mittlere Aufgabenbeschreibungen relativ einfach und leicht verständlich. Umfangreiche Regelwerke für große und komplizierte Vorgänge können jedoch leicht Widersprüche enthalten und lassen sich nur schwer überprüfen. *Tabellen*, die Vorbedingungen und Auswirkungen systematisch auflisten, sind übersichtlicher und auch für größere Aufgabenstellungen geeignet. *Petri-Netze* stellen eine grafische Repräsentation der dynamischen Abhängigkeiten innerhalb eines Arbeitsflusses dar. Sie setzen sich aus Stellen und Transitionen zusammen, wobei der Ablauf durch Markierungen der Stellen gesteuert wird. Transitionen „schalten" als Übergänge zwischen den Stellen genau dann, wenn alle direkt vorgelagerten Stellen markiert sind. Mit Hilfe von Petri-Netzen können auch komplizierte dynamische Abhängigkeiten gut strukturiert werden. Große Petri-Netze sind jedoch extrem unübersichtlich, weshalb sie in der Regel in kleinere Teilnetze zerlegt werden. Petri-Netze haben gegenüber Regelwerken und Tabellen den Vorteil, daß bestimmte Eigenschaften, wie etwa zyklisches Verhalten, mathematisch beweisbar sind und automatisch überprüft werden können.

Ausnahme-behandlung

Ein wesentliches Unterscheidungsmerkmal, das von fast jedem Workflowsystem anders behandelt wird, sind die Möglichkeiten der Ausnahmebehandlungen innerhalb eines definierten Arbeitsflusses. Oft lassen sich nicht alle Fälle eines Vorgangs ausreichend beschreiben, und meist ergeben sich in der Praxis Sonderfälle, für die von der Routinebehandlung abgewichen werden muß. Je nachdem, wie strikt die Abarbeitung eines Arbeitsflußmodells für einen konkreten Vorgang durch das Workflow-System erfolgt, kann in festgelegten Phasen vom vorherbestimmten Ablauf abgewichen werden. Inwieweit eine solche Ausnahmebehandlung ebenfalls vordefiniert sein muß oder „ad hoc" festgelegt werden kann, hängt vom jeweiligen System ab. Zum Teil können Abweichungen vom normalen Arbeitsfluß durch den jeweiligen Bearbeiter selbst festgelegt werden, zum Teil muß der Administrator Änderungen vornehmen. Sehr restriktive Systeme lassen Änderungen während des Arbeitsflusses erst gar nicht zu.

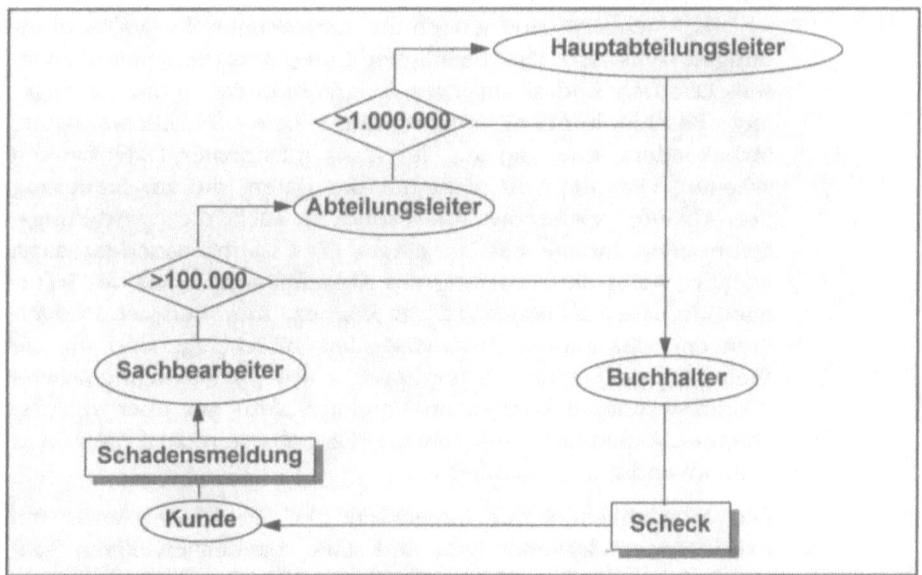

Abb. 5.15: *Ein vereinfachtes Workflowbeispiel: Abhängig von der Schadenshöhe wird die Weiterleitung eines Versicherungsfalles gesteuert.*

Implementation

Für Workflowsysteme werden zwei unterschiedliche Implementationsgrundlagen verwendet: Messaging oder Datenbanken. Im ersten Fall ist die Anzahl der am Arbeitsfluß beteiligten Personen lediglich von ihrer Erreichbarkeit durch Email abhängig. Für jeden der Beteiligten wird eine Workflow-Benutzerschnittstelle installiert, die die grafische Darstellung der speziellen Email-Nachrichten übernimmt und ihre Weiterleitung steuert. Je nach Implementierung finden auch ein oder mehrere zentrale Verwaltungsprogramme Verwendung, die den Workflow überwachen, steuern und protokollieren. Im heterogenen Fall sind messagingbasierte Workflowsysteme allerdings darauf angewiesen, daß die beteiligten Gateways die generierten Nachrichten verlustlos übertragen. Aufgrund der vergleichsweise geringen Durchsatzraten der Messagingsysteme ergibt sich zudem eine Beschränkung für die Anzahl der gleichzeitig möglichen Vorgänge.

In messagingbasierten Workflowsystemen können minimale Durchlaufzeiten nicht garantiert werden, dagegen kann die Implementation in einem weitverteilten Szenario kostengünstiger sein als beim Datenbankansatz.

Datenbankbasierte Workflowsysteme erreichen wesentlich höhere Durchsatzraten, sind jedoch auf permanente Netzwerkverbindungen zwischen den beteiligten Computersystemen angewiesen. Dadurch sind sie in ihrer geographischen Verteilung engeren Beschränkungen unterworfen. Viele Workflowsysteme, insbesondere jene, die auf der Basis relationaler Datenbanken arbeiten, verwalten oft nicht nur die Daten, die zur Steuerung der Abläufe notwendig sind, sondern auch die verwaltungstechnischen Inhalte der Vorgänge. Dies ist insbesondere dann wichtig, wenn die Steuerung des Ablaufes vom Inhalt des Informationsflusses abhängig ist. So können zum Beispiel Budgetgrenzen oder andere Zuständigkeiten ausschlaggebend für die Weiterleitung eines Vorganges sein. Messagingbasierte Workflowsysteme können im Vergleich dazu nur über entsprechende Nachrichten auf zentrale Datenbanken zugreifen, was zeitaufwendig und unsicher ist.

Integration

Die Möglichkeiten der Integration der Workflowsysteme mit existierenden Anwendungen sind stark von der jeweiligen Software abhängig. Die Abhängigkeit der Workflow-Steuerung von den Inhalten des gesteuerten Informationsflusses ist ein grundlegendes Problem der Workflow-Software.

Die Achillesferse heutiger Workflowsysteme ist die inhaltsbezogene Steuerung – die notwendige Integrationssoftware muß bei organisatorischen Änderungen überarbeitet werden.

Viele Produkte definieren eigene Datenstrukturen, um die steuerungsrelevanten Informationen zu verwalten. Wenn diese Informationen jedoch mit anderen Anwendungen wie zum Beispiel Tabellenkalkulationen verwaltet werden, kann dies zu Integrationsproblemen führen. Ein grundlegender Standard zur Integration von Workflow-Werkzeugen mit anderen Softwaresystemen existiert bislang noch nicht. Möglicherweise wird sich dies mit dem CORBA-Standard ändern (siehe 5.1.7 Seite 64).

Workflow-Komponenten

Die meisten Workflowsysteme sind recht ähnlich aufgebaut. Neben einem oft grafischen Modellierungs- und Design-Werkzeug, die teilweise über Simulationsfähigkeiten verfügen, sind die Hauptbestandteile von Workflowprodukten in der Regel ein Workflowgenerator, eine Ausführungskomponente mit Protokollfähigkeiten und gegebenenfalls ein Workflowanalysator. Die Designkomponenten folgen zum Teil eigenständigen Methodiken, um die notwendigen Organisations- und Ablaufbeschreibungen zu erarbeiten. Auch bei einem hohen Abstraktionsniveau dieser Modellierungswerkzeuge sollte allerdings die Nähe zu gewohnten Organisationsmustern beibehalten werden. Eine Simulation der Abläufe erfolgt in der Regel über die Angaben von Wahrscheinlichkeiten und Häufigkeiten der verschiedenen Ereignisse. Anhand des Modells kann so eine Optimierung der Vorgänge durch Änderung der Ressourcenverteilung oder Umstrukturierung der Abläufe erreicht werden.

Ein Generator oder *Workflow-Builder* dient der Erzeugung einer ausführbaren Repräsentation des Ablaufes, die zum Teil auch bereits mit anderen Groupwaresystemen integriert ist. Je nach Implementierung sorgt eine zentrale *Workflow-Engine* oder sorgen die dezentralen Benutzerschnittstellen für die Abarbeitung der konkreten Vorgänge nach dem Workflowschema. Die Integration in die existierende IV-Umgebung gestaltet sich dabei mitunter schwierig, insbesondere, wenn sich die Ablaufsteuerung mit anderen Informationssystemen abstimmen soll.

Im Gegensatz zur Modellierung sind die Simulations- und Analysekomponenten der Workflowsysteme eher unterentwickelt; Gleiches gilt für die statistische Auswertung des realen Workflow-Einsatzes.

Für den Endbenutzer stellt sich das Workflowsystem im einfachsten Fall als Eingangskorb für zu bearbeitende Vorgänge dar. Restriktive Systeme schreiben dem Benutzer die zu erledigende Aufgabe vor, kooperative Systeme lassen zumindest eine Auswahlmöglichkeit unter den Aufgaben mit gleicher Priorität. Weiterentwickelte Systeme stellen dem Endbenutzer mehr Informationen wie eine Übersicht der Vorgangshistorie und Weiterleitungsmöglichkeiten innerhalb der Organisationsstruktur zur Verfügung.

Audit und Analyse

Die meisten Workflowsysteme verfügen nur über minimale *Audit*-Möglichkeiten, meist wird lediglich ein Protokoll des Ablaufes erstellt. Werkzeuge zur statistischen Auswertung dieser Protokolle sind noch selten. Eine Analyse der tatsächlichen Ablaufsituation ist allerdings von großer Bedeutung, da sich erst in diesem Stadium die Annahmen der Simulation bestätigen oder widerlegen lassen. Erst auf der Basis der tatsächlichen Daten lassen sich Alternativen bei der Verbesserung der Organisation bewerten. Die Häufigkeit der Abweichungen von der Routine ist ein Indiz für notwendige Veränderung der Geschäftsprozesse. Ausnahmen, die zunächst selten vorkommen, können sich zu einem neuen Routinefall entwickeln, der in die Ablauforganisation eingebunden werden muß und je nach Tragweite auch Auswirkungen auf die Aufbauorganisation haben kann. Die Auswertung des tatsächlichen Workflow-Ablaufes ist daher für die Organisationsentwicklung wichtig. Bislang beinhalten allerdings nur wenige Systeme ausreichende Analyse-Fähigeiten. Umfangreiche statistische Auswertungen der Echtzeitdaten sind noch seltener anzutreffen.

5.3.4 Informationsverteilung

Unter dem Stichwort Informationsverteilung oder *Information sharing* lassen sich Groupwaresysteme zusammenfassen, die der verteilten Nutzung von Informationen dienen. Dies kann die Verteilung von Informationen von einem oder mehreren zentralen Punkten aus bedeuten, die Aggregierung von verteilt vorliegenden Detailinformationen zu „zentralen" Zusammenfassungen oder auch die ungerichtete Sammlung und Weitergabe zweckgebundener Informationen. Die Basis für die gemeinsame Nutzung ist eine einheitliche Struktur der Informationen über die verteilte Umgebung hinweg. Im einfachsten Fall wird dies auf der Kategorisierung einer Menge von Dokumenten beruhen, auf einer mehrschichtigen Ablagestruktur oder im weitestgehenden Fall auf einem gemeinsamen Datenmodell.

Informations-integration

Die technische Realisierung des Informationsabgleiches kann sowohl synchron als auch asynchron erfolgen. Das größte Problem ist dabei die Konsistenzsicherung der Information trotz der physikalischen Verteilung, insbesondere über weite Entfernungen. Dort, wo es vordringlich um die Verteilung oder Erfassung von Informationen geht, können asynchrone Replikationsmechanismen eingesetzt werden. In den meisten Fällen ist jedoch die Synchronität der Zugriffe und Änderungen unverzichtbar und damit eine permanente oder zumindest quasi-permanente Netzwerkverbindung notwendig.

Eine der Hauptaufgaben des *Information Sharing* ist die Verbindung von harten Daten mit weichen Informationen. In vielen Anwendungsfällen sollen zum Beispiel harte Daten wie Bestellmengen oder Auftragsvolumina mit unstrukturierten Informationen über die Eigenheiten der Kunden oder auch den subjektiven Einschätzungen der Mitarbeiter verbunden werden. Dies bedeutet in den meisten Fällen die Verbindung von wenig- beziehungsweise unstrukturierten Text-Dokumenten mit festformatierten Datensätzen existierender Informationssysteme.

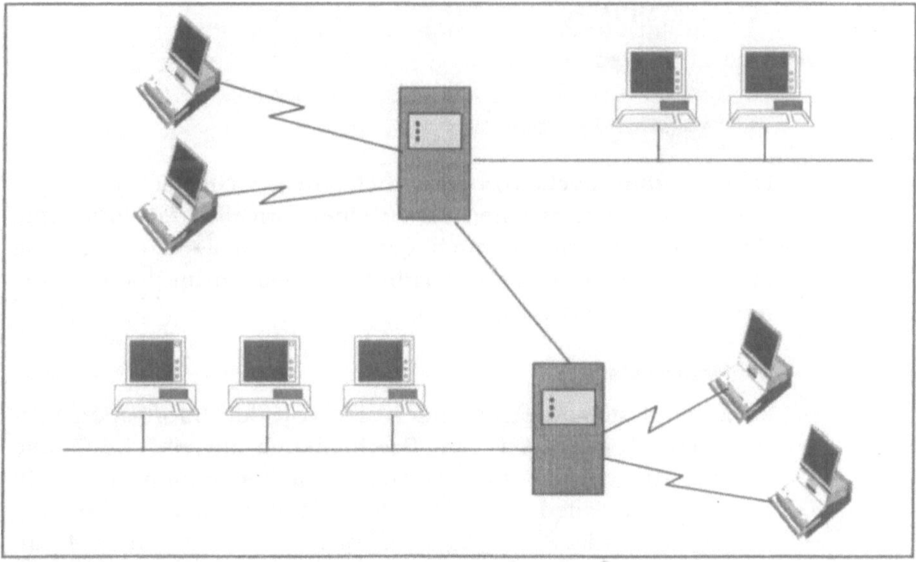

Abb. 5.16: *Mit Hilfe von Information Sharing-Werkzeugen ist die Koppelung verteilter Standorte und die Anbindung mobiler Außendienstmitarbeiter zur schnelleren Erfassung von Aufträgen und Wettbewerbsinformationen möglich.*

Nicht selten wird dies nur über spezielle Konvertierungsprogramme erreicht, da allgemeine Datenbankschnittstellen nur in wenigen Fällen zur Verfügung stehen. Logische Konsequenz der

Integration weicher Informationen ist die Unterstützung von *Rich Data Types.* Dazu zählen neben formatiertem Text vor allem Grafiken und Multimedia-Daten wie generierter Sound oder *Animationen* sowie Ton- und Videoaufnahmen. Auch wenn diese Multimediafähigkeit nicht immer genutzt wird, so ergeben sich doch in vielen Anwendungsfällen Vereinfachungen. Das Sprichwort vom Bild, das mehr als tausend Worte zu sagen vermag, läßt sich ohne Zweifel auf Ton- und Videoaufnahmen erweitern.

Je komplexer die Struktur der gemeinsamen Informationen ausfällt, um so aufwendiger und weniger automatisierbar wird allerdings auch die Konsistenzsicherung. Insbesondere der Aufwand für das Management von Inkonsistenzen, die durch den Einsatz von Replikationsmechanismen entstehen, wächst überproportional. Notwendige oder mögliche Beschränkung der Struktur können daher je nach Anwendungsfall für die Einsatzfähigkeit ausschlaggebend sein.

Durch Werkzeuge für die Informationsverteilung kann innerhalb weitverzweigter Organisationen ein gemeinsamer Informationsstand über Standorte und mobile Mitarbeiter hinweg konsistent gehalten werden.

Das Spektrum reicht von einer thematischen Gliederung der gespeicherten Informationen bis zu einer formalisierten Erfassung. Daraus ergibt sich technisch gesehen ein fließender Übergang zwischen den Information Sharing-Werkzeugen und den Konferenz- und Diskussionssystemen.

5.3.5 Konferenzsysteme

Konferenzsysteme unterscheiden sich von den Information Sharing Werkzeugen durch ihre Beschränkung auf eine bestimmte Struktur der gemeinsam genutzten, verteilten Informationen. In den meisten Fällen entspricht diese Struktur einer Gliederung gemäß der diskussionsartigen Abfolge von Beiträgen und Anmerkungen der beteiligten Nutzer. Das Spektrum der Konferenzsysteme reicht von einfachen Mailboxprogrammen über themenorientierte asynchrone sowie synchrone Diskussionssysteme, mit softwaretechnischer Stimmabgabe und -auswertung, bis zu speziellen *Group Decision Support Systemen* (GDSS) mit Eigenschaften von *Management Informations Systemen* (MIS) beziehungsweise *Executive information Systemen* (EIS). Die Implementierungsarten reichen dabei von asynchronen Telekonferenzsystemen bis zu synchroner *Meetingware*, die zum Teil in eigens eingerichteten *Entscheidungsräumen* fest installiert wird.

asynchrones Konferieren

Im asynchronen Fall entscheidet in der Regel die Reihenfolge und benutzerdefinierte Zuordnung der Beiträge über die Struktur der Information. Im synchronen, aber verteilten Fall kann darüber hinaus eine Kontrolle des „Rede-Rechtes" notwendig sein. In manchen Systemen ist eine zentrale Kontrolle vorgesehen, die von einem speziellen Nutzer, dem Moderator, wahrgenommen wird, der den einzelnen Teilnehmern das Eingaberecht zuweist oder entzieht. Andere Systeme arbeiten mit einer Weitergabe des Eingaberechtes oder verlassen sich wie im asynchronen Fall auf die Strukturierung der Information durch die Benutzer. Manche synchronen Systeme arbeiten auch optimistisch, indem sie Konflikte nicht verhindern, sondern erst bei ihrer Entstehung durch den konflikterzeugenden Benutzer beheben lassen.

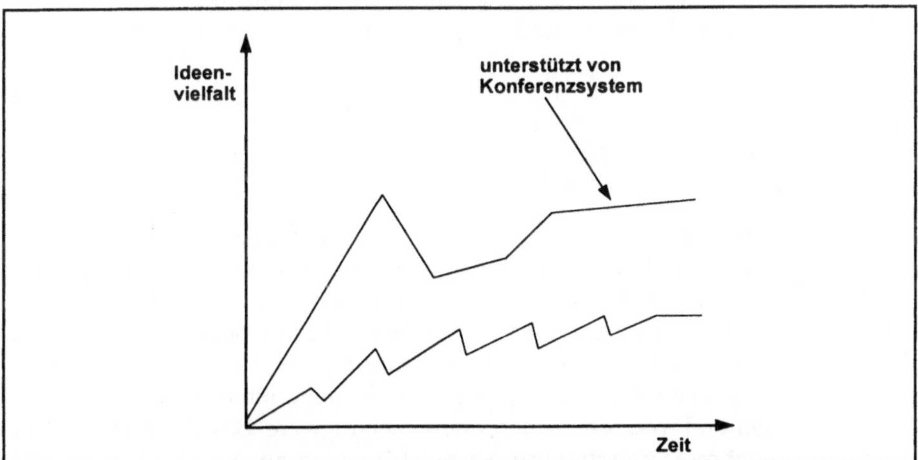

Abb. 5.17: *Eine Brainstormingsitzung erzeugt mit Unterstützung durch ein Konferenzsystem wesentlich mehr Ideen als ohne [nach [54]].*

synchron konferieren

Im lokalen synchronen Fall werden Konferenzsysteme in der Regel zur Diskussionsunterstützung und nicht als Ersatz für die verbale Kommunikation eingesetzt. Die Funktionalität der teilweise auch verteilt und asynchron einsetzbaren Diskussionssysteme geht aber über die üblichen Brainstorming- und Argumentationsdialoge weit hinaus. So stehen mitunter umfangreiche Abstimmungs- und Bewertungsmittel zur Verfügung, die neben Listen-Wahlen auch Gewichtungen, Punkteverteilungen und andere Konsensfindungsmethodiken unterstützen. Kommen noch weitere Funktionen wie Informationssammlungs- und -aufbereitungswerkzeuge, insbesondere Reportfunktionen von Managementinformationssystemen hinzu, so entsteht ein *Group Decision Support System* (GDSS). Ein solches System unterstützt von der Informationswiedergabe über die Entscheidungsvorbereitung und Diskussionsführung bis zum tatsächlichen Entschluß alle Phasen eines Entscheidungsfindungsprozesses.

Anonymität

Eine Besonderheit vieler Konferenzsysteme ist die wahlweise Anonymisierung von Beiträgen und Abstimmungen. Dadurch daß sich einzelne Beiträge auch auf administrativem Wege nicht zurückverfolgen lassen, können viele Kommunikatonsprobleme, die sich durch die Hierarchisierung der Organisationen ergeben, in offenen Diskussionsrunden oder Brainstormingsitzungen abgebaut werden. Die Anonymität der Kommunikation führt zu einer verstärkten Konzentration auf die Inhalte der Diskussion oder der Problemlösung und hilft, persönliche oder organisationspolitische Konflikte zu vermeiden.

Der Einsatz von Konferenzsystemen ermöglicht je nach Einsatzart kürzere Sitzungen beziehungsweise eine Verbesserung der Ergebnisse von Brainstormingsitzungen und Diskussionsrunden.

Faßt man den Begriff der Konferenzsysteme etwas weiter, so zählen neben Audio- und Videokonferenzsystemen auch Telefonnebenstellenanlagen oder Breitbandkommunikationssysteme dazu. Teilweise bauen insbesondere Videokonferenzsysteme auf der Technologie der Arbeitsplatzcomputer auf und stellen somit eine erste Verbindung dieser bisher getrennten Welten her. Ausgehend von der synchronen Meetingware besteht zudem über mehrere Zwischenformen ein Übergang zu Werkzeugen für die gemeinsame Dokumentenbearbeitung.

5.3.6 Gemeinsame Dokumenteneditoren

Das konventionelle Verständnis der Computernutzung geht davon aus, daß eine Informationseinheit jeweils nur von einem Programm respektive Benutzer bearbeitet wird. Insbesondere in der PC-Welt ist, wenn man von Datenbanken absieht, die kleinste derartige Informationseinheit eine Datei beziehungsweise ein Dokument. Systeme zur gemeinsamen Dokumentenbearbeitung brechen mit dieser Tradition und lassen die Bearbeitung von Dokumenten durch mehrere Benutzer gleichzeitig zu.

Konflikt-management

Diese Form der Bearbeitung führt genau dann zu Problemen, wenn mehrere Benutzer eine logische Informationseinheit unterschiedlich ändern. Da eine nachträgliche Bereinigung dieser Konflikte nicht möglich ist, versucht man ihre Enstehung technisch zu verhindern. Die Abstimmungsmechanismen und deren Granularität sind dabei unterschiedlich und reichen von einer pessimistischen Sperrung der in Bearbeitung befindlichen Informationseinheiten bis zur optimistischen Gleichberechtigung bei der Bearbeitung, in die nur im Konfliktfall über die Bestimmung der gültigen Alternative durch den Benutzer eingegriffen wird. Systeme zur gemeinsamen Dokumentenbearbeitung kommunizieren prinzipiell synchron, wobei der Grad der Verteilung durch die Nutzung optimistischer Abstimmungsverfahren erhöht werden kann. Das gleichzeitige Arbeiten an einem Dokument wird durch eine Aufspaltung des Dokuments oder ein Aufteilung der Arbeitweise vereinfacht.

Screen Sharing

Sonderformen der gemeinsamen Editoren grenzen an die Konferenzsysteme wie zum Beispiel *Screen Sharing-* oder *Shared Whiteboard*-Systeme. Unter *Screen-Sharing* versteht man die Projektion des Bildschirminhaltes eines Benutzers auf die verteilten Arbeitsstationen anderer Anwender, wobei die Kontrolle je nach System beim Verursacher bleibt oder zwischen den beteiligten Benutzern weitergereicht werden kann. Auf diese Weise kann man durch wechselseitiges Setzen von Markierungen direkter kommunizieren als es zum Beispiel mit einem statischen Bild einer Tabellenkalkulation möglich wäre.

Je nach Ausprägung der Systeme ist eine Interaktion mit der dargestellten Anwendung nur von einem initiierenden Arbeitsplatz oder abwechselnd von allen Teilnehmern möglich. Nicht selten werden die unterschiedlichen Eingaben der Teilnehmer farblich unterschieden.

Shared Whiteboard

Ein *Shared Whiteboard* stellt als vereinfachte Version ein gemeinsames Zeichenbrett für den Gedankenaustausch zur Verfügung und bietet somit nur eine statische Sicht auf die dargestellten Informationen. Diese können aus Text oder Grafiken bestehen. Da die Abstimmungsmöglichkeiten über Tastatureingaben und Textfenster für *Shared Whiteboard* wie *Shared Screen* Anwendungen zu begrenzt sind, werden in der Regel synchrone Kommunikationsmedien hinzugezogen.

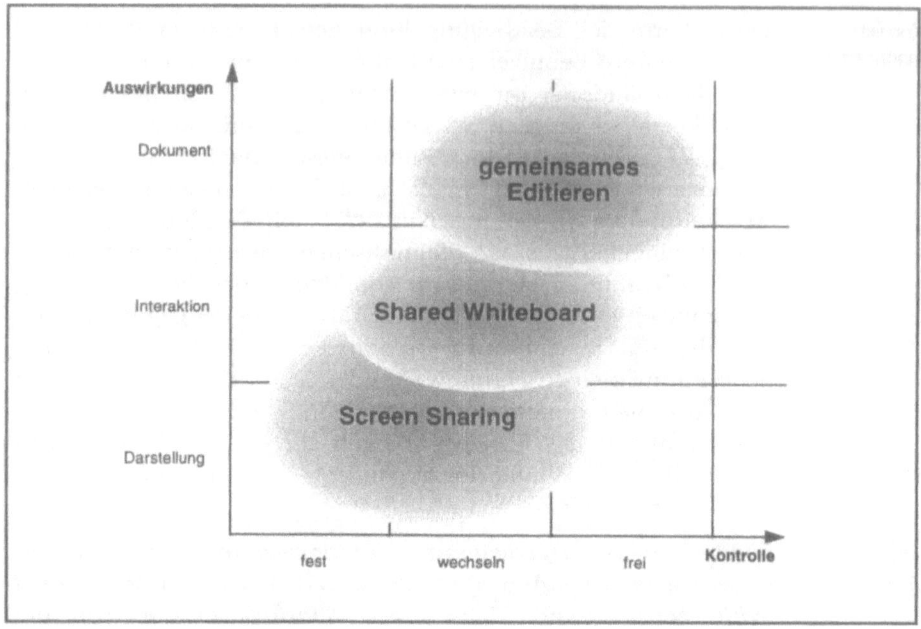

Abb. 5.18: *Gemeinsame Editoren unterscheiden sich von den Screen Sharing und Shared Whiteboard Systemen durch die Auswirkungen von und Kontrolle über Änderungen.*

Die gemeinsame Dokumentenbearbeitung vereinfacht die verteilte Erstellung komplexer Dokumente, benötigt allerdings auch ein Mindestmaß an Diziplin der Benutzer.

Diese kann von einer einfachen Telefonverbindung zwischen zwei Teilnehmern über eine gleichzeitige Telefonkonferenzschaltungen zwischen mehrerer Teilnehmer bis zum Einsatz von integrierten Einsatz Videokonferenzsystemen reichen. In manchen Systemen wird auch die Abstimmung der Teilnehmer untereinander auf diese zusätzlichen Kommunikationskanäle verlagert.

5.3.7 Sonderfälle

Neben den geschilderten Groupware-Kategorien existieren eine Reihe weiterer Systeme, deren Einordnung beziehungsweise Abgrenzung schwerfällt. Dazu zählen vor allem anwendungsspezifische Softwaresysteme mit Groupwarequalitäten, die aber nicht allgemein einsetzbar sind oder nur teilweise Groupwarefunktionalitäten beinhalten. Zwei Beispiele für derartige Systeme sind die Gruppe der Help-Desk-Software und die Redaktionssysteme.

Helpdesk-Systeme

Sogenannte *Helpdesk-Software* beschäftigt sich mit der Aufnahme, Kategorisierung, Speicherung, Verfolgung und Auflösung von Anfragen aller Art. Sie werden bevorzugt für den Kunden-Innendienst, das Management von Wartungsaufträgen und verschiedenen Arten von Informationsdiensten eingesetzt. Diese Art von Software erfüllt im wesentlichen die Kriterien der Information-Sharing-Werkzeuge, wobei die teilweise ausgeklügelten Eskalationsmechanismen zur Bearbeitung komplexer Problemstellungen an Workflow-Mechanismen heranreichen.

Redaktionssysteme

Mit der Abwicklung sämtlicher redaktioneller Arbeiten von der Manuskripterstellung bis zum druckfertigen Satz beschäftigen sich *Redaktionssysteme*, die insbesondere die komplexen Abhängigkeiten des Layouts berücksichtigen. Redaktionssysteme gehören in der Regel zur Klasse der gemeinsamen Editoren, die eine Zusammenarbeit bei der Erstellung der druckfertigen Vorlagen ermöglichen. Die Abstimmungsmechanismen sind jedoch stark auf die redaktionellen Abläufe zugeschnitten und in der Regel nicht auf andere Anwendungsgebiete übertragbar.

5.4 Komplementärtechnologien

Eine Reihe von Technologien werden gelegentlich zur Klasse der Groupwaresysteme gezählt, die im Grunde komplementäre Funktionen abdecken. Die Abgrenzung dieser Systeme wie Document-Imaging, Electronic Document Publishing, Multimedia, Hypermedia beziehungsweise allgemeines Dokumentenmanagement fällt zum Teil auch untereinander schwer.

Das hervorstechendste Unterscheidungsmerkmal zu Groupwaresystemen ist die Möglichkeit eines eigenständigen Einsatzes, unabhängig von einer gewollten Zusammenarbeit mehrerer Benutzer. Die technologische Unterscheidung ist dagegen nicht immer klar zu treffen. Es lassen sich relativ einfach Komplementärprodukte finden, die Groupwaretechnologien einsetzen, wie auch umgekehrt. Eine Unterscheidung ist in vielen Fällen nur auf Grund der Einsatzart möglich. Dort, wo Komplementärtechnologien wie Imaging mit Groupwaresystemen wie Workflow verbunden werden, ist eine Unterscheidung hinfällig geworden.

Durch Komplementärtechnologien können Groupwaresysteme sinnvoll ergänzt und der Einsatzwert des Gesamtsystems erhöht werden. Komplementärprodukte sind jedoch nicht immer notwendiger Bestandteil von Groupwareanwendungen.

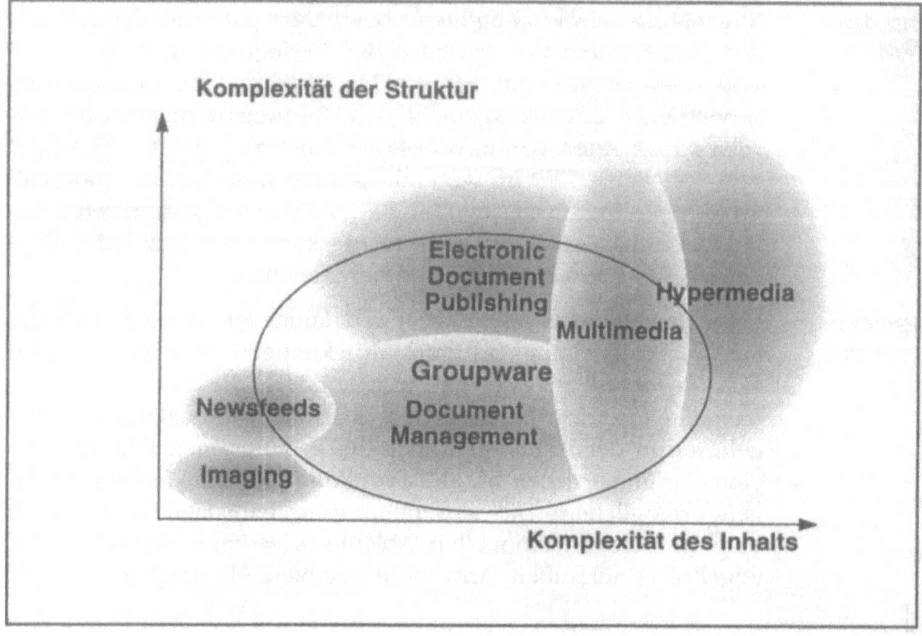

Abb. 5.19: *Die Überschneidungen der Komplementärtechnologien untereinander und mit Groupware sind vielfältig. Neben der Komplexität der einzelnen Informationseinheiten kann auch die Verknüpfungsstruktur als Unterscheidungsmerkmal dienen.*

5.4.1 Schriftgut-Erfassung

Unter dem Begriff *Document-Imaging* werden Systeme zur elektronischen Speicherung von Schriftgut zusammengefaßt. Schriftstücke aller Art, vom Einzelbrief bis zum Buch, können mit Hilfe von Imaging-Lösungen über entsprechende Peripheriegeräte, sogenannte *Scanner*, als Pixel-Grafiken, auch *bitmaps* genannt, eingescannt, d. h. eingelesen und zentral abgelegt werden. Die Verwaltung der gespeicherten Dokumente erfolgt über bei der Erfassung angegebene Dokumentendaten wie Titel und Autor sowie über die Zuordnung von Schlagwörtern. Teilweise wird auch die Schrift der Dokumente über spezielle *Optical Character Recognition* (OCR) Software erkannt und der so zurückgewonnene Volltext der Dokumente indexiert.

Die größte Annäherung an das Ideal des papierlosen Büros wird durch Document Imaging mit einem hohen technischen Aufwand bei geringen organisatorischen Anpassungen erreicht.

Die durch die Schriftguterfassung anfallenden Datenmengen bedingen ein eigenständiges Speichermanagement, das bis hin zu Stapellaufwerken für optische Platten, auch *Jukeboxen* genannt, beziehungsweise umfangreichen Bandarchiven reicht. Imaging wird gerne mit Groupwaresystemen aus dem Bereichen Information Sharing und Workflow kombiniert. Es zeichnet sich durch geringe organisatorische Umstellungsschwierigkeiten aus.

5.4.2 Dokumenten-Management

Unter dem *Dokumenten-Management* wird eine systematische Ablage von mit Hilfe des Computers erstellten, aber auch per Imaging erfaßten Dokumenten verstanden. Im einfachsten Fall geschieht dies direkt auf der Basis der von den Betriebssystemen verwalteten Dateien. Die Verzeichnis-Strukturen der Dateisysteme lassen allerdings oft nur eine hierarchische Systematik zu, so daß nach mehreren Kriterien geordnete Ablagen analog zu physischen Akten-Ablagen nicht möglich sind. Die Nutzung mehrfacher logischer, von der physikalischen Speicherung unabhängiger Ordnungen ist daher eines der hervorstechenden Unterscheidungsmerkmale leistungsfähiger Dokumenten-Management-Systeme. Die Ablage einzelner Dokumente kann somit gleichzeitig sowohl nach Chronologie als auch zum Beispiel nach Adressat, Themengebiet oder Autor erfolgen.

Suche und Indexierung

Während die Zuordnung von Schlagwörtern in fast allen Dokumenten-Management-Systemen durchgeführt werden kann, sind komplexe Abfragemöglichkeiten seltener, die mit booleschen Operationen wie *und*, *oder*, *nicht* Dokumentenmengen eingrenzen können. Nur wenige Systeme verfügen über eine Volltext-Indexierung des Dokumenteninhaltes, die eine Suche nach bestimmten Textstellen wesentlich beschleunigt. Dieser auch als *Information Retrieval* aus eigenständigen Produkten bekannte Funktionsumfang ermöglicht das Auffinden von Dokumenten durch komplexe Verknüpfungen von Textstellen. Es werden damit nicht nur exakt passende Dokumente aufgefunden, sondern eine Ordnung annähernd relevanter Dokumente vorgenommen. Neben den boolschen Operationen sind auch aufwendigere Abfragen wie Näherungssuche von Textstellen innerhalb eines Satzes oder Absatzes beziehungsweise die Gewichtung von Testbestandteilen möglich.

Dokumentenmanagementsysteme ermöglichen die Vereinheitlichung von Ablagesystematiken und eine zentrale Verwaltung der unternehmensweiten Dokumentenbestände.

Dokumentenmanagementsysteme sind in der Regel nach dem Client-Server-Prinzip aufgebaut und ermöglichen neben einer zentralen Administration der Ablagesystematik und des Dokumentenbestandes einen verteilten Zugriff der Benutzer über ein lokales Netzwerk. Das Dokumentenmanagement grenzt dort an die Groupwarefunktionalität, wo die Strukturierung der gespeicherten Informationen nach Kriterien der Zusammenarbeit erfolgt beziehungsweise die Bearbeitung der Dokumente durch mehrere Benutzer koordiniert wird. Da viele Groupwaresysteme, insbesondere die Information-Sharing-Werkzeuge, zumindest rudimentäre Dokumentenmanagement-Funktionen beinhalten, ist eine Abgrenzung der Kategorien oft vom Einzelfall der konkreten Produkte abhängig.

5.4.3 Electronic Document Publishing

Die Erstellung von Dokumenten im großen Stil, wie etwa bei der Dokumentation technischer Vorhaben, verlangt leistungsfähige Werkzeuge. Mit der Dokumentenbeschreibungssprache *Standard Generalized Markup Language* (SGML) wurde ein Werkzeug geschaffen, das die Festlegung einer Strukturierung von Dokumenten unabhängig von deren Darstellung ermöglicht. SGML selbst ist ein Meta-Sprache, die zur Definition sogenannter *Document Type Definitions* (DTD) dient. Erst mit Hilfe einer DTD läßt sich ein konkretes Dokument beschreiben. Durch diese zweistufige Architektur ist sichergestellt, daß sich die Strukturinformation verschiedenster Dokumente, die für unterschiedliche Zwecke entworfen wurden, miteinander kombinieren lassen und durch ein einheitliches Dokumentenmangementsystem verwaltet werden können.

Electronic Document Publishing (EDP) Werkzeuge dienen der Erstellung und Verbreitung von großen Dokumenten beziehungsweise großen Dokumentenmengen. Die Verteilung der Dokumente geschieht über CD-ROM, wobei der lokale Zugriff auch über Netzwerke erfolgen kann oder direkt über Weitverkehrsnetze wie das Internet (siehe 7.6 Seite 171).

Das umfangreichste Beispiel für das Electronic Document Publishing auf Basis von SGML ist das World Wide Web System des weltumspannenden Internet.

Electronic Document Publishing sichert in diesem Fall die zentrale Administrier- und Aktualisierbarkeit der veröffentlichten Informationen. Durch die Vernetzung wird andererseits auch eine

Rückführung von Leserreaktionen möglich. Durch diese Erweiterungsmöglichkeiten ergibt sich ein fließender Übergang zu Hypermediawerkzeugen und in Verbindung mit Koordinierungsfunktionen auch zu Groupware.

5.4.4 Multimedia

Neben textuellen Dokumenten können auch weitere Informationsarten für das Informationsmanagement eines Unternehmens interessant sein. Unter dem etwas schillernden Begriff *Multimedia* werden Systeme zur Verwaltung natürlicher Informationsarten wie Grafik, Animation sowie Audio- und Videoaufnahmen verstanden. Da Multimediasysteme unter Umständen spezielle Hardwareunterstützung benötigen, ist ihr Einsatz oft an eine Vielzahl von Bedingungen geknüpft. Durch den sequentiellen Charakter der Medien Audio und Video kommen Benutzerschnittstellen zum Einsatz, die anstelle einer nahezu beliebigen Informationsabfrage nur einen eingeschränkten, von der Wiedergabezeit abhängigen Zugriff erlauben.

Die Integration von Multimedia-Funktionen in Groupwaresysteme erfolgt auf unterschiedlichen Ebenen. Das Spektrum reicht von einfacher *Voice-Mail* und Multimedia-Mail bis hin zu aufwendigen Videokonferenzsystemen. Bei der *Voice-Mail* wird die Funktionalität eines Anrufbeandworters durch einen Computer übernommen, der die digitalisierten Mitteilungen der Gesprächspartner an den jeweiligen Adressaten per Email verschickt.

Multimedia-Systeme integrieren natürliche Kommunikationsformen wie Sprache und Gestik in die Informationstechnik und können die Kommunikation komplexer Zusammenhänge wesentlich erleichtern.

Die Problematik der Verknüpfung unterschiedlicher Informationsarten wird über die sequentielle Einbettung der Medien in die Dokumentenarchitekturen nur unvollständig gelöst. Weitreichendere Integrationsmöglichkeit bietet dagegen die Hypermediatechnologie.

5.4.5 Hypermedia

Hypermedia stellt eine Erweiterung des Hypertextkonzeptes um Unterstützung für Medien aller Art dar. Als *Hypertext* bezeichnet man die Aufspaltung eines sequentiellen Textes in ein nichtlineares Medium. Einzelne, in sich geschlossene Textstellen werden dabei über Verweise miteinander verknüpft. Neben der vom

Autor vorgegebenen sequentiellen Reihenfolge können so weitere Pfade durch die Informationsmenge erstellt werden, bis insgesamt ein Netz von Informationsübergängen entsteht. In der Regel ist auch die Ergänzung eigener Verbindungen und Anmerkungen möglich. Die Verbindung der Gebiete Hypertext und Multimedia, die Hypermediatechnologie, ermöglicht eine Verknüpfung von Textstellen mit Ausschnitten anderer Medien und umgekehrt. Auf diese Weise kann die Integration verschiedenster Informationsquellen nahezu beliebig verfeinert werden. Die mit Hilfe von Hypermediasystemen möglichen Informationsnetze sind in der Lage, auch komplexeste Zusammenhänge und Abhängigkeiten von Informationen zu modellieren.

Standards

Für die Strukturierung der Hypermediainformationen existieren eine Reihe von Standardformaten, deren leistungsfähigste Variante sicherlich die Hypermediabeschreibungssprache *HyTime* darstellt. *HyTime* ist eine Erweiterung der Dokumentenbeschreibungssprache *Standard Generalized Markup Language* (SGML), die spezielle Sprachkonstrukte enthält, um multidimensionale Informationsräume zu definieren. Erst diese Erweiterungen ermöglichen die Verwaltung sequentieller Medien wie Audio- oder Videoaufnahmen sowie die Definition weiterer Informationsrepräsentationen.

Während fast alle Hypermediasysteme eine verteilte Nutzung in lokalen Netzwerken ermöglichen, steckt die Unterstützung für weitverteilte Netze noch in den Anfängen. Neben dem exponentiell wachsenden World Wide Web des Internet (siehe 7.6 Seite 171) werden derzeit eine Reihe von Forschungsprototypen in der Praxis erprobt. Leistungsfähige Mechanismen zur Verteilung von hypermedia-ähnlichen Masseninformationen sind derzeit im Rahmen der *Information Highway*-Projekte verschiedener amerikanischer Konsortien in der Entwicklung.

Die Hypermediatechnologie emöglicht die Darstellung komplexer Informationsbestände durch die Speicherung verschiedenster Zugriffsstrukturen auf die zugrundeliegende Datenmenge.

Der Hypermediagedanke wurde bereits in verschiedene Groupwaresysteme aufgenommen, wobei die Groupwarekategorie des Information Sharing dieser Art der Informationsaufbereitung wohl am nächsten kommt. Eigenständige Hypermediasysteme beinhalten jedoch in der Regel keine Funktionen zur Koordinierung oder Zusammenarbeit, die über Strukturierungsmittel hinausgehen.

5.4.6 Nachrichtendienste

Im Gegensatz zu großen Dokumenten bereiten auch große Mengen kleiner, aktueller Nachrichten bei ihrer Verteilung unermeßliche Probleme. Nachrichtendienste, auch *Newsfeeds* genannt, ermöglichen nicht nur den Zugriff auf internationale Nachrichtenagenturen, sondern führen den permanenten Informationsstrom gegebenenfalls bis in die eigene Organisation. Das Spektrum der angebotenen Dienste reicht dabei von einer Beschränkung auf ausgewählte Themen bis zur unbegrenzten Volltext-Recherchefähigkeit. Eine besonders interessante Variante der Indexierung ermöglicht in manchen Systemen die aktive Benachrichtigung des Benutzers beim Eintreffen von Nachrichten zu vordefinierten Themen. Diese Funktionalität kann als erste Stufe einer Umkehrung der Holschuld des Benutzers in eine Bringschuld der Informationssysteme verstanden werden. In fortgeschrittenen Systemen suchen sogenannte *Agenten* aktiv in internationalen Netzen nach den benötigten Informationen und bereiten diese nach den Anforderungen des Benutzers auf.

Die technische Realisierung der elektronischen Nachrichtenkanäle beruht in der Regel auf spezieller Indexierungssoftware für die eingehenden Informationsströme und auf dem Versand der gebündelten Nachrichten über Weitverkehrsnetze oder Telefonwählleitungen.

Nachrichtendienste, die aktuelle Informationen zu vorbestimmten Themenbereichen zur Verfügung stellen, können einen Informationsvorsprung sichern.

Die Verbindung von Groupwaresystemen und Nachrichtenkanälen ermöglicht nicht nur die Nutzung der eingespeisten Informationen durch wesentlich mehr Leser, sondern auch den gezielten Aufbau einer Informationsdatenbank, die tagesaktuell auf dem neuesten Stand gehalten werden kann. Die automatische Verknüpfung mit den vorhandenen Kundendaten ist dabei von entscheidender Bedeutung für die Anwendbarkeit der aktuellen Informationen.

5.5 Problemfelder

Groupware hat als relativ junge Technologie noch mit einer Reihe von Problemen zu kämpfen, die im Spannungsfeld von organisatorischen Konzepten und technischen Realisierungsmöglichkeiten entstehen. Auch der Entwicklungsstand der Basistechnologien entspricht in manchen Bereichen noch nicht im ausreichenden Maße den Anforderungen.

5.5.1 Kommunikation

Die weitgehende Beschränkung vieler Groupwaresysteme auf schriftliche Kommunikationsformen erweist sich in der Praxis als zweischneidig. Es stellt sich mit der textuellen Formulierung zwar fast automatisch eine gewisse Versachlichung der Kommunikation ein, was zumindest für die Unterstützung von Diskussionen von Vorteil ist. Andererseits wird durch das geschriebene Wort die Fülle der zwischenmenschlichen Ausdrucksformen stark eingeengt. Als problematisch erweist sich außerdem der Mangel an gesonderten Kommunikationswegen für außerordentliche Nachrichten. So ist in einer asynchronen Diskussion ein Abweichen von der ursprünglichen Thematik sehr leicht möglich, eine Rückführung zum ursprünglichen Thema jedoch sehr schwierig. Es gibt praktisch keine Möglichkeit, „auf den Tisch zu klopfen" oder auf anderem Wege die Teilnehmer wirksam „zur Ordnung zu rufen".

Meta-Kommunikation

Keines der bekannten Groupwaresysteme stellt bislang eine Möglichkeit zur *Meta-Kommunikation* zur Verfügung. Unter einer Meta-Kommunikation versteht man in der Wissenschaft eine Kommunikation nicht über das Sachthema, sondern über die Kommunikation selbst. Auf diese Art sollen Mißverständnisse oder andere Kommunikationsprobleme ausgeräumt werden (siehe 3.2 Seite 19). Inwieweit Metakommunikation auf technischem Wege erfolgreich unterstützt werden kann, wäre zumindest eine wissenschaftliche Untersuchung wert. Durch das vergleichsweise unpersönliche Medium erhöht sich die Gefahr, aneinander vorbeizureden beziehungsweise „vorbeizutippen".

5.5.2 Organisationsmodelle

Die verfügbaren Groupwareprodukte orientieren sich in den meisten Fällen an den Organisationsmodellen der Netzwerkbetriebssysteme, die in der Regel hierarchisch aufgebaut sind. Die Möglichkeiten der Organisationsmodellierung sollten aber unabhängig von der technischen Realisierung der Kommunikationsvorgänge genutzt werden können. In vielen Anwendungsfällen gilt es, gerade die gewachsenen hierarchischen Unternehmensstrukturen zu überwinden und nicht auch noch softwaretechnisch zu zementieren.

Für den Entwurf und die Steuerung von Groupwaresystemen werden höhere Abstraktionsmittel benötigt als jene sehr technisch orientierten, die in den heutigen Produkten zur Verfügung stehen. Im Idealfall sollten Manager ohne Hilfe von Administratoren in der Lage sein, Änderungen der Organisationsrepräsentation vorzunehmen beziehungsweise entsprechende Simulationen durchzuführen. Bisher sind in dieser Hinsicht nur einzelne Ansätze, einzelne Mosaiksteine zu erkennen, aus denen sich aber noch kein Gesamtbild, geschweige denn eine Lösung dieser Problematik ergibt.

Methodenmangel

Für einen umfassenden Einsatz als Organisationsentwicklungswerkzeuge sind heutige Groupwaresysteme noch nicht anpassungsfähig genug. Es fehlen Methodiken, um Konzepte wie lernende Organisationen (siehe 4.1.2 Seite 29) flexibel umzusetzen. Diese können nur aus der Praxiserfahrung heraus entstehen und müssen dort auch weiterentwickelt werden. Die Softwarehersteller sind dazu jedoch kaum in der Lage. Sie können im Grunde nur die Werkzeuge zur Verfügung stellen. Der Aufbau von Business Modellen muß von den Unternehmen selbst oder von engagierten Beratern geleistet werden. Da Unternehmensplanungs- und -organisationsabteilungen mit Hilfe von Groupware die eigenen Organisationsfehler oft nur betriebsblind zementieren, statt über neue Alternativen nachzudenken, eröffnet sich für organisatorisch und softwaretechnisch versierte Unternehmensberatungsgesellschaften eine neue Rolle.

5.5.3 Integration

An der Integration der Groupwaresysteme mit anderen Anwendungen, insbesondere mit existierenden Informationssystemen, führt kein Weg vorbei. Bislang ist diese Integration für Individualsoftware, aber auch für Standardsoftware schwierig und kann meist nur über Programmierschnittstellen, den *Application Binary Interfaces* (APIs), durchgeführt werden. Dort, wo *Scriptsprachen* für eine Integration zur Verfügung stehen, bleiben die Kopplungsmöglichkeiten auf die vorgesehene Fälle begrenzt. Insbesondere für Workflowsysteme ist eine enge Integration mit existierenden Informationssystemen notwendig, die über die Anbindung relationaler Datenbanksysteme hinausgeht. Diese

Einschränkung wird sich mit der Weiterentwicklung des Softwaremarktes ändern.

Wandel

Erst mit Hilfe allgemeiner Interoperabilitätsstandards wie CORBA (siehe 5.1.7 Seite 64) und standardisierter Schnittstellen für die Mehrzahl der Softwaresysteme wird eine Integration von Groupwaresystemen mit bestehenden EDV-Umgebungen problemlos möglich sein. Dann wird zum Beispiel auch die Integration von Workflow-Automation Produkten mit bestehenden Systemen und damit ihre Ausweitung zu Werkzeugen für die Steuerung und Veränderung von Geschäftsprozessen zum Alltag gehören.

5.5.4 Anpassung

Die Flexibilität der bestehenden Groupwaresysteme gegenüber Anwenderwünschen hält sich bislang in engen Grenzen. Die Erweiterbarkeit der Systeme durch Scriptsprachen wurde bisher nur unvollständig realisiert. Ein Wandel existierender beziehungsweise die Aufnahme weiterer Funktionalität ist schwierig und meist ebenfalls nur über herkömmliche Programmierschnittstellen möglich. Als Beispiel kann die Änderung eines Algorithmus für die Auflösung von Terminkonflikten beziehungsweise die Ressourcenverwaltung gelten. Derartige Funktionen sind meist fest in die Systeme einprogrammiert und können bestenfalls über Parameter gesteuert werden.

Mangel

Vollständig programmierbare Groupwaresysteme, die Änderungen auf dieser Ebene von einer Scriptsprache aus zulassen, fehlen bislang. Eine derartige Flexibilität ist aber wünschenswert, um mit dem unausweichlichen Wandel der Organisation auch eine weitgehende Anpassung der Groupwaresysteme erreichen zu können. In dem Maße, in dem die Geschäftsprozesse der Unternehmen über Groupwaresysteme implementiert werden, findet die Wandlungsfähigkeit der Unternehmen in den technischen Beschränkungen ihre Grenzen.

5.5.5. Aktive Systeme

Das Informationsmanagement in verteilten Systemen wird auf lange Sicht nicht ohne die Nutzung aktiver Systeme auskommen. Die manuelle Suche nach Informationen ist zu ineffizient und mit dem Anwachsen der Informationsmengen nicht mehr praktikabel. Mit der Dezentralisierung der Informationssammlung und -aufbereitung in den Unternehmen muß ein Wandel der Informations-Holschuld der Benutzer in eine Bringschuld der Systeme einhergehen.

Forschung

In den Forschungslaboratorien übernehmen bereits heute autonome Agenten Routinearbeiten wie das Sammeln von Informationen in internationalen Netzen. Diese Mechanismen sind nicht nur ein Ersatz für die bekannten Abfragemechanismen, sondern beinhalten eine neue Qualität – sie überwinden die Lokalität der Informationsverarbeitung. Die ersten kommerziellen Systeme dieser Art zeigen neben den technischen Möglichkeiten aber auch die Problematiken dieser Technologie auf. Dazu zählen unter anderem rechtliche Fragen wie die Behandlung des Copyrights oder die Abrechnung der Informationsinanspruchnahme.

5.5.6 Informationsinfrastruktur

Die Einsetzbarkeit der heutigen Groupwaresysteme krankt nach wie vor an der Heterogenität der Umgebungen und der Abhängigkeit von Netzwerkstandards. Dort, wo die Kompatibilität der Netze endet, endet auch Groupware. Insbesondere die Fähigkeit zur Unterstützung von Weitverkehrsnetzen ist in den meisten Produkten unterentwickelt. Die Nutzung von Telefonverbindungen ist nur ein schwacher Ersatz, da die Verwendung der angeschlossenen Modems meist Groupware-spezifisch erfolgt und nicht auch anderen Zwecken wie Faxlösungen oder Netzwerkkopplungen dienen kann.

Client-Server-Lastigkeit

Ein weiterer Problempunkt ist die einseitige Konzentration auf Client-Server-Systeme. Es existieren erst wenige verteilte Lösungen, und die Produkte, die verfügbar sind, können das Bedarfsspektrum bei weitem nicht abdecken. Konsistenzmanagement und administrative Probleme in verteilten Systemen sind weitaus komplexer als in lokalen Netzen. Aufgrund der Größe und zunehmenden Verkoppelung der Unternehmen führt an den verteilten Systemen aber kein Weg vorbei.

5.5.7 Administrierbarkeit

Die Administrierbarkeit der Groupwaresysteme läßt insbesondere im verteilten Fall zu wünschen übrig. Es muß eine extreme Bandbreite von Problemen berücksichtigt werden, vom Management der Netzwerkkomponenten bis hin zur Steuerung der Anwendungsinteroperabilität und -integration. Das oberste Administrationsziel ist ohne Zweifel eine hohe Ausfallsicherheit, gefolgt von einem optimierten Gesamtdurchsatz unter der Vermeidung partieller Engpässe. Die Skalierung der Administrationsfähigkeit von kleinen bis zu großen Netzen bereitet allerdings bereits auf der Ebene des Netzwerkmanagements Probleme. Es existieren kaum Standards für das Management von Netzwerkkomponenten. Als praktikables Werkzeug hat sich das *Simple Network Management Protocol* (SNMP) erwiesen, das eine weitere Verbreitung gefunden hat als das wesentlich aufwendigere, aber auch leistungsfähigere *Common Management Interformation Protocol* (CMIP) des ISO/OSI-Komitees (siehe 5.1.1 Seite 44). Dessen objekt-orientierte Informationsstruktur könnte sich jedoch mit steigender Größe der Netzwerke als überlegenes Strukturierungsmittel erweisen.

Bandbreite

Bislang gibt es noch keine Werkzeuge, die das Potential hätten, die enorme Bandbreite administrativer Aufgaben vom Netzwerkmanagement bis zum Business Modelling abzudecken, die für eine durchgängige Kontrolle von Groupwareumgebungen notwendig sind. Die entsprechenden Fähigkeiten der existierenden Groupwaresysteme sind noch unterentwickelt und zu implementationsorientiert. Im Bereich des Software Engineering entstehen jedoch Werkzeuge, die in der Lage sind, zumindest die Komplexität derartiger Aufgaben zu bewältigen.

5.5.8 Sicherheit

Die Sicherheitsmechanismen von Groupwaresystemen unterscheiden sich sehr stark. Während einige Systeme hohen Sicherheitsstandards entsprechen, weisen andere mehr oder weniger starke Sicherheitsmängel auf. Prinzipiell gilt es, zwei Arten von Sicherheit zu gewährleisten: Schutz vor technischem Desaster und Schutz vor illegalem Zugriff auf schützenswerte Daten. Datenverluste durch technische Fehlfunktionen lassen sich durch eine transaktionsbasierte Implementierung und mehrstufige Backupkonzepte weitgehend vermeiden. Trotz dieser technischen Vorsichtsmaßnahmen können Softwarefehler oder ein Versagen von Backup-Medien jedoch nie vollständig ausgeschlossen werden. Nicht nur aus diesen Gründen sind Prüfprogramme für einen Konsistenzcheck der Datenbanken und entsprechende Reparaturwerkzeuge notwendig.

Redundanz

Eine weitere Steigerung der Ausfallsicherheit kann nur noch durch eine Spiegelung des gesamten Systems, d. h. Verdoppelung und Parallelarbeit aller Komponenten erreicht werden. Noch extremere Sicherheitsvorkehrungen, wie *Zwei-aus-Drei* oder *Drei-aus-Fünf*-Auswahlmechanismen, bei denen mehrere unabhängige Systeme parallel arbeiten und über das richtige Ergebnis demokratisch abstimmen, finden sich nur in lebenskritischen Systemen wie in medizinischen Geräten, im Bergbau, in Kernreaktoren und in der Raumfahrt.

Zugriffsschutz

Für den Schutz vor unerlaubter Nutzung der Daten sind drei Arten des Zugriffs zu unterscheiden: der interne Mißbrauch durch legale Benutzer des Systems, der unbehelligte externe Zugang durch Unberechtigte und das Abhören der Datenübertragung. Die Kontrolle des Systemzugangs erfolgt bei einfachen Systemen sowohl für die interne Nutzung wie den externen Zugriff zum Beispiel über Telefon durch die Abfrage eines Paßwortes. Das Paßwort dient zur Identifikation des Benutzers und sollte daher nur diesem bekannt sein. Gibt ein Benutzer sein Paßwort absichtlich oder unabsichtlich weiter, so können alle Personen, die über das Paßwort verfügen, die Identität dieses Benutzers innerhalb des Systems annehmen. Es ist dann systemtechnisch nicht mehr möglich, zwischen den vom Benutzer angestoßenen Vorgängen und der mißbräuchlichen Nutzung zu unterscheiden.

Auch ohne absichtliche Sabotage hat sich der einfache Paßwortschutz in vielen Fällen als zu unsicher erwiesen. Nicht wenige Benutzer wählen zu einfache Paßwörter, die von geübten Eindringlingen leicht erraten oder durch systematische Versuche gefunden werden können. Um die Sicherheit zu erhöhen, wird in modernen Systemen die Zugriffsberechtigung nur bei einer Anmeldung mit einem Software-Schlüssel erteilt (siehe 5.1.5 Seite 59). Dieser Schlüssel übernimmt dieselbe Funktion wie ein physikalischer Schlüssel, mit dem Unterschied, daß er nur in Zusammenhang mit einem Paßwort funktioniert. Das gleiche Autorisierungs- und Verschlüsselungsverfahren wird auch bei der Sicherung der Datenübertragung angewandt, um deren Abhörsicherheit zu gewährleisten.

Sicherheitspraxis

Jedes Sicherheitskonzept geht von der physikalischen Sicherheit der zentralen (Server-)Hardware aus, zu der nur Berechtigte unmittelbar Zugang haben sollten. Dies ist insofern problematisch, als insbesonders in kleinen Unternehmen nach einem Systemzusammenbruch ein Wiederanlaufen auch bei Abwesenheit des Administrators gewährleistet sein muß. Weiterhin ergeben sich zusätzliche Risiken durch die Verteilung und die Anbindung mobiler Computer. Speziell PC-Systeme sind nur unzureichend mit hardware- und betriebssystemtechnischen Sicherheitsmechanismen ausgestattet. Eine zufriedenstellende hardwaretechnische Nachrüstung ist mit einem hohen Aufwand verbunden.

Ein höheres Sicherheitsniveau kann jedoch bereits durch eine Verschlüsselung oder eine entsprechende Softwarearchitektur erreicht werden. Leider sind in dieser Hinsicht bei vielen Betriebs- und Groupwaresystemen noch große Defizite zu verzeichnen. Für mobile Systeme wie Notebooks besteht die zusätzliche Gefahr, daß diese komplett gestohlen werden können, was einem Totalverlust der Datenbasis an Unbefugte gleichkommt. Weiterhin ist die Möglichkeit einer Manipulation der gestohlenen Systeme gegeben und in dessen Folge ein unbemerktes Eindringen Unbefugter in das System nicht auszuschließen. Es sollte daher eine sofortige Sperrung sämtlicher Zugangsberechtigungen für das entwendete System erfolgen.

Sicherheitsrestrisiko Mensch

Die Vertrauenswürdigkeit der Administratoren ist eine weitere Voraussetzung für einen hohen Sicherheitsstandard. Die Aufgaben der Administratoren erfordern es in der Regel, diesem Personenkreis sämtliche Zugriffsrechte innerhalb eines Softwaresystems einzuräumen. Andererseits existieren meist vertrauliche Geschäftsinformationen, auf die nur ein eingeschränkter Personenkreis, wie zum Beispiel die Geschäftsführung, zugreifen sollte. Dies läßt sich nur durch eine Verschlüsselung der Daten zufriedenstellend lösen, wobei der jeweilige Nutzer, zum Beispiel ein Manager, für diese Daten beziehungsweise den Schlüssel selbst verantwortlich ist. Sollte der Schlüssel in falsche Hände geraten oder verloren gehen, so ist niemand in der Lage, die verschlüsselten Daten zu rekonstruieren, auch nicht der Administrator!

Audit

Eine Alternative oder ergänzende Maßnahme zu dieser Vorgehensweise stellt ein Audit, d. h. ein permanentes Protokoll aller administrativen Vorgänge dar, welches vom Administrator nicht umgangen werden kann. Diese Auditfunktion stellt allerdings extrem hohe Ansprüche an die zugrundeliegende Software, wie sie etwa von amerikanischen Verteidigungsministerium im sogenannten „orange book" festgehalten wurden. Bislang sind jedoch noch keine Groupwaresysteme und nur wenige Betriebssysteme bekannt, die diese Sicherheitsstufe erreicht haben.

6 Einführung und Einsatz

Die Einführung eines Groupwaresystems in eine Organisation ist kein einfaches Unterfangen. Ein planvolles Vorgehen ist für den Erfolg ebenso unerläßlich wie eine gute Vorbereitung. Einige grundlegende Überlegungen können helfen, die zu bewältigende Aufgabe besser einzuschätzen. Wichtige Vorbedingungen sollten erfüllt sein, bevor mit den Arbeiten begonnen wird. Spezielle Methodiken können dazu beitragen, Einführungshemmnisse zu lindern und Alltagsprobleme zu vermeiden.

6.1 Vorüberlegungen

Die Interessenlage, die Umstände und die Absichten, aus denen heraus sich ein Unternehmen mit dem Thema Groupware beschäftigt, können sehr stark variieren. Der wohl verbreitetste Einstieg in die Groupwarethematik ergibt sich durch die Suche nach Lösungen für organisationelle Probleme. Am Anfang einer intensiven Beschäftigung mit Groupware stehen oft abteilungs- beziehungsweise teambezogene Aufgabenstellungen. Noch relativ selten, aber mit steigender Tendenz wird Groupware als Bestandteil oder Werkzeug eines umfassenderen Unternehmenswandels eingesetzt. Technische Gründe geben dagegen kaum den Anstoß für einen Groupwareeinsatz. Je nach den Charakteristika der Ausgangslage variieren die Gestalt und Ausprägung der Groupwareeinsätze.

6.1.1 Konsequenz

Der wichtigste Faktor für den Einsatz eines Groupwaresystems ist die Frage, mit welcher Konsequenz dieses Vorhaben verfolgt wird. Wie weitreichend soll die Organisation verändert werden, und welche unternehmerischen und organisatorischen Ziele werden verfolgt? Ist der Einsatz auf bestimmte Organisationsbereiche oder -funktionen beschränkt, so kann meist eine einfache Zielsetzung für die Implementation formuliert werden. Bei einem abteilungsübergreifenden oder unternehmensweiten Einsatz ist es dagegen wesentlich schwieriger, Orientierungspunkte für die Realisierung zu finden.

Ausgangslage

Je nachdem, ob Groupware als Teil tiefgreifender organisatorischer Maßnahmen eingeführt wird oder erst durch Reorganisation die Voraussetzungen für einen umfassenden Groupwareeinsatz geschaffen werden sollen, ergeben sich unterschiedliche Prioritäten für die Einführung. Im ersten Fall liegt der Schwerpunkt auf der Endanwenderbeteiligung bei der Entwicklung, im zweiten Fall sind die vorbereitenden beziehungsweise begleitenden organisatorischen Maßnahmen von größter Wichtigkeit. In jedem Fall müssen die Management-Ziele für einen unternehmensweiten Einsatz sorgfältig gewählt werden. Insbesondere sollten neue Organisationsmöglichkeiten, die sich durch den Einsatz von Groupware ergeben, früh in die Reorganisationsüberlegungen einbezogen werden.

Je früher die Einsatzmöglichkeiten von Groupware bei der Planung organisatorischer Maßnahmen berücksichtigt werden, desto problemloser läßt sich Groupware einführen.

Ab einer gewissen Größenordnung stellt sich schnell die grundlegende Frage nach der strategischen Ausrichtung eines Groupwareeinsatzes, insbesondere nach dem Wandel der Unternehmensstrukturen hin zu neuen Organisationsformen.

6.1.2 Umfang

Die Anzahl der Benutzer, deren Zusammenarbeit ein Groupwaresystem unterstützen kann, variiert von einzelnen Arbeitsgruppen bis zum unternehmensweiten beziehungsweise -übergreifenden Einsatz. Ein aufgabenbezogener Einsatz kann auch bei kleiner Teamgröße sinnvoll sein, sofern der Aufwand gerechtfertigt ist. Für einen Querschnittseinsatz bedarf es jedoch einer kritischen Menge von Benutzern, um die gewünschten Synergieeffekte erzielen zu können. Mit steigender Anwenderzahl nehmen die Anforderungen und die Komplexität der Planung auf technischer wie organisatorischer Seite stark zu. Bei umfassenden Installationen wirken sich Mengeneffekte auf die Wirtschaftlichkeit des Gesamtsystems aus.

team-orientiert

Ein projekt- oder gruppenbezogener Einsatz läßt sich vergleichsweise schnell und unkompliziert realisieren. Die Anforderungen und Präferenzen können im direkten Gespräch ermittelt werden. Das Design und die Weiterentwicklung können ebenso wie die Schulung der Anwender in Workshops innerhalb weniger Wochen bis Monate erfolgen. Dabei können meist noch alle betroffenen Mitarbeiter beteiligt werden. Der Aufwand hält sich ingesamt in Grenzen.

team-übergreifend

Ein teamübergreifender Groupwareeinsatz erfolgt in der Regel aufgrund koordinierender Aufgabenstellungen, zum Beispiel für die Verwaltung knapper Ressourcen. Auch hier hält sich der Aufwand in Grenzen. Zieht sich ein gruppenorientierter Groupwareeinsatz jedoch über die Grenzen von Organisationseinheiten hinweg, zum Beispiel bei der Unterstützung eines Arbeitskreises, so müssen möglicherweise bereits hier kulturelle Unterschiede zwischen den Teammitgliedern berücksichtigt werden. Technisch gesehen ist ein derartiger Einsatz meist nicht aufwendiger als auf Arbeitsgruppenebene, es sei denn, es treten bereits hier Probleme mit heterogenen Netzwerken auf.

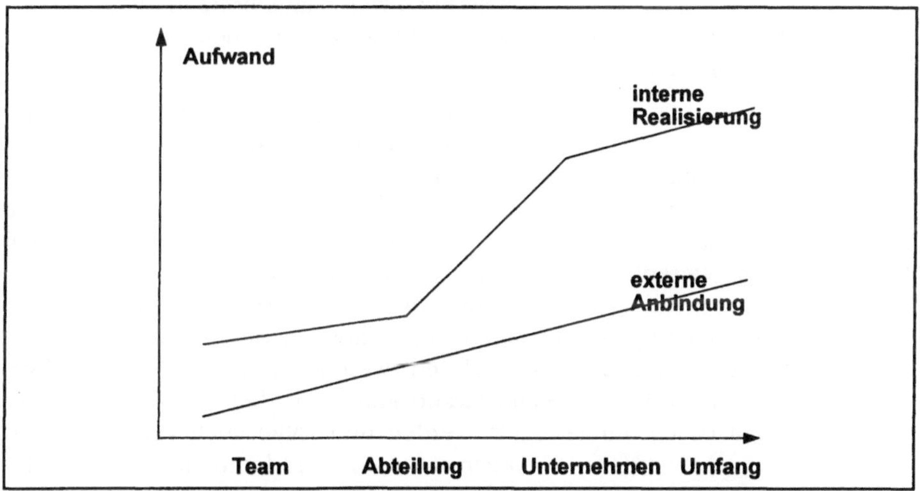

Abb. 6.1: *Der Aufwand für den Einsatz von Groupwaresystemen steigt mit dem Umfang der Implementierung an.*

abteilungsweit

Wird ein abteilungsweiter Einsatz durch den Alleingang einer Abteilung initiiert, so sollte allein aus Eigeninteresse der Abteilung und als Investitionsschutz die Integrationsfähigkeit für einen möglichen Ausbau des Systems sichergestellt werden. In flachen Hierarchien können innerhalb einer Organisationseinheit bereits mehrere hundert Mitarbeiter von einem Groupwareeinsatz betroffen sein. Die Einführung wird in einem solchen Fall bereits stufenweise geschehen. Die Schulung der Nutzer kann in dieser Größenordnung nicht so intensiv erfolgen wie in einer kleinen Arbeitsgruppe. Entsprechend wichtiger sind die Dokumentation und der Erfahrungsaustausch unter den Mitarbeitern, der im

Idealfall zum Teil über das Groupwaresystem selbst erfolgen kann.

abteilungsübergreifend

Ein abteilungsübergreifender Einsatz orientiert sich meist an vorhandenen organisatorischen Abläufen oder (neu-)definierten Geschäftsprozessen. Sind dabei kritische Kernprozesse der Unternehmen betroffen, so kann diesem Groupwareeinsatz bereits strategische Bedeutung zukommen. Die technischen Anforderungen wachsen stark, da sich spätestens ab dieser Größenordnung die Probleme heterogener Netze bemerkbar machen. Neben der informationstechnischer Abbildung der Abläufe bedürfen vor allem unternehmenskulturelle Anpassungen erhöhter Aufmerksamkeit. Ferner muß die Kompatibilität der verwendeten Werkzeuge und die Erweiterungsfähigkeit der technischer Realisierung gesichert werden. Ein Groupwareeinsatz in einer solchen Größenordnung ist meist nicht weit von einem unternehmensweiten Einsatz entfernt.

unternehmensweit

Wenn Groupware im großen Stil eingesetzt wird, kann die Implementierung und Einführung nur schrittweise nach einem wohlüberlegten Plan erfolgen. Andererseits bedeutet dies nicht, daß für alle Systembereiche eine strenge zentrale Kontrolle zwingend notwendig ist. Es muß lediglich sichergestellt sein, daß die wesentlichen Informationen logisch zentralisiert und aggregiert werden können. Eigeninitiative der Mitarbeiter und Spezifika der Organisationseinheiten sollten gefördert und nur soweit wie notwendig standardisiert werden. Der dazu notwendige, teilweise hohe Detailaufwand kann von den Abteilungen selbst am besten eingeschätzt werden und sollte auch von diesen erbracht werden. Der organisatorische und kulturelle Rahmen hingegen muß einheitlich gestaltet werden.

unternehmensübergreifend

Ein unternehmensübergreifender Einsatz kommt in der Regel auf Initiative eines der kooperierenden Unternehmen zustande. Ein solcher Schritt entsteht oft aus anderen, weitreichenderen Management-Fragen, wie *Make-or-Buy*-Entscheidungen oder einer engen Lieferanten- beziehungsweise Kunden-Bindung.

Mit steigendem Umfang eines Groupwareeinsatzes nimmt nicht nur der technische Aufwand stark zu, sondern vor allem der Reorganisationsbedarf.

Ein gemeinsamer Groupwareeinsatz stellt meist die informationstechnische Ausweitung der jeweiligen Wertschöpfungsketten dar und kann zu erheblichen Synergieeffekten zwischen den beteiligten Unternehmen führen. Eine unternehmensübergreifende Zusammenarbeit setzt allerdings keinen unternehmensweiten Groupwareeinsatz voraus, sondern kann bereits auf der Ebene von Projektteams initiert werden.

6.1.3 Unternehmensgröße

Die Größe eines Unternehmens wirkt sich indirekt auf den Einsatz eines Groupwaresystems aus. Die Unternehmensgröße hat keinen unmittelbaren Einfluß auf den Umfang des Groupwareeinsatzes; eine Groupwareeinführung in einem Großunternehmen ist jedoch tendenziell problematischer als in einer kleinen Organisation.

Klein- und mittelständische Unternehmen

Kleine und vor allem junge Unternehmen sind oft sehr innovativ, haben selten eine unverrückbare Organisation und verfügen meist über motivierte Mitarbeiter, die es gewohnt sind, sich flexibel veränderten Bedingungen anzupassen. Ein Groupwareeinsatz in einem innovativen Unternehmen entwickelt daher oft eine gewisse Eigendynamik, wenn die Mitarbeiter eigene Ideen zur besseren Nutzung des Systems einbringen. Das starke Wachstum erfolgreicher kleinerer bis mittlerer Unternehmen erfordert andererseits den Einsatz skalierbarer und ausbaufähiger Groupwaresysteme.

Großunternehmen

In traditionsreichen Großunternehmen hingegen liegen in der Regel über lange Zeit gewachsene Strukturen vor, die nur langfristig verändert werden können. Für eine Groupwareeinführung in einer solchen Umgebung sind nicht selten viele Probleme zu lösen. Neben einer Fülle verschiedenster Arbeitskulturen unter einem Dach gilt es vor allem, zwischenmenschliche Antipathien und Technik-Ressentiments unterschiedlichsten Ursprungs zu überwinden. Diese weitverbreiteten Eigenschaften von Großunternehmen bereiten einer Groupwareeinführung im großen Stil mehr Probleme als die Größe des Einsatzes.

Bei Groupwareeinführungen in Großunternehmen stehen kulturelle Probleme noch vor organistorischen und technischen Schwierigkeiten an erster Stelle.

Für den Erfolg des Groupwareeinsatzes in einem Großunternehmen ist die technische Machbarkeit wesentlich, aber nicht entscheidend. Eine passende Organisationstruktur und vor allem ein offenes Arbeitsklima sind mindestens ebenso wichtig. Eine solche kooperative Arbeitsatmosphäre zu erzeugen ist der weitaus schwierigste Teil der Unternehmensenwicklung mit beziehungsweise durch Groupware. Verschiedene Modelle der Teamentwicklung durch Coaching sind bereits speziell für diesen Einsatzfall entwickelt worden.

6.1.4 Zielgruppe

Die Zusammensetzung von Arbeitsgruppen und die persönlichen Arbeitsweisen bestimmen die Einsatzarten, für die ein Groupwaresystem genutzt wird. Ein Abteilungsleiter arbeitet anders als ein Sachbearbeiter. Beide benötigen unterschiedliche Unterstützungsleistungen durch dasselbe Groupwaresystem, die eng mit den zu lösenden Aufgaben verknüpft sind. Während ein Sachbearbeiter meist einer weitgehend geregelten Arbeit nachgeht, steht ein Manager täglich vor neuen ungelösten Problemen. Routineaufgaben müssen also ebenso unterstützt werden wie kurzfristig wechselnde Tätigkeiten. Insbesondere die Einbindung des (Top-)Managements, für umfassende Groupwareeinsätze unerläßlich, gestaltet sich besonders aufwendig.

Standpunkte

Auch bei einer adäquaten Aufgabenunterstützung sind die persönlichen Reaktionen auf einen Groupwareeinsatz nur schwer vorhersehbar. Ein Sachbearbeiter wird ein Workflowsystem je nach Gestaltung entweder als Loslösung von lästiger Routinearbeit oder aber als Bevormundung empfinden. Ein Manager hingegen könnte ein Diskussionssystem als wertvolle Bereicherung der Meinungsbildung und Entscheidungsfindung oder aber als Einschränkung der Kommunikationsmöglichkeiten auffassen.

Teamzusammensetzung

Je nach gegebener Aufgabenstellung werden eher homogene oder eher gemischte Teams zusammenarbeiten. Die Arbeitsweisen in diesen Gruppen müssen so gestaltet werden, daß jeder der Beteiligten das Groupwaresystem nicht nur in der gemeinsamen, sondern auch in der persönlichen Arbeit effektiv verwenden kann. Nur so kann eine umfassende Dokumentation aller Tätigkeiten erreicht werden.

Auch wenn die Gruppeneffekte im Vordergrund einer Groupwareeinführung stehen, dürfen die persönlichen Belange der Benutzer nicht vernachlässigt werden.

In manchen Fällen kann es sinnvoll sein, zwischen Kerngruppe und zuarbeitenden Mitarbeitern zu unterscheiden, wobei auch der Unterstützungsgrad durch Groupware variieren kann. In geographisch verteilten Teams, aber auch in der abteilungsübergreifenden Zusammenarbeit kommen möglicherweise noch kulturelle Unterschiede hinzu, die besonderer Beachtung bedürfen.

Ein reibungslose Zusammenarbeit wird nur dann gewährleistet sein, wenn die unterschiedlichen Gruppen untereinander ein gemeinsames soziales Protokoll der entwickeln.

6.1.5 Verteilung

Nicht nur von technischer Bedeutung ist die räumliche Verteilung der über ein Groupwaresystem vernetzten Mitarbeiter und Organisationseinheiten. Der geographische beziehungsweise zeitliche Abstand, insbesondere die mit der Überwindung dieses Abstandes verbundenen Kosten, sind ausschlaggebend für die Entstehung unterschiedlicher Arbeitsweisen mit neu zur Verfügung stehenden Groupwarewerkzeugen.

Kommunikationsaufwand

Je aufwendiger eine persönliche direkte Kommunikation ist, zum Beispiel durch anfallende Reisekosten, um so eher werden kostengünstigere virtuelle Medien zum Einsatz kommen. Für die Arbeit innerhalb eines Gebäudes sind diese Überlegungen von geringer Bedeutung, hier herrschen eher Koordinierungsprobleme vor. Eine Verteilung über mehrere Gebäude an einem Standort kann aber bereits eine Schwelle für die persönliche Kommunikation darstellen. Für mehrere Standorte in einer Stadt und erst recht bei mittleren und großen Entfernungen zeigen sich die Vorteile synchroner Kommunikationsmedien.

Asynchrone Kommunikation

Dies ändert sich allerdings mit der Zunahme der Entfernungen und insbesondere im globalen, weltumspannenden Einsatz über mehrere Zeitzonen hinweg. In solchen Fällen ist mit synchronen Kommunikationsmedien eine vorherige Abstimmung notwendig, um den oder die gewünschten Gesprächspartner überhaupt anzutreffen. Asynchrone Konferenzsysteme können in den Fällen, in denen keine unmittelbare Reaktion erforderlich ist, die Kommunikationszeiten entkoppeln und eine kontinuierliche Diskussionen über längere Zeiträume hinweg ermöglichen.

Die Dimensionen der physischen Verteilung bestimmen, ob synchrone oder asynchrone Groupwarewerkzeuge eingesetzt werden können.

Der bei einer asynchronen Arbeitsweise unvermeidliche Verlust an Kommunikationsbandbreite muß durch geeignete organisatorische Maßnahmen ausgeglichen werden. Die persönliche Kommunikation zwischen den Mitarbeitern ist unverzichtbar. Soweit sich nicht durch den organisatorischen Ablauf Berührungspunkte ergeben, müssen entsprechende soziale Kontakte explizit geschaffen werden.

6.1.6 Aufgabenstellung

Eines der wichtigsten Einsatzkriterien ist die grundsätzliche Aufgabenstellung. Ob der Einsatz von Groupware für eine spezielle Anwendung, für mehrere gleichzeitig zu erfüllende Zwecke oder für eine umfassende Unterstützung aller Unternehmensaktivitäten geplant ist, bestimmt wesentliche Realisierungsaspekte.

Einzelaufgabe

Ist eine konkrete Anwendung geplant, zum Beispiel ein Kontaktmanagementsystem zur Vertriebssteuerung, kann ein spezialisiertes Produkt ausgewählt werden. Trotz der notwendigen Spezialisierung sollte die Integrationsfähigkeit in jeder Ausbauphase gewährleistet sein.

Multiple Ziele

Sind die Zielsetzungen vielschichtig, so ist es sinnvoll, nach Gemeinsamkeiten der notwendigen Basisfunktionalitäten zu suchen. Eine schrittweise Vorgehensweise von den Mindestanforderungen der Aufgabe bis zu den Maximalforderungen der Anwender kann dabei helfen, Designfehler zu vermeiden. Werden mehrere Produkte gleichzeitig eingesetzt, so kann die Realisierung durch eine Reihe technischer Probleme erschwert werden. Insbesondere Konsistenzprobleme der unterschiedlichen Produkte sollten frühzeitig erkannt und vermieden werden. Die Austauschbarkeit der Stamm-Informationen zwischen den Werkzeugen sollte mindestens gewährleistet sein.

Die funktionale Zielsetzung eines Groupwareeinsatzes ist neben den Randbedingungen der Infrastruktur bestimmend für die Auswahl der verfügbaren bestgeeigneten Produkte.

Dies gilt insbesondere, wenn Groupware als generelles Unterstützungswerkzeug unternehmensweit eingesetzt werden soll. In einem solchen Fall ist es sinnvoll, aus den verschiedenen Anforderungen die gemeinsame Kernfunktionalität zu identifizieren und mehrfach verwendbare Standardanwendungen einzusetzen.

6.1.7 Risiko

Nicht unerheblich ist mitunter das Risiko, mit dem ein Groupwaresystem in die Praxis eingeführt wird. Neben einer Reihe technischer Probleme, die jederzeit unerwartet und zum Teil zu erheblichen Verzögerungen führen können, sind vor allem organisatorische Probleme und menschliche Widerstände zu berücksichtigen. Eine mangelnde Akzeptanz durch die Endbenutzer muß in diesem Zusammenhang ebenso genannt werden wie ein fehlendes Engagement des Managements.

Worst Case

Ein Groupwareeinsatz bedeutet in vielen Fällen eine große Kraftanstrengung für die Organisation. Ein Scheitern des Projektes muß andererseits nicht zwangsläufig fatale Folgen nach sich ziehen. Oft wird bereits im Vorfeld der Einführung soviel über die Probleme der Organisation gelernt, daß diese Mühe auch bei einem eventuellen Abbruch der Groupwareeinführung von großem organisatorischen Nutzen sein kann.

Die bei einer Groupwareeinführung auftretenden organisatorischen Probleme und zwischenmenschlichen Konflikte lassen sich nicht durch technische Maßnahmen lösen.

Ein vollständiges Scheitern eines Groupwareeinsatzes ist bisher noch nicht publik geworden. Ein Restrisiko unüberwindlicher technischer Hindernisse ist jedoch unbestreitbar. Auf der organisatorischen Seite kann die grundsätzlich offene Architektur von Groupwaresystemen allzu eingefahrene Organisationen überfordern. Eine behutsame, schrittweise Einführung ist in solchen Fällen unabdingbar.

Mißbrauch

Das grundsätzliche Problem der Sabotage kann in der Regel mit technischen Mitteln, wie Zugriffsbeschänkungen, weitgehend ausgeschaltet werden. Durch eine zu restriktive Implementierung kann andererseits der beabsichtigte Gemeinsamkeitseffekt verhindert werden. Die Atmosphäre vergiftende und den Zusammenhalt zerstörende Intrigen können mit technischen Mitteln jedoch nicht verhindert werden. Hier kann nur eine Unternehmensethik und das entsprechend moralische Verhalten der Mitarbeiter vorbeugend beziehungsweise sanktionierend wirken.

6.1.8 Produkt

Aus der Aufgabenstellung und der Menge der Funktionen, die eine Groupwarelösung unterstützen soll, läßt sich in der Regel auf die Menge der Produkte schließen, die prinzipiell eingesetzt werden kann. Zur Wahl stehen Standardprodukte, die eine oder mehrere Groupware-Funktionen unterstützen, Plattformprodukte, die an spezielle Anforderungen angepaßt werden können, und Entwicklungswerkzeuge, mit denen anwendungsspezifische Lösungen erarbeitet werden können.

Standardanwendungen

Bei einer eng definieren Aufgabenstellung wird man sich für ein entsprechend geeignetes Standardprodukt entscheiden. Man schränkt sich damit allerdings in der Funktionalität fest und Integrationsmöglichkeiten mit anderen Systemen ein.

Plattformen

Für einen Mehrzweckeinsatz oder eine generelle Unterstützung durch Groupware kommen prinzipiell Produkte mit mehreren Funktionen sowie Groupwareplattformen in Frage. Die Anpassungsmöglichkeiten dieser Systeme variieren mitunter stark. Offenheit und Integrationsfähigkeit sind auch bei Groupwareplattformen nicht immer in dem notwendigen beziehungsweise wünschenswerten Maße gegeben.

Eigenentwicklung

Die Eigenentwicklung einer passenden Anwendung kann sehr aufwendig sein und wird deshalb nur in Frage kommen, wenn hohe Vorteile zu erwarten sind. Bevor man zu dieser letzten Möglichkeit greift, sollte man zudem prüfen, ob nicht eine Baukastenlösung aus spezialisierten Produkten genutzt werden kann.

Branchenlösung

Branchenprodukte beziehen sich auf die typischen Geschäftsprozesse, die fast allen Unternehmen einer Branche gemein sind. Im Gegensatz zu den Standardprodukten stehen nicht allgemeine Aufgabenstellungen wie etwa das Projektmanagement im Vordergrund, sondern deren spezifische Ausprägung durch die Gegebenheiten der Branche, wie zum Beispiel die Durchführung von Baumaßnahmen.

Ein spezialisiertes Groupwareprodukt kann gegenüber einer Plattformlösung dann sinnvoll sein, wenn hohe spezifische Einsatzvorteile zu erwarten sind.

Branchenlösungen werden entweder als Zusatzprodukte der Groupwareplattformen oder aber als eigenständige Programme implementiert. Die Wahl einer Branchenlösung bedingt also unter Umständen die Festlegung für eine bestimmte Plattform, was sorgfältig mit den übrigen Anforderungen abzuwägen ist.

6.2 Vorbedingungen

Mit der Entscheidung für einen Groupwareeinsatz sollten einige Vorbedingungen erfüllt sein, die für den Erfolg einer Groupwareeinführung von entscheidender Bedeutung sind. Neben dem Engagement des Managenets zählen Groupware-Mentoren und die technische Infrastruktur zu den Vorraussetzungen.

6.2.1 Engagement

Ausschlaggebend für den langfristigen Erfolg einer Groupwareeinführung ist eine ernsthafte und engagierte Unterstützung des Vorhabens durch das Top-Management. Diese im englischen Sprachraum auch als *Commitment* bezeichnete Unterstützung für das Projektteam ist mit wachsendem Umfang des Einsatzes unverzichtbar. Die Akzeptanz der betroffenen Mitarbeiter muß oft erst durch eine geschickte Einführung geweckt werden. Ohne die entsprechende Rückendeckung durch die Geschäftsführung wird dieser Prozeß unnötig erschwert.

Top-Management

Geht die Initiative für einen Groupwareeinsatz von Top-Management aus, so ist die notwendige Unterstützung gegeben. Andererseits wird bei einer sehr umfassenden Veränderung des Unternehmens wohl auch auf Vorstandsebene nur selten Einstimmigkeit über die notwendigen Maßnahmen herrschen. Auch wenn unterschiedliche Standpunkte vertreten werden, ist es wünschenswert, daß keine grundsätzliche Opposition gegen das Projekt besteht, sondern alle Beteiligten konstruktiv an dessen Umsetzung mitarbeiten.

Mittelbau

Wenn die Initiative ihren Ursprung auf Abteilungsebene hat, sollte zumindest ein positives Votum der Geschäftsführung eingeholt werden. Sinnvoller ist es allerdings, dem Management die Möglichkeiten eines Groupwareeinsatzes zu verdeutlichen und die Abteilungslösung als Pilotprojekt für einen weiteren Ausbau zu avisieren.

Das Commitment und Engagement des Top-Managements ist für eine erfolgreiche Groupwareeinführung unverzichtbar, insbesondere für einen unternehmensweiten Einsatz.

Im Falle einer Top-Down-Einführung von Groupware werden oft gleichzeitig organisatorische Maßnahmen wie Downsizing oder Reengineering durchgeführt. In diesem Fall ist es wichtig, die Assoziation der neuen Organisationstechnik mit den negativen Auswirkungen der Reorganisation zu vermeiden. Stattdessen sollte um Verständnis und Einsicht für die notwendigen organisatorischen Maßnahmen geworben und die Rolle von Groupware als zukunftsweisendes Organisationsmittel hervorgehoben werden.

Arbeitsgruppe

Ein aufgabenspezifischer Einsatz auf Teamebene, im Bottom-Up Ansatz, wird nur selten einer grundsätzlichen Entscheidung durch das Management bedürfen. Die Verantwortlichen für ein solches Projekte sollten aber trotzdem sicherstellen, daß die Integrationsfähigkeit des Systems in die EDV-Landschaft des Unternehmens zumindest als Option gewahrt bleibt und das Projekt nicht in einer isolierten Groupware-Insel resultiert.

6.2.2 Mentoren

Ist die Unterstützung des Groupwareeinsatzes durch das Top-Management gesichert, dann stellt sich die Frage, wer als treibende Kraft die Veränderungen koordinieren wird. Je nach Umfang der durchzuführenden Maßnahmen bedarf es einer charismatischen Führungskraft, um den Wandel in der Realität zu vollziehen. Diese Führungsrolle wird in der Organisationstheorie als *Change Agent* bezeichnet.

Change Agent

Je umfassender der gewünschte Wandel, desto mehr Befugnisse, Autorität und Vertrauen muß ein solcher Change Agent besitzen. Eine Person allein kann diese Aufgabe aber kaum bewältigen. Insbesondere bei unternehmensweiten Groupwareeinsätzen bedarf es neben einem starken Befürworter im Top-Management vieler Change Agents auf allen Ebenen und in allen beteiligten Organisationseinheiten des Unternehmens.

Die Rolle der Change Agents als Multiplikatoren des Wandels ist von zentraler Bedeutung für die Entwicklung der Organisation und die reibungslose Einführung der Groupwarewerkzeuge.

Aufgabe der Change Agents ist es, die Vision des Unternehmenswandels weiterzutragen und die notwendigen Veränderungen zu stimulieren. Für die Einführung der Groupwaresysteme fungieren sie als Multiplikatoren, die durch eine frühe aktive Beschäftigung mit der Technologie Vorbild und Anleitung zugleich sind.

6.2.3 Technische Infrastruktur

Eine wichtige Voraussetzung einer Groupwareeinführung ist das Bestehen einer umfassenden informationstechnischen Infrastruktur. In den wenigsten Fällen ist diese jedoch im notwendigen

Maß vorhanden. Kaum ein Unternehmen hat die vollständige Vernetzung aller Arbeitsplätze erreicht, von der Anbindung mobiler Mitarbeiter ganz zu schweigen. Bei der Konzeption eines Groupwaresystems muß daher fast immer auch der Aufbau der technischen Infrastruktur geplant werden, um die Implementation des gewünschten Informationssystems zu verwirklichen. Die Unterstützung heterogener Systeme ist auf der technischen Seite die wichtigste Eigenschaft von Groupwareprodukten.

Hardware

Kaum ein Anwendungsunternehmen wird gewillt sein, wegen eines Groupwaresystems einen Wechsel der Hardwareplattform vorzunehmen. Im Serverbereich ist eine zusätzliche Maschine oder ein zusätzliches Betriebssystem bereits die Grenze des Zumutbaren. Die Unterstützung eines weiteren Netzwerkprotokolls ist meist unakzeptabel, und ein Wechsel der Arbeitsplatzbetriebssysteme steht nicht zur Diskussion.

Software

Verschiedene Groupwarehersteller haben dies erkannt und unterstützen mit ihren Produkten verschiedenste Hardwareplattformen, Betriebssysteme und Netzwerke. Dennoch kommt es immer wieder zu Problemen mit bestimmten Kombinationen von Betriebssystem- und Netzwerksoftwareversionen, die nicht zueinander passen. Bei der Fülle der Möglichkeiten kommen die Hersteller nur schleppend mit dem Test und der Zertifizierung der einzelnen Produktkombinationen nach.

Vernetzung

Manchmal kann eine veraltete oder mangelnde Vernetzung auch von Vorteil sein. Dann bietet die Entscheidung für einen Groupwareeinsatz einen willkommenen Anlaß, die Informationsinfrastruktur auf neue solide Beine zu stellen. Nicht wenige Groupwareprojekte errichten eine zweite Infrastruktur neben einer bestehenden. So werden zum Beispiel verschiedentlich ISDN-Wählverbindungen für Groupwaresysteme parallel zu bestehenden Standleitungen für online-Hostzugriffe genutzt.

Auch wenn sich Heterogenitätsprobleme durch spezielle Konfigurationen umgehen lassen, ergeben sich im einzelnen Anwendungsfall meist Einschränkungen der Produktauswahl.

Zum Teil wird mit dieser Doppelstrategie die Ablösung der alten Netzwerkstrukturen erreicht, zum Teil überwiegen Kostenvorteile. Dienen diese parallelen Strukturen jedoch nicht grundsätzlich verschiedenen Zwecken, so sollten zumindest die extremsten Redundanzen vermieden werden. Langfristig wird man bemüht sein, sämtliche Netzwerkdienste auch in der weitverteilten Vernetzung zur Verfügung zu stellen.

Produkt-
auswahl

Die technischen Restriktionen können in Extremfällen die möglichen Alternativen bei der Produktauswahl stark einschränken. Eine detaillierte Klärung der technischen Machbarkeit vor der Einführung und eine frühzeitige Probeinstallation sind unverzichtbar, um unliebsame Überraschungen zu verhindern oder zumindest vorzeitig erkennen zu helfen.

6.3 Entscheidungskriterien

Bei der Entscheidung für oder gegen einen Groupwareeinsatz spielen außer organisatorischen und funktionalen Fragen auch Aufwands- und Nutzenkriterien eine Rolle.

6.3.1 Aufwandsorientierung

Die technischen Kosten für die Erstellung und den Betrieb eines Groupwaresystems lassen sich vergleichsweise gut einschätzen. Neben den einmaligen Anschaffungs-, Entwicklungs-, Anpassungs-, Installations- und Schulungskosten fallen verschiedene variable Kosten an. Dazu zählen der Kommunikationsaufwand wie zum Beispiel die Telefonkosten für die Datenübertragung, der Administrationsaufwand für die Verwaltung des Systems sowie der Wartungsaufwand für Pflege und Weiterentwicklung.

Organisations-
aufwand

Organisatorische Kosten, die während der Einführung und der Benutzung von Groupwaresystemen anfallen, können dagegen nur ungenau abgegrenzt werden. Der Aufwand für organisatorische Veränderungen läßt sich ebenso schwer quantifizieren wie die Anpassung betrieblicher Prozesse. Der mit diesen Maßnahmen verbundene Arbeitsaufwand ist eine der wenigen kalkulierbaren Größen. Ausfall- und Opportunitätskosten, die durch die Reoganisation entstehen, können dagegen nur selten erfaßt werden.

neue
Kostenarten

Zu den neu zu berücksichtigenden wirtschaftlichen Faktoren zählt unter anderem die Zeit, während der sich die Benutzer an asynchronen Diskussionsforen asynchron beteiligen. Diese Kosten können teilweise über die Groupwaresysteme selbst erfaßt werden, eine Personalisierung dieser Daten sollte allerdings vermieden werden (siehe 6.6.8 Seite 155).

qualitative
Kosten-
verläufe

Die konkrete Kostenentwicklung hängt von den Spezifika des Einsatzfalles ab. Abhängig von der Größe des Groupwareeinsatzes beziehungsweise der zeitlichen Entwicklung können doch zumindest tendenziell Kostenverläufe für den nicht organisationsbezogenen Aufwand angegeben werden. Die Kostenarten sind Anschaffungskosten für Hardware, Software und die Vernetzung, der Entwicklungs- und Schulungsaufwand sowie die Kommunikations- und Administrationskosten für den laufenden Betrieb.

Hardware, Software, Vernetzung

Die Hardware-, Software- und Vernetzungskosten steigen, abhängig von den Konfigurationen beziehungsweise der Lizensierungspolitik im Verhältnis zur Größe der Installation linear an. Auf Grund des technologischen Fortschritts werden diese Kostenarten mit der Zeit stufenweise sinken, wobei sich Technologiesprünge drastisch auswirken können.

Kommunikation

Der Kommunikationsaufwand nimmt abhängig von der Tarifstruktur proportional zum Durchsatz zu. Durch die Privatisierung und Öffnung der Kommunikationsmärkte werden diese Kosten pro Übertragungseinheit mit der Zeit abnehmen.

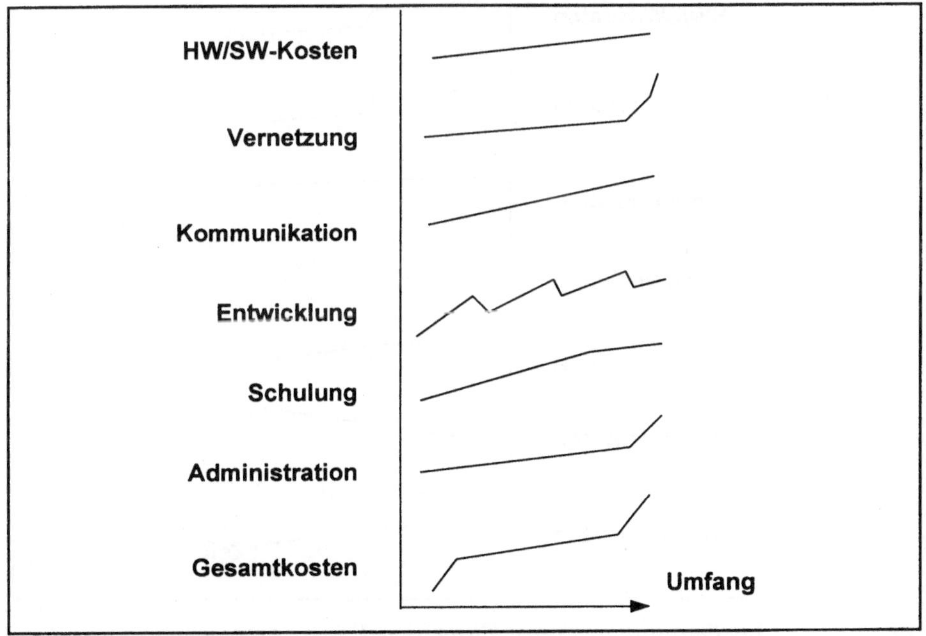

Abb. 6.2: *Qualitative Kostenverläufe einer Groupwareeinführung in Abhängigkeit vom Umfang des Groupwareeinsatzes.*

Entwicklung

Die Kosten für die Implementierung und Weiterentwicklung der Groupwarelösungen verlaufen entsprechend den Ausbaustufen des Gesamtsystems sprunghaft. Trotz des technischen Fortschritts der Werkzeuge und Methodologien werden jedoch die Entwicklungskosten mit der Zeit nur wenig sinken, da sich gleichzeitig die zunehmende Heterogenität und Verteilung kostensteigernd auswirken werden.

Schulung

Die Schulungkosten steigen nur unterproportional mit dem Umfang des Groupwareausbaus, da sich mit zunehmender Zahl von Trainingsteilnehmern Wirtschaftlichkeitseffekte auswirken. Mit der Entwicklung und Verbreitung entsprechender Schulungssoftware werden diese Kosten mit der Zeit sinken.

Administration

Der Aufwand für die Administration steigt aufgrund technologischer Grenzen stufenweise mit der Anzahl der Benutzer und den Dimensionen der Verteilung. Durch die Weiterentwicklung der Groupwarelösungen wachsen mit der Zeit auch die Administrationskosten, da die zunehmende Heterogenität mehr Aufmerksamkeit benötigt.

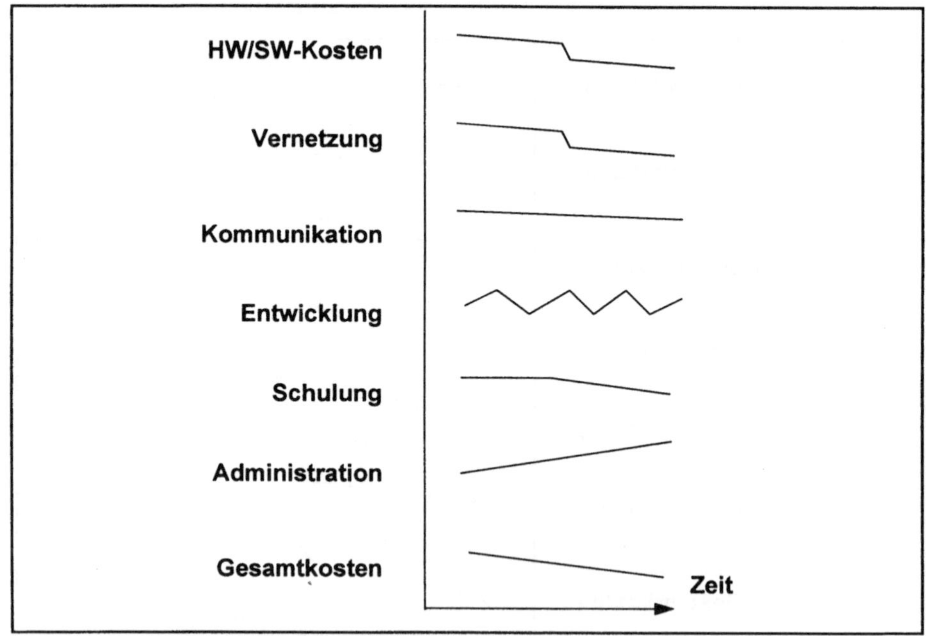

Abb. 6.3: *Die Qualitative Entwicklung der Kosten pro Groupwarearbeitsplatz in Abhängigkeit von der zeitlichen Entwicklung.*

Insgesamt gesehen wachsen die Kosten einer Groupwareeinführung mit steigendem Umfang des Einsatzes überproportional, bevor sich bei großen Installationen Wirtschaftlichkeitseffekte auswirken. Betrachtet man die langfristige Entwicklung, so werden die Kosten pro Groupwarearbeitsplatz tendenziell sinken. Die tatsächliche Kostenentwicklung ist von den Randbedingungen des jeweiligen Einsatzfalles abhängig und kann je nach Ausmaß der internen organisatorischen Kosten anders verlaufen.

Der Aufwand für die organisatorischen Maßnahmen wird die Größenordnung der technischen Realisierungskosten mindestens erreichen wenn nicht überschreiten.

Die Kostenargumente sollten die Entscheidung über einen Groupwareeinsatz jedoch nicht dominieren. Der aus dieser neuen Organisationstechnologie zu ziehende Nutzen sollte im Vordergrund stehen und die Schwerpunkte und Ausrichtung des geplanten Einsatzes bestimmen.

6.3.2 Nutzenorientierung

Der Nutzen, den der Einsatz von Groupwaresystemen erbringt, läßt sich weniger genau prognostizieren als die Kosten. Quantitative Maßstäbe greifen selten und ermöglichen nur in Ausnahmefällen eine direkte Zuordnung. Eine Reihe von Indikatoren, wie etwa die Durchlaufzeit für Vorgänge in einem Workflowsystem oder die Antwortzeit auf Anfragen in einem Kundenbetreuungssystem, können statistisch ausgewertet werden. Dies ist aber nur für eng abgegrenzte Arbeitsbereiche mit wenigen Abhängigkeiten zu anderen Abläufen sinnvoll.

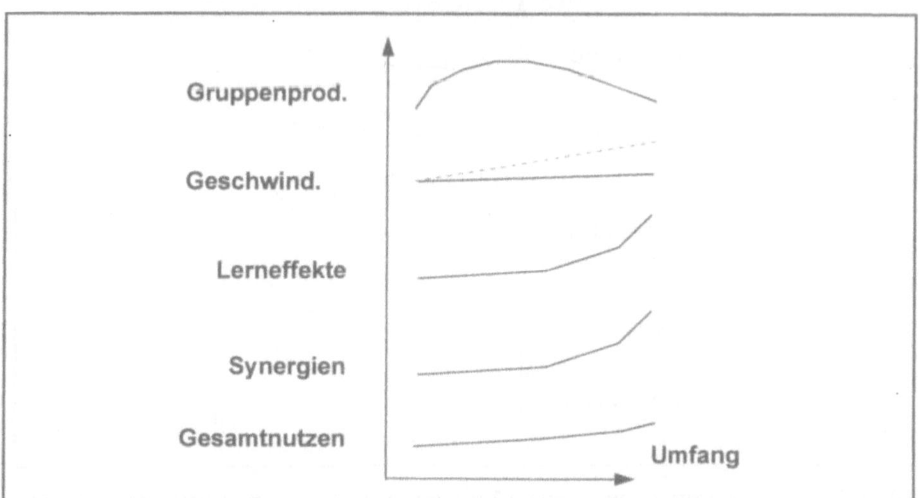

Abb. 6.4: Qualitative Nutzenverläufe einer Groupwareeinführung in Abhängigkeit vom Umfang des Groupwareeinsatzes.

Indikatoren

Ein umfassender Groupwareeinsatz bedingt so viele Wechselwirkungen, daß einzelne Indikatoren wenig aussagekräftig sind. Insbesondere die Sammlung und Verteilung von weichen Informationen über Kunden oder Konkurrenten beziehungsweise die Nutzung problemorientierter Diskussionsforen läßt sich durch die vielen Synergieeffekte nicht sinnvoll quantifizieren. Die Ermittlung sekundärer Indikatoren wie zum Beispiel höhere Umsätze oder gestiegene Kundenzufriedenheit kann sinnvoll sein, eine direkte Zuordnung ist aber nur selten möglich. Eine Bewertung der durch z. B. zusätzliche Wettbewerbsinformationen gewonnene Realitätsnähe und Reaktionsfähigkeit ist fast unmöglich.

Qualitative Nutzenverläufe

Die zu erzielenden Nutzeneffekte lassen sich nur qualitativ auf der Basis von Erfahrungswerten einschätzen. In Abhängigkeit vom Umfang des Groupwareeinsatzes beziehungsweise der zeitlichen Entwicklung ergeben sich unterschiedliche Verläufe. Die konkrete Nutzenentwicklung hängt jedoch von den Spezifika des einzelnen Groupwareeinsatzes ab, insbesondere von den vorbereitenden und/oder begleitenden organisatorischen Maßnahmen. Die einzelnen Nutzenfaktoren sind Produktivität und Reaktionsgeschwindigkeit der Arbeitsgruppen, organisatorische Lerneffekte sowie Synergien zwischen den Unternehmenseinheiten.

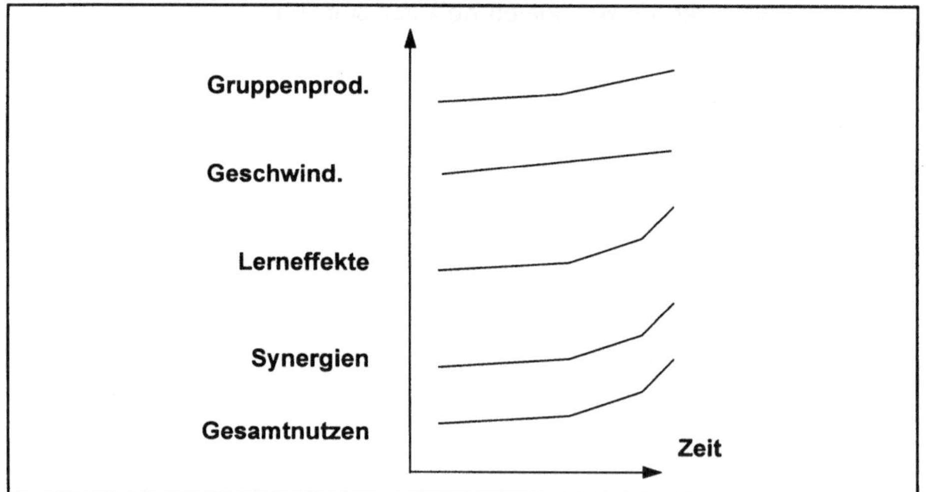

Abb. 6.5: *Qualitative Nutzenverläufe einer Groupwareeinführung in Abhängigkeit von der zeitlichen Entwicklung.*

Die Produktivität von Arbeitsgruppen steigt mit der Verbreitung der Groupwaretechnologie, da der Koordinations- und Kommunikationsaufwand innerhalb der Gruppe sinkt. Bei großen Groupwareeinsätzen droht die Produktivität allerdings wieder zu sinken, wenn nicht durch geeignete informationstechnische und organisatorische Maßnahmen die Überfrachtung der Mitarbeiter mit Informationen verhindert wird. Im zeitlichen Verlauf steigt die Produktivität nach einer Lernphase kontiniuerlich an, da die verwendeten Werkzeuge immer besser genutzt werden können.

Geschwindigkeit

Die Reaktionsgeschwindigkeit von Organisationseinheiten, die über eine Groupwareunterstützung verfügen, steigt, da sich der Koordinationsaufwand auf das notwendige Minimum reduzieren läßt. Mit wachsender Einsatzgröße läßt sich die Flexibilität zumindest konstant halten und bei geschicktem Einsatz sogar steigern.

Lerneffekte

Der Austausch von Ideen und Informationen zwischen den Mitarbeitern führt zu einem beständig steigenden Lerneffekt, der mit der Größe der Implementation stark wächst. Über die Zeit gesehen wird das neue Medium verstärkt zum Aufspüren wichtiger Informationen genutzt, die bereits an anderen Stellen der Organisation erarbeitet wurden.

Synergien

Synergien zwischen Organisationseinheiten werden mit dem Umfang des Einsatzes und mit der Zeit vermehrt zustandekommen, da sich durch die größere Transparenz mehr Anknüpfungspunkte ergeben beziehungsweise bewußt nach Möglichkeiten der Zusammenarbeit gesucht werden wird.

Insgesamt gesehen steigt der Nutzen von Groupwareeinsätzen mit dem Umfang der Implementierung, für kleine und große stärker als für mittlere Größenordnungen. Über die Zeit nehmen die Nutzeneffekte gleichmäßiger zu, da die Vertrautheit mit der neuen Technologie wächst.

Die tatsächliche Nutzenentwicklung ist von den Randbedingungen des jeweiligen Einsatzfalles abhängig und kann je nach der organisatorischen Zielsetzung anders verlaufen.

Der organisatorische Nutzen eines Groupwareeinsatzes liegt weniger in den technischen Größen wie Durchlaufzeiten, sondern in der Verbesserung des zwischenmenschlichen Arbeitsklimas.

Trotz der mangelnden Quantifizierbarkeit sollten Nutzenargumente für eine Entscheidung über einen Groupwareeinsatz ausschlaggebend sein.

6.4 Vorgehensweise

Die Vorgehensweise bei der Einführung eines Groupwaresystems ist weitgehend unabhängig vom Umfang und den organisatorischen Randbedingungen des Einsatzes. Die Einführung beginnt in der Regel mit einer Vorstudie, in der Kosten- und Nutzenkriterien sowie die Risiken gegeneinander abgewogen werden. Ist das Interesse an Groupware geweckt, werden in einem Pilotprojekt erste Erfahrungen mit der neuen Technologie gesammelt. Aufbauend auf diesen Erfahrungen wird dann über mehrere Entscheidungs- und Ausbaustufen der volle Groupwareeinsatz erreicht. Parallel zur technischen Realisierung können zudem Kooperationen mit anderen Unternehmen aufgenommen werden.

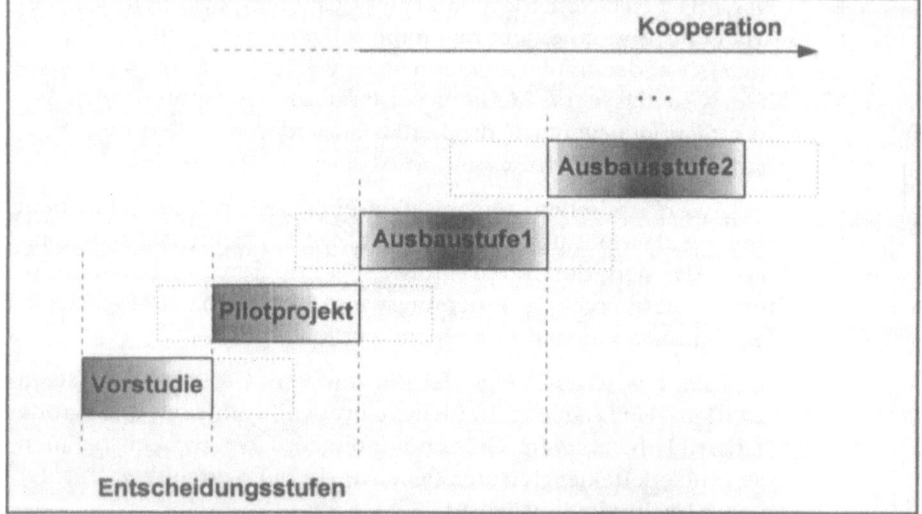

Abb. 6.6: *Abweichungen von der idealtypischen Vorgehensweise werden im Einzelfall zu zeitlichen Überschneidungen führen.*

Entscheidungsbedarf

Im idealtypischen Fall geht jeder Einführungsphase eine Entscheidung voraus, die auf der Basis der in der vorhergehenden Phase gewonnenen Erkenntnisse die Maßnahmen für die nachfolgende Phase freigibt. Bei Verzögerungen der einzelnen Teilschritte und unter Ressourcenbeschränkungen kann es jedoch zu zeitlichen Überschneidungen kommen. Die Entscheidungsfindung sollte sich in einem solchen Fall an der Erfüllung der Mindestanforderungen orientieren und je nach Erkenntnisstand stufenweise erweitert werden.

6.4.1 Vorstudie

Eine Vorstudie dient der ernsthaften Prüfung, ob ein Groupwareeinsatz für eine bestimmte Aufgabe oder als umfassendes Werkzeug für das jeweilige Unternehmen geeignet ist. Während der Vorstudie ist es sinnvoll, eine detaillierte Analyse des Ist-Zustandes vorzunehmen, auf deren Grundlage eine erste Produktauswahl erfolgen kann. Ferner sollte intensiv untersucht werden, welcher Reorganisationsbedarf besteht beziehungsweise ob nicht grundlegendere organisatorische Maßnahmen notwendig sind.

Anforderungsanalyse

In der Vorstudie werden zunächst einmal die wesentlichen Anforderungen des Managements und der Endbenutzer erarbeitet. Auf dieser Basis wird dann eine Machbarkeitsanalyse sowie eine vorläufige Kosten- und Nutzenprognose erstellt. Wichtiger Bestandteil der Vorstudie ist außerdem eine Risikoanalyse.

Durch eine Vorstudie sollten die wichtigsten Nutzenkriterien, der wahrscheinliche Implementationsaufwand und vor allem der notwendige Reorganisationsbedarf geklärt werden.

Zur Entscheidungsvorbereitung müssen in dieser Untersuchung vor allem die für den Erfolg des Groupwareeinsatzes kritischen Faktoren herausgearbeitet werden.

6.4.2 Pilotphase

Um die organisatorischen und technischen Einführungsprobleme richtig einschätzen zu können, wird in der Regel erst mit einem begrenzten Pilotprojekt die notwendige Erfahrung gesammelt. Pilotprojekte sollten zwar überschaubar sein, müssen aber keineswegs auf eine Organisationseinheit beschränkt sein. Insbesondere bei einem abteilungsübergreifenden beziehungsweise unternehmensweiten Einsatz sollten Mitarbeiter aus den verschiedenen Bereichen des Unternehmens beteiligt werden.

Wahl des Pilotprojektes

Für die Erarbeitung realistischer Erfahrungen ist es allerdings wichtig, das Pilotprojekt nicht als Spielzeugprojekt zu behandeln. Dem Pilot sollte eine für das Unternehmen essentielle Aufgabe zugrunde liegen. Zum einen zeigen sich nur in harten Einsatzfällen die tatsächlichen Schwierigkeiten, zum anderen lassen sich an kritischen Aufgabenstellungen die Vorteile der Groupwaretechnologie am besten demonstrieren. Die Ergebnisrelevanz des Pilotprojektes kann sich für die Wirtschaftlichkeitsbetrachtungen als hilfreich erweisen.

Umfang des Pilotprojektes

Die Größenordnung des Projekte sollte weiterhin geeignet sein, Probleme quantitativer Art, die im Volleinsatz auftreten könnten, frühzeitig zu erkennen. Eine Größenordnung von 5-10% des geplanten Umfangs hat sich in der Praxis bewährt. Ferner sollten alle wesentlichen funktionalen Anwendungsfälle und alle technischen Varianten abgedeckt sein. Bereits in dieser Phase muß die Integration bestehender Systeme für spätere Ausbauphasen berücksichtigt werden

Prototyp

Auf der Basis der in der Vorstudie erarbeiteten organisatorischen und technischen Anforderungen wird zu Anfang des Pilotprojektes ein erster Prototyp der Anwendung erstellt, der im weiteren Projektverlauf in Zusammenarbeit mit den beteiligten Mitarbeitern verbessert und ausgebaut wird. Gleichzeitig werden die Anforderungen detailliert, der Einsatz der Anwendung getestet und die notwendigen Reorganisationsmaßnahmen erarbeitet. Beim Einsatz eines Standardproduktes beschränkt sich die Entwicklung auf kleinere Anpassungen und die Integration der Software in die vorhandene Systemumgebung.

Problemlösung

Bei der Durchführung eines Pilotprojektes steht die Identifizierung der wesentlichen Probleme des geplanten Einsatzes im Vordergrund. Dies sollte allen Beteiligten bewußt sein, wenn sich die zu erwartenden Schwierigkeiten einstellen.

Der Stellenwert eines Pilotprojektes im organisatorischen Zusammenhang ist ausschlaggebend für die Relevanz der Erfahrungswerte, die bei der Durchführung gewonnen werden.

Die Formulierung und Dokumentation von Projektzielen und -erfolgsmaßstäben sowie deren kontinuierliche Kontrolle ist in dieser ersten Erprobungsphase wichtig. Auf diese Weise lassen sich inhärente Probleme der Organisation und Einführungsschwierigkeiten für Groupwaresysteme antizipieren.

6.4.3 Ausbaustufen

Wurden die auftretenden Probleme analysiert und überwunden sowie das Pilotprojekt erfolgreich abgeschlossen, so kann mit der Ausweitung der Groupwareinstallation begonnen werden. Die Grundstruktur: Realisation der Anwendungsfunktionalität und Einführung der Anwendung in die Organisation wiederholt sich dabei im wesentlichen mit jeder Ausbaustufe.

Projektorganisation

Die erprobte Struktur- und Ablauforganisation von Softwareprojekten wird weitgehend für die Implementierung von Groupwaresystemen übernommen. Aufgrund der durchweg hohen Komplexität der organisatorischen und technischen Randbedingungen zeigen sich im Detail dennoch einige Modifikationen.

Projektstruktur

Eine Groupwareeinführung ist in der Regel ein Gemeinschaftswerk des Anwenders und eines Beratungsunternehmens oder Softwarehauses unter mehr oder weniger enger Beteiligung eines oder mehrerer Produkthersteller. Unter Federführung des Anwenders wird die Konzeption des Einsatzes erarbeitet, die passende Software zusammengestellt, werden die notwendigen Ergänzungen implementiert und das System in die Organisation eingeführt. Zusätzlich kann für die Qualitätssicherung des Gesamtsystems ein externer Gutachter eingeschaltet werden. Entsprechend setzt sich das Gesamtprojektteam aus Mitarbeitern aller beteiligten Unternehmen zusammen.

Die Projektleitung übernimmt typischerweise ein Stabsstellen-Leiter aus dem Bereich Organisation oder ein Leiter einer der betroffenen Organisationseinheiten. Der Arbeitsfortschritt wird von einem Lenkungsausschuß des Anwenders überwacht, der sich aus Vertretern der betroffenen Organisationseinheit und gegebenenfalls des Top-Managements zusammensetzt. Das zur Umsetzung der Anforderungen und Integration der verschiedenen Produkte notwendige Know How steuert ein Beratungs- oder Softwarehaus bei.

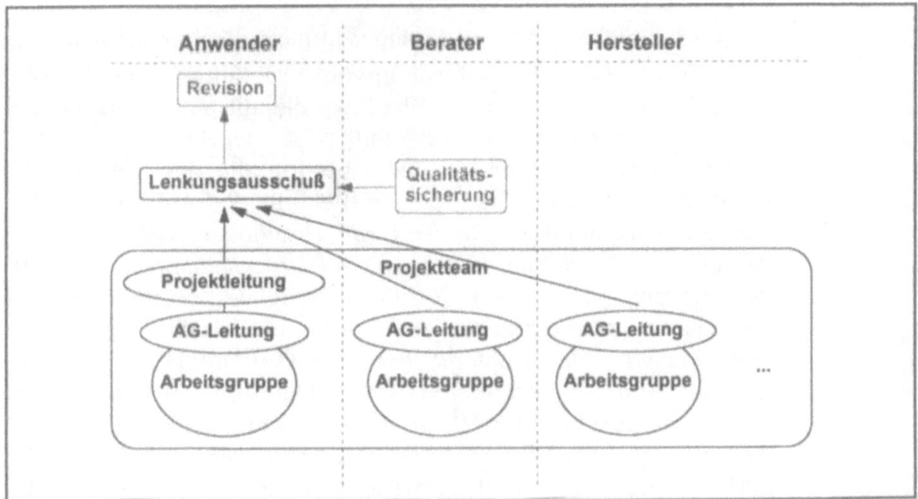

Abb. 6.7: *Eine idealtypische Projektorganisation für ein Groupwareprojekt als Zusammenspiel von Anwender, Berater und den Produktherstellern.*

Im Idealfall wird während der Realisation der für das Pilotprojekt erstellte Anwendungsprototyp zur Einsatzreife geführt. Hat sich der erste Entwurf hingegen in der Praxis nicht bewährt, so muß auf der Basis der gewonnenen Erkenntnisse noch einmal begonnen werden. Die schrittweise Weiterentwicklung eines Prototypen unter direkter Beteiligung der Benutzer ist das wichtigste Element der Vorgehensweise. Parallel dazu wird die Infrastruktur angepaßt oder ausgebaut sowie die Dokumentation inklusive der Arbeitsanweisungen verfaßt. Soweit möglich sollte die Entwicklung unabhängig vom laufenden Betrieb in einem eigenen Labor erfolgen.

Projektablauf

Sind die Anforderungen innerhalb des Pilotprojektes oder einer zusätzlichen Analysephase erarbeitet worden, dann erfolgt die Auswahl geeigneter Produkte und das Design der Anwendung. Die Implementierung der Funktionalität, die Integration mit existierenden Systemen und der Test des Gesamtsystems geschieht in Zusammenarbeit mit den jeweiligen Produktherstellern, gegenüber denen das Beratungs- oder Softwarehaus die Interessen des Anwenders fachlich vertritt. Die Installation der Lösung und Migration der vorhandenen Anwendungsdaten runden die technische Entwicklung ab. Die Schulung der Benutzer kann als wichtiger Bestandteil der Einführung parallel zur Fortentwicklung der Protoypen erfolgen, und die kontinuierliche Wartung wird mit der Installation des Systems einsetzen.

Ein Vorgehen in derart diskreten Schritten ist aber nicht immer möglich, da nicht alle Anforderungen beziehungsweise Implementationsprobleme von vornherein bekannt sind. Typisch ist daher eine inkrementelle Vorgehensweise, bei der sich mehrere Arbeitsphasen überlappen. Zur Überprüfung des Arbeitsfortschrittes wird nicht selten die Erarbeitung der Anforderungen, die im sogenannten *Fachkonzept* zusammengefaßt werden, parallel zur Spezifikation des Systems im sogenannten *Systemkonzept* und parallel zur Fortentwicklung der entsprechenden Prototypen vorangetrieben. Auf diese Weise wächst beim Auftraggeber wie beim Implementator das Verständnis für die Problematik und die besonderen Bedingungen des Groupwareeinsatzes. Im Idealfall entsteht als Ergebnis nur wenig zeitversetzt auf Auftraggeberseite der vollständige Anforderungskatalog und auf der Beratungs- und Entwicklungsseite die entsprechende Spezifikation sowie die fertige Groupwarelösung.

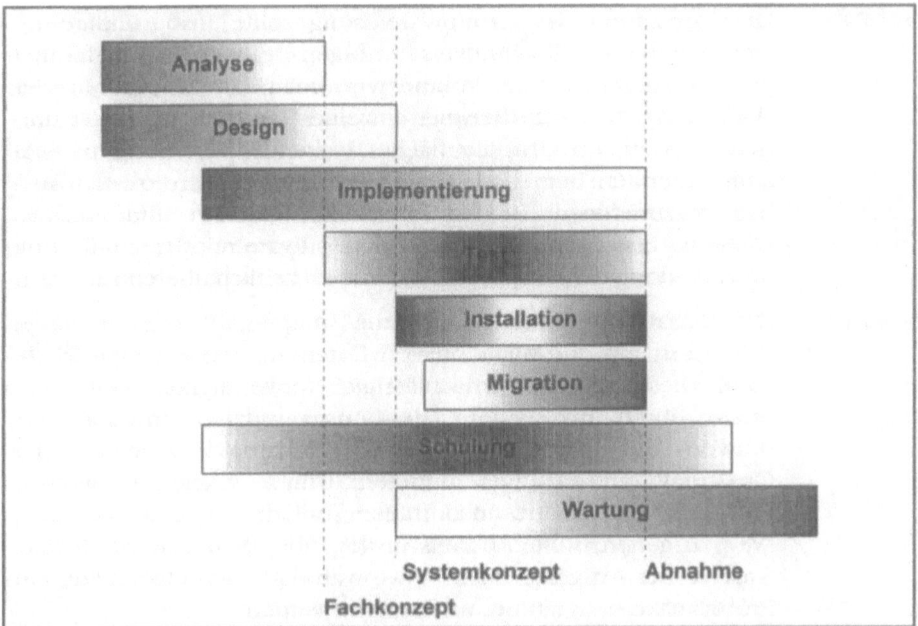

Abb. 6.8: *Die Phasen einer Groupwareentwicklung und -einführung können sich zeitlich überlappen.*

Beratungsbedarf

Die Rolle der externen Berater in diesem Szenario sollte nicht unterschätzt werden. Die Distanz, mit der ein professioneller Berater eine Organisation oder eine Reorganisationsmaßnahme bewertet, kann helfen, die Betriebsblindheit, die sich in großen Unternehmen unvermeidlich einstellt, zu überwinden. Darüber hinaus sind nur wenige Anbieter in der Lage, die volle Bandbreite des notwendigen Know Hows zu stellen, so daß Kooperationen und die Vergabe von Unteraufträgen sehr wahrscheinlich sind.

Integration

Mit der Ausweitung des Groupwareeinsates ergibt sich fast immer die Notwendigkeit der Integration des Groupwaresystems mit existierenden Informationssystemen. Dies kann neben einem einfachen Datenaustausch auch die fallweise Nutzung von Funktionen anderer Softwaresysteme bedeuten. Nicht alle Groupwaresysteme sind auf eine Integration mit anderen Softwaresystemen vorbereitet, und die wenigsten besitzen eine vollständige Programmierschnittstelle. In vielen Fällen wird die Entwicklung spezieller Softwarebindeglieder in Eigenregie unumgänglich sein.

Installation

Die Installation der Groupwarelösung sollte insbesondere im weit verteilten Fall schrittweise erfolgen. Je nach Beschaffenheit der vorhandenen Infrastruktur wird man Unterstrukturen der Vernetzung, wie zum Beispiel einzelne Standorte, komplett umstellen oder zunächst die flächendeckende Verteilung parallel zum laufenden Betrieb sicherstellen, um dann den lokalen Ausbau vorzunehmen. Ist die Infrastuktur etabliert und getestet, sollte die Installation der Arbeitsplatzsoftware mit der Einführung und Schulung der betroffenen Mitarbeiter zeitlich übereinstimmen.

Migration

Die Einsatzreife einer Groupwarelösung ergibt sich in vielen Fällen erst mit der Migration von Daten aus bestehenden Systemen. Diese allzuoft vernachlässigte Notwendigkeit wird nicht selten durch Inkonsistenz der Ausgangsdaten erheblich erschwert, die insbesondere bei der Nutzung unterschiedlicher Quellensysteme häufiger auftreten. Um möglichen Problemen kurz vor Abschluß des technischen Teils des Projektes aus dem Weg zu gehen, sollten bereits in der Pilotphase eine statistische Analyse der Ausgangsdaten sowie während der Entwicklung ein Probelauf der Migration durchgeführt werden.

Einführung

Bei der Einführung von Groupwaresystemen werden unterschiedliche Strategien verfolgt. Neben den bekannten Top-Down-und Bottom-Up-Ansätzen bietet sich auch eine funktionsbezogene oder multiplikatororientierte Vorgehensweise an. Soweit wie möglich sollte die Einführung der Groupwaretechnologie parallel zur Entwicklung der Anwendungen erfolgen. Ein Stufenplan für die Einführung, der verschiedene Ausweichmodelle für den Verzögerungsfall enthält, ist unverzichtbar. Die notwendigen organisatorischen Anpassungen werden in der Regel während der Einführungsphase vorgenommen und im Verlauf der Groupwarepraxis bei Bedarf ergänzt.

Schulung

Die Einweisung der Benutzer in das Groupwaresystem erfolgt, soweit nicht eine direkte Mitarbeit bei der Implementierung gegeben ist, möglichst praxisorientiert und zeitnah zur Installation am Arbeitsplatz. Die erste Einarbeitung in die Groupware-Konzepte und Grundlagen des Groupwaresystems geschieht am besten getrennt vom Alltag in separaten Schulungsräumen. Für die Einübung des Umgangs mit dem System und die Vertiefung der Systemkenntnisse hat sich ein intensives *Training on the Job* in Verbindung mit einem Hotline-Service bewährt. Wichtig ist ein kontinuierlicher Austausch der Lernerfahrungen zwischen den Benutzern. Soweit dies möglich, ist kann eine Unterstützung dieses Lernprozesses durch das Groupwaresystem selbst auf der

Basis eines Diskussionsforums erfolgen. Andernfalls können regelmäßige moderierte Benutzertreffen den Erfahrungsaustausch anregen.

Eine enge Abstimmung der technischen Realisierung mit der Mitarbeiterschulung sowie den organisatorischen Maßnahmen ist ausschlaggebend für den Erfolg einer Groupwareeinführung.

In den weiteren Ausbaustufen wiederholt sich dieser grundlegende Ablauf, wobei sich die Realisationsphase weitgehend auf Anpassungs- und Integrationstätigkeit beschränken wird. Das Schwergewicht in den weiteren Ausbauphasen wird eindeutig auf der Organisationsseite liegen. Mit fortschreitendem Ausbau des Systems treten die technischen Probleme in den Hintergrund und die organisatorischen beziehungsweise strategischen Ziele des Groupwareeinsatzes in den Vordergrund.

6.4.4 Kooperationen

Sind die technischen und internen Probleme im wesentlichen gelöst, wird man früher oder später auch an einen unternehmensübergreifenden Einsatz denken. Wenn die Kooperation mit anderen Unternehmen von Anfang an Ziel des Groupwareeinsatzes war, kann bereits in der Pilotphase mit der informationstechnischen Erweiterung der Wertschöpfungskette begonnen werden. Dabei ist zu berücksichtigen, daß die unvermeidliche Heterogenität durch Gateway-Produkte oder durch entsprechende Eigenentwicklungen überwunden werden muß. Der Aufwand der trotz zum Teil vorhandener Gatewaytechnologie für die Anpassung an die individuellen Datenformate vorgenommen werden muß sollte nicht unterschätzt werden.

Die Aufnahme von Groupwarekooperationen zwischen Unternehmen wird durch eine frühe Erkennung der Probleme innnerhalb des Pilotprojektes erleichtert.

Die Kooperationsbemühungen können durch Inkonsistenzen der zu verwaltenden Datenformate sowie durch kulturelle Unterschiede der verschiedenen Organisationen erschwert werden. Während die Datenformate durch entsprechende Konvertierungssoftware angeglichen werden, ist die Überwindung kultureller Unterschiede zwischen Unternehmen ungleich schwieriger. Die zwischen den Unternehmen koordinierte Förderung der Teamentwicklung ist zur Vermeidung organisatorischer und kultureller Probleme unverzichtbar.

6.5 Methodiken

Für die Entwicklung und Einführung von Groupwarelösungen haben sich im Lauf der Zeit eigene Methodiken herausgebildet die bei der Durchführung von Groupwareprojekten wertvolle Hilfestellung leisten können. Hierzu zählen die Erarbeitung von Organisationsmodellen, die Priorisierung der Anforderungen, die Nutzung von Bewertungsschemata, die Arbeit in Fokusgruppen, das evolutionäre Protoyping, und die Verwendung von Stufenplänen.

6.5.1 Organisationsmodell

Ein Organisationsmodell, im Englischen auch *Business Modell* genannt, stellt eine vereinfachte Abstraktion der Wirklichkeit eines Unternehmens dar, in der die wesentlichen Erfolgsfaktoren und Kernprobleme der Organisation herausgearbeitet werden. In einer zweiten Stufe kann dann der realistische Entwurf eines neuen Organisationsmodells erarbeitet werden und als Fundament für die Reorganisation dienen.

Erstellung

Am Anfang der Erstellung eines Modells steht die Erfassung der existierenden Organisationsstruktur und der Unternehmensprozesse, die diese Strukturen nutzen. Desweiteren sind die dynamischen Veränderungen der Struktur und der Prozesse von Interesse. Es gilt, die Auswirkungen der Veränderungsprozesse auf die Organisation des Unternehmens zu antizipieren. Abhängig von der Ausgangslage und Zielvorstellung wird man nach inkrementellen Verbesserungen der bestehenden Verhältnisse suchen oder wesentliche Teile der Organisation neu definieren. Die Erstellung eines Unternehmensmodells sollte aufgrund der nötigen Distanz von einem unabhängigen Gremium durchgeführt werden, das mit den Mitarbeitern einen Konsens über das Selbstverständnis der Organisation erarbeitet. Business Modelle sind nicht statisch, sondern müssen kontinuierlich den Veränderungen der Organisation angepaßt werden. Im Idealfall dienen Organisationsmodelle als Grundlage der Unternehmensentwicklung.

Modellierungswerkzeuge

Für das Business Modelling werden einige wenige informationstechnische Werkzeuge verwendet, die meist aus den Bereichen der fertigungstechnischen Automation oder des Entwurfs von Softwaresystemen kommen. Nur wenige der in der Praxis anzutreffenden Business Modelling-Werkzeuge wurden von Anfang an für diesen Zweck entworfen. In letzter Zeit zeichnen sich allerdings einige Neuentwicklungen objekt-orientierter Modellierungswerkzeuge ab. Alternativ beziehungsweise ergänzend werden die üblichen Diskussions- und Moderationsmethodiken wie etwa die Metaplan-Technik eingesetzt. Wichtiger als die verwendeten Werkzeuge ist die Unvoreingenommenheit der Vorgehensweise. Die gegebene Organisation muß (selbst-)kritisch betrachtet, ihre Stärken und Schwächen vorurteilslos analysiert und die nutzbringendsten Veränderungen identifiziert werden.

Dokumentation

Stehen keine Modellierungswerkzeuge zur Verfügung, so wird im allgemeinen eine möglichst knapp und präzise gefaßte Dokumentation des Organisationsmodells verfaßt. Diese ist keine Zweitschrift etwaiger Organisationshandbücher, sondern enthält neben Organisationsdiagrammen und Ablaufplänen eine prägnante Beschreibung der Wechselwirkungen zwischen den Organisationseinheiten und den Geschäftsabläufen. Ein weiterer Bestandteil des Organisationsmodells ist ein Glossar, das die wichtigsten Begriffe definiert. Bei der Verwendung von Modellierungswerkzeugen ist diese Dokumentation inhärenter Bestandteil der informationstechnischen Repräsentation des Organisationsmodells. Das Business Modell dient bei hinreichender Formalisierung als Grundlage für das Design der einzusetzenden Groupwareanwendung.

Groupware Design

Die Übertragung der Unternehmensmodelle auf die Mittel der Informationstechnik gestaltet sich jedoch schwierig. Die Anforderungen der Unternehmensentwicklung werden beim Entwurf von Groupwaresystemen noch zu wenig berücksichtigt. So folgen die meisten Groupwaresysteme starr den engen Vorgaben der Netzwerkbetriebssysteme und lassen spätere Änderungen der Organisationsstruktur, wenn überhaupt, dann nur mit hohem Aufwand zu. Leider verfügen bislang nur wenige Groupwarewerkzeuge über die Möglichkeit, abstrakte Organisationsmodelle zu erstellen und zu nutzen. Dennoch ist mit der Erstellung eines Unternehmensmodells eine höhere Zielsicherheit bei der Abbildung der Organisation in einem Groupwaresystem gegeben, als dies bei einer manuellen Vorgehensweise der Fall ist. Die formalisierte Darstellung kann in jeder Phase der Groupwareeinführung als Referenz dienen und als gemeinsame Diskussionsbasis für organisatorische Veränderungen genutzt werden.

Die aus dem Business Modell erwachsende Systemkonzeption ist ein Wechselspiel von Anforderungen und Realisierungsmöglichkeiten, das sein Regulativ im vertretbaren Aufwand findet. Jede Designentscheidung ist eine Abwägung zwischen den zu erfüllenden Minimalanforderungen und der maximal sinnvollen Lösung beziehungsweise der Maximalforderung des Anwenders und dem für den Entwickler kalkulierbaren Aufwand. Die Kunst des kosteneffektiven Systementwurfs besteht darin, an den Stellen, wo es besonders wirtschaftlich ist, wo besonders viel Nutzen zu erwarten ist, mehr zu investieren und ansonsten die Entwicklung durch Konzentration auf die Mindestanforderungen unkompliziert und kostengünstig zu halten. Die Aufgabe des Business Modells ist es, gemeinsame Orientierungspunkte und Maßstäbe für diesen Groupwaredesignprozess zu liefern.

Ein Unternehmensmodell dient als zentraler Orientierungspunkt für alle an dem Prozeß des Organisationswandels und der Groupwareeinführung beteiligten Personen.

Das Business Modell sollte mit seiner initialen Erstellung jedoch nicht in der Schublade verschwinden, sondern es sollte beständig weiterentwickelt und als Grundlage für die Unternehmensentwicklung genutzt werden. Im Idealfall ist das Business Modell ein Bestandteil des resultierenden Groupwaresystems und steht allen Mitarbeitern als gemeinsame Referenz zur Diskussion über mögliche oder notwendige Veränderungen des Unternehmens offen.

6.5.2 Anforderungspriorisierung

Den Anforderungen an ein Groupwaresystem stehen eine ganze Reihe von Randbedingungen gegenüber. Neben technischen Einschränkungen zwingen vor allem begrenzte Ressourcen zu Kompromissen. Weiterhin ist nicht immer klar, welche der verschiedenen organisatorischen Möglichkeiten für das Unternehmen am vordringlichsten ist. Nicht zuletzt führen die gegensätzlichen Interessen zwischen dem Anwender und dem Implementator sowie ungenaue Formulierungen oder nachträglich notwendige Ergänzungen der Anforderungen zu teilweise erheblichen Konflikten. Um eine gemeinsamen Grundlage für den Entwurf und die Implementierung des Gesamtsystems zu schaffen, ist es daher sinnvoll, Prioritäten der einzelnen Anforderungen festzulegen. Aus der Priorisierung lassen sich dann die Vor- und Nachteile von Realisierungsalternativen bewerten.

Einfache Priorisierung

Eine Einteilung nach Mindestanforderungen, wünschenswerten Details und realistischen Maximallösungen stellt die einfachste Art der Priorisierung dar. Sie gestattet eine erste Reihenfolgebestimmung für die notwendigen Entwicklungs- und Einführungsmaßnahmen. Die Anforderungen mit der höchsten Priorität werden bei allen Arbeiten vordringlich berücksichtigt, auf sie wird der Großteil der Ressourcen verwendet. Die Aufgaben von mittlerer Wichtigkeit werden anschließend behandelt, und die nachrangigen Wünsche werden bedient, wenn die Ressourcen ausreichen.

Komplexe Priorisierung

Ausführlichere Priorisierungen erlauben eine feinere Steuerung der notwendigen Tätigkeiten und werden oft über komplexe Bewertungsschemata vorgenommen. Mehrstufige Kriterienkataloge gliedern die wesentlichen Aspekte und fassen die Prioritäten hierarchisch zusammen. Auf diese Weise lassen sich ganze Themenkreise zueinander gewichten und durch Anpassung der Gliederungstiefe trotzdem die Bewertungen für Detailaspekte berücksichtigen.

Konventionelle Verfahren basieren auf der Vergabe von Punkten für einzelne Kriterien, die mit den jeweiligen Gewichtungen multipliziert werden. Dieses Vorgehen hat allerdings den Nachteil, daß für Teilkriterien nur wenig aussagekräftige Zahlen generiert werden.

			Alternative A			Alternative B		
Kriterium		Gewichtung	Bewertung	Produkte	Summe	Bewertung	Produkte	Summe
A		1 bis 5	1 bis 10		48	1 bis 10		61
	A.1	5	5	25		6	30	
	A.2	2	7	14		8	16	
	A.3	3	3	9		5	15	
B					58			27
	B.1	3	2	6		3	9	
	B.2	2	6	12		4	8	
	B.3	5	8	40		2	10	
Gesamt					**106**			**88**

Abb. 6.9: *Konventionelle Bewertungsverfahren multiplizieren Bewertungspunkte mit Gewichtungen.*

Bewertungs-modelle

Als Alternative bietet sich ein regressives Vorgehen mit der Vergabe von Prozentpunkten für Bewertungen und Gewichtungen an. Dadurch sind auf jeder Detailstufe vergleichende Aussagen möglich. Als Endergebnis dieser Bewertungsmethode entsteht eine Prozentzahl, die ein Maß für die Erfüllung der Anforderungen angibt. Dadurch läßt sich im Bedarfsfall auch für eine einzelne Lösungsalternative eine Aussage über ihren Zielerreichungsgrad ermitteln.

				Alternative A					Alternative A				
Kriterium	Gewichtung		Gewichtung	Bewertung	Z.-produkt	Z.-summe	Produkt	Summe	Bewertung	Z.-produkt	Z.-summe	Produkt	Summe
A	70			in %		48	33,6		in %		61	29,28	
		A.1	50	50	25				60	30			
		A.2	20	70	14				80	16			
		A.3	30	30	9				50	15			
B	30					58	17,4				27	15,66	
		B.1	30	20	6				30	9			
		B.2	20	60	12				40	8			
		B.3	50	80	40				20	10			
Gesamt								**51**					**44,94**

Abb. 6.10: *Ein Bewertungschema in Prozent, es ermöglicht detaillierte Aussagen.*

Mathematisch gesehen lassen sich beide Bewertungsschemata ineinander überführen, wenn für den ersten Fall eine Obergrenze der zu vergebenden Punktezahl für Bewertungen und Gewichtungen vorgegeben wurde oder nachträglich ermittelt wird. Die zweite Variante hat sich in der Praxis als verständlicher und flexibler einsetzbar erwiesen.

Kriterien

Der Kriterienkatalog, der dem Bewertungsschema zugrundeliegt, sollte alle Aspekte des geplanten Vorhabens umfassen. Neben organisatorischen und technischen Überlegungen sollten auch Wirtschaftlichkeitsindikatoren mit einbezogen werden. Die Detaillierung des Kriterienkatalogs kann auf Basis des Organisationsmodells bis zu einzelnen Realisierungs- und Einführungsmaßnahmen führen.

Eine Ausarbeitung und Priorisierung eines Anforderungskatalogs ermöglicht eine detaillierte Bewertung von Realisierungs- und Einführungsalternativen.

Eine Priorisierung der Anforderungen ist insbesondere dort notwendig, wo während der Analysephase Konflikte zwischen unterschiedlichen Standpunkten sichtbar geworden sind. Eine Detaillierung der Bewertung kann in diesen Fällen auch als Mittel zur Konfliktlösung eingesetzt werden.

6.5.3 Fokusgruppen

Die direkte Einbindung der Mitarbeiter in den Entwicklungsprozeß ist sowohl für die Erarbeitung eines Business Modells als auch für den Entwurf eines Groupwaresystems von zentraler Bedeutung. Diese Einbindung geschieht am besten über Fokusgruppen, d. h. kleine Diskussionsrunden, die sich unter Anleitung eines Moderators mit einem oder mehreren thematisch abgegrenzten Aspekten der Gesamtaufgabe beschäftigen.

Arbeitsweise

Die Arbeitsweise in den Fokusgruppen reicht von kreativem Brainstorming über moderierte und strukturierte Diskussion bis zur Abhandlung fester Tagesordnungen. Fokusgruppen stellen sicher, daß nicht die Einschätzung einzelner Personen dominiert, sondern die Ansichten aller Beteiligten in ein Gesamtbild einfließen. Um dies zumindest qualitativ zu erreichen, ist für die Zusammensetzung der Gruppen und die zu behandelnden Themenstellungen eine ausgegelichene Mischung wichtig.

Zusammensetzung

Soweit die Größe des Gesamtprojekts es zuläßt, sollte jeder der von den Veränderungen betroffenen Mitarbeitern an mindestens einer Fokusgruppe teilnehmen. Bei größeren Gruppen sollten zumindest alle charakteristischen Kombinationen von Mitarbeitern vertreten sein. Wobei sowohl die organisatorische Zugehörigkeit als auch die Qualifikation, die Arbeitsweisen und die Grundhaltung zu den geplanten Veränderungen berücksichtigt werden sollten.

Die Zusammenstellung der Gruppen muß nicht immer fest sein, sondern kann aus einem Kernteam und einer Reihe von Gästen bestehen, die durch alle Gruppen permutieren. Die Kernteams sind für die zentralen Themen verantwortlich, sollten aber in den Diskussionen nicht dominieren, sondern sich zurücknehmen, um die Beiträge der Gastteilnehmer einfließen zu lassen. Darüber hinaus kann es diverse Gruppen unterschiedlicher, zum Teil auch wechselnder Zusammenstellung geben, die für verschiedene Teilaspekte mehr oder weniger regelmäßig oder bei kurzfristig zu klärenden Problemen auch ad hoc zusammengerufen werden. Thematische Überschneidungen können Verantwortliche abdecken, die an den verschiedenen Gruppen wechselseitig teilnehmen. Die Zusammensetzung der Gruppen sowie die Reihenfolge und Gewichtung der Themen läßt sich aus der Priorisierung der Anforderungen ableiten.

Grundsätze

Für ein konstruktives Klima und effektive Arbeit in den Fokusgruppen ist es wichtig, von Anfang an klarzustellen, daß alle Äußerungen in der Sitzung streng vertraulich sind. Auf diese Weise kann zumindest ein Teil der oft latenten Angst vor persönlichen Folgen der Veränderungen vermieden werden. In Extremfällen kann ein Konferenzsystem für die notwendige Anonymität sorgen (siehe 5.3.5 Seite 88).

Dokumentation

In jedem Fall ist eine kontinuierliche Dokumentation der Arbeitsergebnisse notwendig sowie eine beständige Überprüfung und Anpassung der Gruppenzusammensetzungen. Die Aufstellung eines festen und eines bedarfsmäßigen Sitzungsplanes sollte allen Beteiligten zur Orientierung dienen.

Inhalte

Die Zwecke, für die Fokusgruppen anberaumt werden, sind sehr unterschiedlich. Management- und Benutzerfokusgruppen sind zu Anfang der Entwicklung für die Überprüfung der Anforderungs-Analyse, die Einschätzung des zu erwartenden Nutzens und die Erarbeitung und Überprüfung des Prototypendesigns sinnvoll. Im Verlauf des Projektes wird man die Ausarbeitung von Implementierungsdetails besprechen und Feedback für verschiedene Realisierungsaspekte sammeln. Gegen Ende des Projektes stehen konkrete Einführungsprobleme im Mittelpunkt.

Sekundäreffekte

Die Arbeit in Fokusgruppen ist zudem ein ideales Mittel, auf einfache, aber effektive Art und Weise die Benutzer an das zu entwickelnde Groupwaresystem heranzuführen und ein positives Bild der Anwendung zu vermitteln. Dabei sollte man geschickt die Multiplikationsfunktion mancher Mitarbeiter nutzen, die eine Vorbild- oder Orientierungsfunktion für andere Mitarbeiter darstellen. Eine stufenweise Erläuterung und Einführung des Groupwaresystems auf der Basis inkrementeller Prototypen, die von den Mitarbeitern aktiv mitgestaltet werden, ist die ideale Einführungsstrategie.

Schulung

Die Schulung der Mitarbeiter wird ebenfalls in Fokusgruppen mit engem Bezug zur Groupwarelösung geschehen. Insbesondere in Workflow-Anwendungen sollte der Arbeitsablauf in Rollenspielen und mit direkter Unterstützung des Workflowsystems erfolgen. Eine regelmäßige Manöverkritik sowie ein abschließender Erfahrungsaustausch und die Einrichtung asynchroner Diskussionsforen für die stete Verbesserung des Systems sollten selbstverständlich sein.

Fokusgruppen spielen bei der Entwicklung und Einführung von Groupware eine zentrale Rolle, da sie die Konzentration auf die thematische Arbeit mit der Vielfalt der organisatorischen Wirklichkeit verbinden.

Um Mißverständnissen und Meinungskonflikten vorzubeugen, ist eine einheitliche Sprachgebung über alle Fokusgruppen hinweg sinnvoll. Die Verwendung gemeinsam genutzter Begriffe bedeutet nicht automatisch eine inhaltliche Übereinstimmung. Es bedarf einer gemeinsamen Begriffsklärung innerhalb der Gruppen, in der ein Konsens über die Bedeutung der verwendeten Begriffe erzielt werden muß. Dieses gemeinsame Verständnis entsteht nicht ad hoc, sondern muß, insbesondere bei verteilten Fokusgruppen, erst wachsen. Allen Beteiligten sollte die Bedeutung dieser Vorgehensweise bewußt gemacht werden, damit die Übereinstimmung mit dem erarbeiteten Konsens beständig überprüft und Widersprüche selbständig zur Sprache gebracht werden. Im weitesten Sinne können Fokusgruppen auch zur Teamentwicklung dienen, wenn Arbeitsgruppen durch die Lösung gemeinsamer Probleme zusammenwachsen und sich das für den Groupwareeinsatz so wichtige Gemeinschaftsgefühl entwickelt.

6.5.4 Evolutionäres Prototyping

Die Anforderungen an ein Groupwaresystem sind in der Regel so komplex und vielschichtig, daß eine Entwicklung der Groupwarelösung nach dem klassischen sequentiellen Schema unpraktikabel ist. Stattdessen werden in einer inkrementellen Vorgehensweise die Funktionalitäten den Bedürfnissen der Anwender exakt angepaßt.

Konventionelle Entwicklung

Bei der konventionellen Vorgehensweise folgen die Analyse der fachlichen Anforderungen, die in einem Fachkonzept zusammengefaßt werden, und die Erstellung des Anwendungsdesigns, das in einem Systemkonzept zusammengefaßt wird, streng aufeinander. Ist das Systemkonzept akzeptiert, werden die eigentlichen Entwicklungsarbeiten durchgeführt.

Die Benutzer werden erst wieder während der Test- und Einführungsphase mit dem System konfrontiert. Änderungswünsche, die sich erst in diesem Stadium zeigen, können meist nur unter hohen Änderungskosten berücksichtigt werden. Insbesondere bei komplexen Projekten mit langen Entwicklungszeiten ist es daher nicht unwahrscheinlich, daß die Systemlösung bei ihrem ersten Einsatz bereits veraltet ist, weil sich die Anforderungen inzwischen geändert haben.

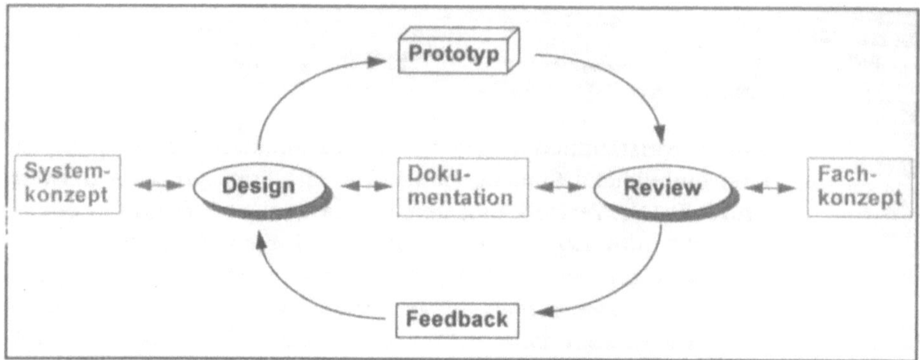

Abb. 6.11: *Das evolutionäre Prototyping realisiert eine kontinuierliche Weiterentwicklung.*

Prototypische Entwicklung

Um diese Probleme zu vermeiden, werden Groupwaresysteme in der Regel nach einer inkrementellen Vorgehensweise entwickelt. Die Funktionalität wird dabei gemäß der Anforderungspriorisierung implementiert, und die resultierenden Prototypen werden in Fokusgrupen den Benutzern zur Diskussion gestellt. Die Ergebnisse der Prototypenreview fließen dann in die nächste Implementierungsphase mit ein. Durch diesen sich wiederholenden Zyklus werden die Prototypen zur exakt auf die Erfordernisse abgestimmten Einsatzreife entwickelt.

Man spricht von einer Evolution der Prototypen, da jeweils nur die Entwicklungen übernommen werden, die von den Benutzern akzeptiert wurden und auch nachträgliche Änderungen der Anforderungen leichter berücksichtigt werden können. Trotz der inkrementellen Vorgehensweise ist es wichtig, parallel zur Entwicklung der Prototypen die Erstellung des Fach- und Systemkonzeptes voranzutreiben. Diese beiden Dokumente bilden den Rahmen für die tatsächliche Realisierung. Das Fachkonzept stellt in gewissem Sinne die Maximalforderungen und Terminwünsche des Anwenders dar, das Systemkonzept die Minimallösung und Terminzusagen des Anbieters. Zwischen diesen Extremen wird die tatsächliche Realisierung des Groupwaresystems zustandekommen.

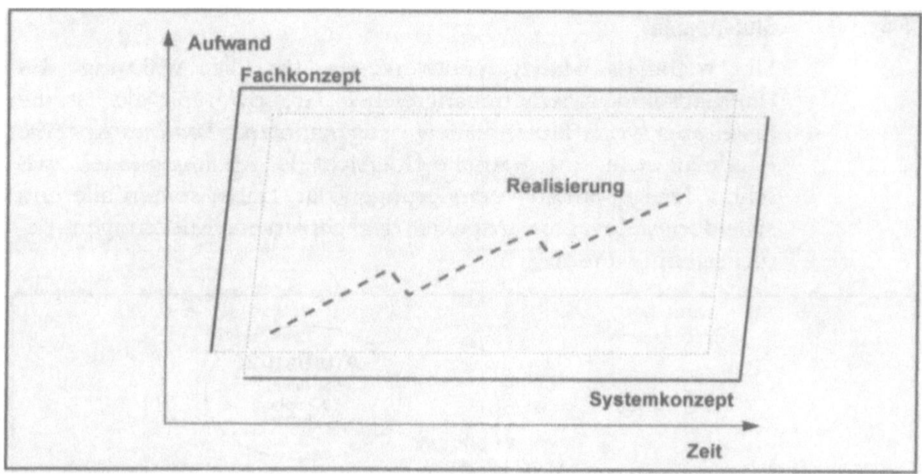

Abb. 6.12: Fach- und Systemkonzept legen die Realisierungsbandbreite fest.

Das Fach- und das Systemkonzept geben dem Anwender und dem Entwickler eine vertragliche Sicherheit und machen das gesamte Unterfangen überhaupt erst kalkulierbar. Der Anwender wird seine fachlichen Mindestanforderungen erfüllt sehen, und der Anbieter wird nicht über den maximal kalkulierbaren Aufwand hinaus gefordert werden. In diesem Sinne ist die Erarbeitung dieser beiden Dokumente auch bei einer inkrementellen Vorgehensweise unverzichtbar.

Die inkrementelle Entwicklung verleitet allerdings dazu, die Dokumentation der Anwendung aus den Augen zu verlieren. Auch wenn die Anwendung erst relativ spät in der Entwicklung eine gewisse Stabilität erreicht, sollte die Dokumentation, ausgehend vom Grunddesign, ebenfalls parallel zu den Entwicklungsarbeiten vorangetrieben werden. Gleiches gilt für die Erstellung der Arbeitsanweisungen, die den Umgang mit dem Groupwaresystem regeln sollen.

Das evolutionäre Prototyping hat sich für die Entwicklung von Groupwaresystemen als Vorgehensweise der Wahl durchgesetzt und wird zum Teil bereits durch Softwarewerkzeuge unterstützt.

Die weiteren Vorteile des evolutionären Prototyping, wie die Senkung der Entwicklungskosten und die Verkürzung der Entwicklungszeit bei gleichzeitiger Steigerung der Produktqualität, bedürfen keiner näheren Erläuterung.

6.5.5 Stufenpläne

Ein wichtiges Managementwerkzeug für die Wahrung des Überblicks in einem umfangreichen Groupwareprojekt ist die Erstellung von Stufenplänen, sogenannten *Roadmaps*. Eine Roadmap stellt eine grafische Übersicht der Abhängigkeiten zwischen den geplanten Veränderungen dar. Dabei sollten alle entscheidungsrelevanten Aspekte der geplanten Änderungen berücksichtigt werden.

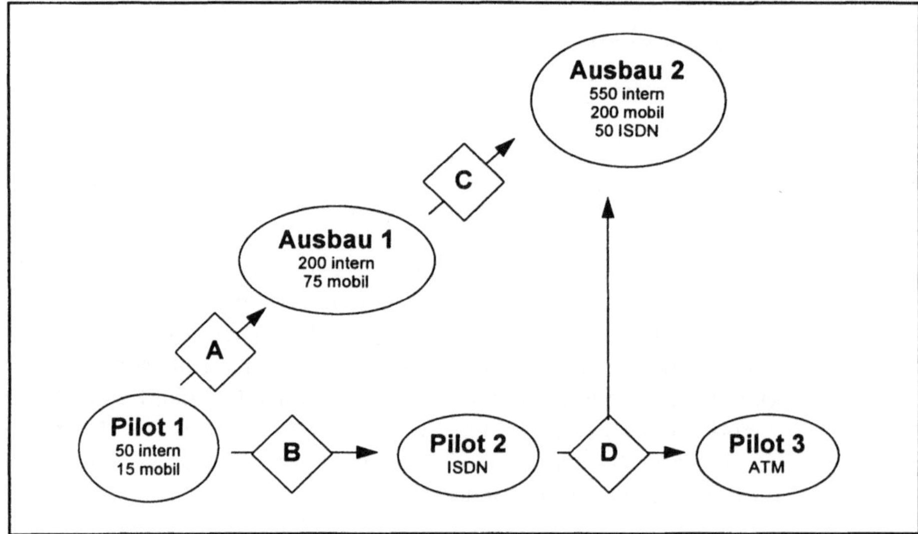

Abb. 6.13: *Ein Beispiel einer Roadmap, die einen Überblick der Realisierungsalternativen bietet.*

Die Roadmap sollte zu Beginn des Projektes von der Projektleitung erstellt und während der Projektlaufzeit immer wieder in Fokusgruppen validiert und korrigiert werden. Soweit notwendig, sollte die grafische Darstellung schriftlich detailliert werden. Wichtig ist, daß die Roadmap nicht überfrachtet und nicht zu einschränkend wirkt. Sie soll den Fortschritt der Arbeiten verdeutlichen und zur Klärung gemeinsamer Standpunkte dienen, sie ist aber kein detaillierter Projektplan.

Je nach Größe des Groupwareprojekts kann es auch sinnvoll sein, mehrere Roadmaps für verschiedene Zwecke zu führen und von einer zentralen Roadmap auf diese zu verweisen. Ebenso ist die Erstellung von Arbeitsversionen denkbar, die lediglich als Diskussionsgrundlage dienen.

Weiter-entwicklung

Eine Roadmap sollte keinesfalls statisch behandelt werden, sondern insbesondere in langwierigen Projekten kontinuierlich den organisatorischen Veränderungen und technischen Entwicklungen angepaßt werden.

Die Erstellung einer Roadmap über die bei einer Groupwareeinführung zu bewältigenden Aufgaben dient allen Beteiligten zur zeitlichen Orientierung und zur Übersicht der wechselseitigen Abhängigkeiten.

An die Entscheidungspunkte der Roadmap müssen Eskalationsmechanismen geknüpft sein, die verfolgt werden, sobald sich die zugrundeliegenden Annahmen verändern. Entsprechende Trigger-Kriterien können die Kosten, die Nutzerzufriedenheit oder auch bestimmte Meinungsbilder in den Fokusgruppen sein.

6.6 Einführungsprobleme

Auch bei bester Vorbereitung werden sich Probleme bei der Einführung eines Groupwaresystems nicht immer vermeiden lassen. Das Auftreten erster Widerstände sollte jedoch kein Anlaß für übertriebenen Aktionismus sein, bei gravierenden Problemen muß aber wirksam gegengesteuert werden.

6.6.1 Benutzerakzeptanz

Ein Grundproblem, mit dem fast alle Groupwaresysteme zu kämpfen haben, ist ein Mangel an Akzeptanz durch die Benutzer. Neben einer weitverbreiteten allgemeinen Technik- beziehungsweise Computerphobie sind vor allem die Überfrachtung mit Informationen, Angst vor dem Verlust persönlichen Handlungsspielraums oder vor der permanenten Kontrolle des Arbeitsfortschritts als Hauptursachen zu nennen.

Machtverlust

Scheu vor den Neuerungen, die Groupware mit sich bringt, zeigen Mitarbeiter auf allen Ebenen vom Sachbearbeiter bis zum Top-Management. Die Angst vor persönlichem Machtverlust, etwa durch eine Einschränkung der Befugnisse, ist weit verbreitet. Wird Groupware innerhalb einer Reorganisation eingesetzt oder durch einen derartigen Wandel vorbereitet, so sind diese Befürchtungen nicht immer von der Hand zu weisen. Um so wichtiger ist es, die geplanten Veränderungen frühzeitig zu kommunizieren und um Einsicht für deren Notwendigkeit zu werben. Die Einsicht, daß Groupware nicht die Ursache der Veränderungen, sondern nur ein Mittel zur Bewältigung der notwendigen Reaktion auf die Marktentwicklung darstellt, muß gefördert werden.

Wissensverlust

Ebenso schwer wiegt die Angst vor abnehmenden Einflußmöglichkeiten durch die Preisgabe des eigenen Wissens in ein Groupwaresystem. In nicht wenigen Unternehmen definiert sich das Selbstverständnis vieler Mitarbeiter über das Herrschaftswissen, das sie innerhalb der Organisation angesammelt haben. Ein Wissensverlust macht ersetzbar, so die allgemeine Annahme. Die Erkenntnis, daß die synergetischen Effekte eines Groupwareeinsatzes mehr Vorteile für die persönliche Arbeit mit sich bringen als die aktive Beteiligung an der gemeinsamen Diskussion an Aufwand erfordert, muß den Mitarbeitern durch Hervorhebung entsprechender Erfolgsberichte aktiv bewußt gemacht werden. Wenn eine andere Arbeitsgruppe ihre Aufgabe durch den Einsatz von Groupware besser löst, werden die meisten Mitarbeiter hellhörig werden.

Big Brother

Das nicht nur Groupwaresystemen, sondern der Informationstechnik allgemein entgegengesetzte Mißtrauen vor der absoluten Kontrolle des Arbeitsfortschrittes ist nicht ganz unberechtigt. Viele Groupwaresysteme beinhalten die technischen Möglichkeiten der steten Protokollierung und Nachprüfbarkeit aller Handlungen und Äußerungen. Hier muß gegebenenfalls in Zusammenarbeit mit dem Betriebsrat eine organisatorische Regelung gefunden werden, die die Grenzen der Auswertung der erhobenen Daten durch die Geschäftsleitung festlegt (siehe 6.6.8 Seite 155). Im Zweifel muß dies durch ein unabhängiges Gutachtergremium in unregelmäßigen Abständen überwacht werden, um den sozialen Frieden in der Organisation sicherzustellen.

Management-Akzeptanz

Auf der Ebene des Top-Managements herrschen leider noch immer ganz ähnliche Hemmnisse, wenn auch aus anderen Gründen. In vielen Fällen ziert zwar ein Computerbildschirm den Schreibtisch, doch wird dieser nur in den wenigsten Fällen eingeschaltet und aktiv genutzt. Abgesehen vom dem berühmtberüchtigten Sprichwort „Managers don't type" ist die Verlagerung der Bedeutung von der Rhetorik zum geschriebene Wort ein wesentlicher Aspekt, der vor allem die Verbreitung von Groupwaresystemen in der Top-Managementebene behindert. Mit der Beschränkung auf textuelle Mitteilungen gehen zuviele Aspekte der zwischenmenschlichen Kommunikation verloren, als daß sich Groupwaresysteme als wirksames Managementwerkzeug durchsetzen könnten, so die allgemeine Annahme. Auch die multimedialen Möglichkeiten der synchronen Konferenzsysteme, von der Sprach- bis zur Live-Video-Übertragung, können daran nur wenig ändern.

Der Trugschluß wird durch die Feststellung gelöst, daß nicht jede Kommunikation durch Groupware ersetzt werden kann. Groupwaresysteme sollten komplementär zu den herkömmlichen Management-Methodiken eingesetzt werden und nur in Routinefällen die direkten Kommunikationsarten substituieren. Für wichtige Entscheidungen und die persönliche Kontaktpflege wird das vertrauliche Gespräch unersetzbar bleiben. Groupwaresysteme können in diesem Fall nur vorbereitend wirken, Ergebnisse zur gemeinsamen Verifizierung dokumentieren und der Nachverfolgung dienen. Nur wenn beide Gesprächspartner eingeübt sind, kann eine Entkoppelung durch asynchrone Konferenzsysteme auch für wichtige persönliche „Gespräche" erfolgen.

Management-vorteile

Andererseits kann man sich bei entsprechender Filterung der Informationen und einer leistungsfähigen Recherchemöglichkeit kaum ein effektiveres Managementwerkzeug als Groupware vorstellen. Bei einem geschickten Entwurf der zugehörigen Diskussionsforen lassen sich sehr einfach zum Beispiel alle Informationen über Konkurrenzunternehmen zusammenfassen, deren Aktivitäten vom Außendienst im Feld bemerkt wurden.

Die Befürchtungen der Benutzer müssen ernst genommen und durch Hilfestellungen zum Abbau der Schwellenängste beantwortet werden.

Mit Hilfe geeigneter Strukturierungsmittel läßt sich auch für große Organisationseinheiten bei extrem flachen Hierarchien ein Verlust der Rückkoppelung wichtiger Informationen zwischen der Mitarbeiterbasis und dem Management vermeiden.

Der wichtigste Lösungsansatz für die Erzeugung von Benutzerakzeptanz ist ein Bewußtseinswandel der Beteiligten. Der notwendige Wandel muß als Chance und nicht als Bedrohung begriffen werden und jeder Einzelne muß die Vorteile und Möglichkeiten, die durch das neue Medium erwachsen, erkennen können. Auf der anderen Seite muß das Management die Mitarbeiter als Menschen erkennen und auf ihre Bedürfnisse und Ängst eingehen.

6.6.2 Arbeitsweisen

Der Einsatz von Groupwaresystemen hat ohne Zweifel Auswirkungen auf die persönlichen Arbeitsweisen der Benutzer. Die Empfindungen der Betroffenen reichen dabei von willkommener Bereicherung bis zu einer Bevormundung durch das Softwaresystem. Im Durchschnitt dürfte die Virtualisierung der Arbeitswelt jedoch die Möglichkeiten der freien Arbeits- und Zeiteinteilung vergrößern. Außer absolut zeitkritischen Aufgaben können fast alle Arbeitsvorgänge durch Groupware entkoppelt werden. Die Freiräume für die Selbstbestimmmung wachsen dadurch, und die Störungsrate durch Telefonanrufe oder unangemeldete Besuche reduziert sich signifikant. Ein Blocken von Arbeitszeiten wird effizienter möglich, wodurch die allgemeine Produktivität steigt.

Zeit-Management

Andererseits steigt durch die Informationsfülle auch die Gefahr der Verzettelung stark an. Ein intensives Zeitmanagement, möglicherweise in Verbindung mit einer Fortbildungsmaßnahme für die Anwender, ist daher oft unumgänglich. Den Mitarbeitern sollte der Wert ihrer eigenen Arbeitszeit bewußt werden, um zu einem verantwortungsvollen Umgang mit der knappen Ressource Zeit zu gelangen. Dies gilt für die Nutzung eines gemeinsamen Zeitmanagements um so mehr. Die Erarbeitung einer sogenannten *Netiquette* (siehe 6.6.5 Seite 152) für die elektronische Terminplanung kann als Beispiel für die Überwindung von Schwierigkeiten im Umgang mit Groupwaresystemen gelten.

Netiquette

Die zentrale Frage, die sich bei der Einrichtung eines Gruppenschedulers ergibt, ist die der Umgangsformen bei der Zuhilfenahme des neuen Mediums. Auch wenn die persönlichen Terminkalender öffentlich zugänglich sind, bedeutet dies noch lange nicht, daß die dort ersichtliche freie Zeit der einzelnen Mitarbeiter zur freien Verfügung steht. Ein vollständiges Zeitmanagement, das eine Planung der verfügbaren Zeit bis in Details vornimmt, wird sich eher kontraproduktiv auswirken. Der einzelne Mitarbeiter muß jederzeit Herr über die eigene Zeiteinteilung bleiben. Inwieweit dies durch soziale Protokolle geregelt wird, muß durch einen Konsens zwischen den Mitarbeitern geklärt werden.

Eine Möglichkeit ist etwa, daß alle Terminfestlegungen nur mit persönlicher Bestätigung des Betroffenen wirksam werden und eine willkürliche Terminfestlegung auch durch einen Vorgesetzten nicht widerspruchslos hingenommen werden muß. Die Zeit, die für die Beteiligung an Diskussionsforen verwendet wird, muß eingeplant werden. Eine regelmäßige Teilnahme an internen Dikussionen stellt einen wichtigen Beitrag für die Verbesserung der Organisationsabläufe und der Unternehmenskultur dar, auch wenn kein direkter Output zu messen ist.

Die Anpassung der persönlichen Arbeitsweisen an den Umgang mit Groupware sollte durch eine offene Diskussion um die Vorteile und Probleme des Groupwareeinsatzes begleitet werden.

Die Notwendigkeit, persönliche Arbeitsweisen umzustellen, sollte so gering wie möglich gehalten werden. Unter den Mitarbeitern muß dafür ein Konsens der Umgangsformen gefunden werden, an dem sich alle orientieren können. Ein Diskussionsforum zu allgemeinen Fragen und Meinungen rund um den Groupwareeinsatz leistet dabei ebenso wichtige Dienste wie ein anonymer Kummerkasten.

Neben der Kommunikation von Erfolgsberichten sollten über diese Medien auch Problemlösungen belohnt werden. Die Möglichkeit, Schwierigkeiten aufzuzeigen, den entstandenen Ärger mitzuteilen und Bestätigung zu finden, ist für ein Hineinwachsen in das Medium Groupware ebenso wichtig wie die Gewißheit, Gehör zu finden und die Bewältigung der Schwierigkeiten mitzugestalten.

6.6.3 Kommunikation

Nicht selten treten beim Einsatz von Groupwaresystemen Kommunikationsprobleme unterschiedlichster Art zutage, die zuvor nicht in dieser Schärfe sichtbar waren. Auch wenn ein Großteil der innerbetrieblichen Kommunikation durch Groupware auf die schriftliche Form und damit auf sachliche Inhalte reduziert wird, kann es vorkommen, daß Diskussionsteilnehmer aneinander vorbeireden oder es zu Mißverständnissen oder Konflikten zwischen den Beteiligten kommt.

Versuche, den Kommunikationspartner zu beeinflussen oder Druck auf ihn auszuüben, liegen vor allem darin begründet, daß die Organisationsstruktur nie statisch besteht, sondern permanent Veränderungen unterworfen ist, die direkt oder indirekt an die alltägliche Arbeit geknüpft sind. Die Empfindung persönlichen Erfolgs oder Mißerfolgs hängt nur allzuoft von der subjektiven Wahrnehmung des Betrachters ab. Kommt es dabei zu Mißverständnissen, stellt sich nur allzuleicht ein Gefühl der Kränkung ein, das sich zu einem Kommunikationshindernis ausweiten kann. Derartige Kommunikationsprobleme können durch die schmalere Bandbreite der schriftlichen Groupwarediskussion verstärkt werden. Besonders in nicht zeit- oder ortsgebundenen Diskussionen, wenn keine Möglichkeit zum direkten persönlichen Kontakt besteht, können auch kleine Mißverständnisse größere Kreise ziehen.

In Verbindung mit persönlichen Animositäten oder Kompetenzrangeleien, wenn also die „Chemie" zwischen der Beteiligten nicht mehr stimmt, kann dies zu einer Verschleppung von Entscheidungen führen und katastrophale Auswirkungen auf die Durchführung wichtiger Maßnahmen haben. Die Spanne der Reaktionen reicht von stillschweigendem Protest, über Nichtbefolgung von Anordnungen bis zu offener Aggressivität.

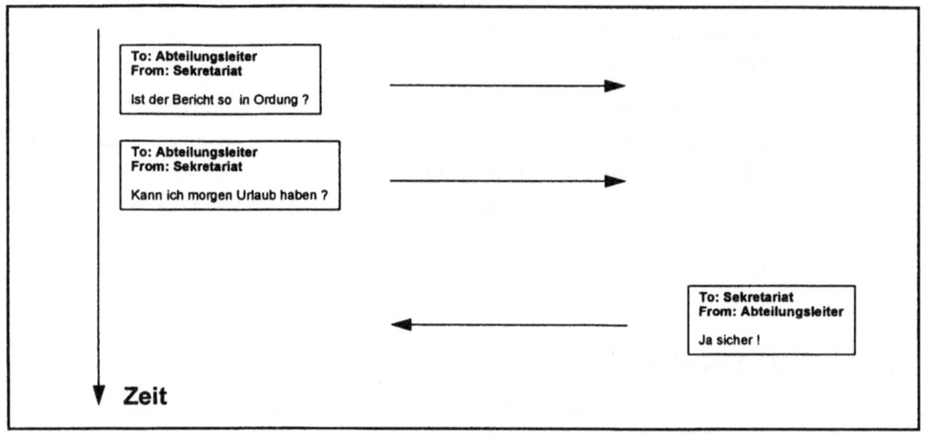

Abb. 6.14: *Ein zeitlich bedingter Kommunikationskonflikt kann zu Mißverständnissen führen.*

Nichtlinearität

Eine andere Klasse von Kommunikationsproblemen werden durch die Eigenschaften der zugrundeliegenden Groupwaresysteme selbst erzeugt. So kann zum Beispiel in Email-basierten Systemen nicht von einer zeitlich korrekten Reihenfolge der eintreffenden Nachrichten ausgegangen werden, zumal mehrere Kommunikationsvorgänge parallel ablaufen können. Zur Vermeidung zeitlich bedingter Kommunikationskonflikte bedarf es sozialer Protokolle, die Mißverständnisse und Fehlinterpretationen nach Möglichkeit ausschließen. Im Zweifelsfall sollte immer die Textstelle zitiert beziehungsweise in Diskussionssystemen der Bezug auf den logisch vorangehenden Beitrag hergestellt werden.

Moderationstechniken

Ein wirksames Mittel, um Kommunikationsprobleme in Diskussionsforen zu vermeiden, ist die direkte oder indirekte Moderation der Diskussionsforen, die über administrative Aufgaben hinausgeht und inhaltliche Regelungen durchsetzt. Durch Moderationstechniken wie eine Zusammenfassung der gegensätzlichen Standpunkte oder die Öffnung einer neuen Diskussionsebene kann in der Regel eine in Details abgeglittene Diskussion wieder auf die Sachthematik zurückgeführt werden.

Dem Auftreten von zwischenmenschlichen Kommunikationsproblemen bei der Benutzung von Groupwaresystemen kann nur in begrenztem Maß vorbeugend entgegengewirkt werden.

Persönliche Kommunikationsprobleme können in vielen Fällen durch eine gezielte aktive Teamentwicklung unter Mitwirkung aller Beteiligten geklärt werden. In gravierenden Fällen ist nur durch Coaching der betroffenen Mitarbeiter eine dauerhafte Verbesserung der Situation möglich.

6.6.4 Struktur und Konsistenz

Im Laufe der Zeit ergeben sich in vielen Groupwaresystemen Probleme bei der Verwaltung der gespeicherten Informationen. Neben der gefürchteten Überfrachtung mit Informationen bereiten vor allem die Versionsverwaltung und die Strukturierung eines zunehmenden Informationsbestands Probleme.

Da die gespeicherten Informationen durch die gemeinsame Nutzung oft mehrfach geändert oder ergänzt werden, kann eine Versionsverfolgung für wichtige Informationen Voraussetzung für eine langfristige Speicherung sein. Die Verwaltung eines Versionsbaums gewinnt durch die Verteilung allerdings erheblich an Komplexität.

Überfrachtung

Auch ohne komplexe Beziehungen der Informationen untereinander kann die Strukturierung des vorhandenen Datenbestands ein nicht triviales Problem darstellen. Die Frage wo spezielle Informationen zu finden sind beziehungsweise wie bestimmte Diskussionen initiiert und gespeichert werden, bedarf oft einer detaillierten Regelung.

Struktur

Die Themen-Schwerpunkte einer Datenbank oder eines Diskussionsforums sind nicht immer aus dem Titel ersichtlich. Für neue Themenstellungen ergibt sich in der Regel die Frage, ob eine bestehende Datenbank genutzt oder eine neue Diskussionsrunde definiert werden soll. Durch die Unübersichtlichkeit in verteilten Systemen wird dieses Problem noch zusätzlich verstärkt.

Moderatoren

In manchen Fällen ist es sinnvoll, für jede wichtige Datenbank beziehungsweise Diskussionsrunde einen Moderator zu bestimmen, der die Diskussionsleitung übernimmt und die inhaltliche Entwicklung der Datenbank verfolgt. Für Brainstormingzwecke mag dies hinderlich sein, für problemorientierte Diskussionen kann sich dies aber als sehr sinnvoll erweisen.

Die Strukturierung und Konsistenz der in einem Groupwaresystem gespeicherten Informationen muß durch geeignete organisatorische Maßnahmen gewährleistet werden.

Den Moderatoren können in vielen Systemen spezielle Rechte für die Gliederung der Diskussion oder die Zuordnung einzelner Beiträge beziehungsweise Themenbereiche eingeräumt werden. Zu den Aufgaben der Moderatoren zählt ferner, Veränderungen der Teilnehmerschaft zu beobachten, die Anlaß für eine Aufteilung der Datenbank oder die Redefinition der Diskussionsrunden sein könnten. Für datenbankübergreifende Themengebiete können entsprechende Experten als Anlaufstelle für Fragen in einem speziellen online-Verzeichnis aufgelistet werden. In großen Organisationen sollten übergreifende Regeln für die Erstellung und Verwaltung von Datenbanken erarbeitet sowie verteilte Register der verfügbaren Datenbanken aufgebaut werden.

6.6.5 Netiquette

Um den Einstieg in die Groupwarenutzung möglichst einfach zu gestalten, ist es sinnvoll, Verhaltensregeln für den zwischenmenschlichen Umgang mittels der neuen Technik festzulegen. Diese auch kollektiv *Netiquette* genannten Verhaltensregeln (siehe auch 7.6 Seite 171) können von den Verhaltensannahmen der Unternehmensethik abgeleitet werden. Ist dies nicht möglich, so sollten sie als Konsens der Benutzer erarbeitet werden.

Anleitung und Sanktion

Bestandteil der Netiquette sind Ge- und Verbote im elektronischen Umgang sowie Regelungen für die Behandlung von Streitigkeiten. Die Netiquette definiert quasi die Beweislast im gegenseitigen Miteinander und hilft so, die Wogen der alltäglichen Mißverständnisse zu glätten. Wichtig ist auch die Sanktionswirkung von Disziplinarmaßnahmen, die für Fehlverhalten definiert werden.

Netiquette-Regeln können von der Vermeidung kontroverser Themen bis zum Verbot der Nutzung für bestimmte Zwecke reichen. Die Disziplinarmaßnahmen können je nach Art des Fehlverhaltens von zeitweiligem Ausschluß von den entsprechenden Kommunikationswegen bis zur formellen Abmahnung durch das Unternehmen reichen.

Die Ausformulierung von Groupware-Verhaltensregeln hat eine Schlüsselfunktion für den reibungslosen Umgang mit Groupwaresystemen.

Die Netiquette darf nicht als statisch behandelt werden, sondern muß den aktuellen Veränderungen kontinuierlich angepaßt und im Konsens der Benutzer weiterentwickelt werden.

6.6.6 Organisatorische Anpassung

Ein wesentliches Groupwareeinführungsproblem, das gleichzeitig einen großen Gestaltungsspielraum öffnet, ist die Anpassung des Belohnungs- und Beurteilungssystems. In vielen organisatorischen Bereichen ist eine entsprechende Veränderung notwendig, da existierende Entlohnungssysteme oft die Nutzung von Groupwareeinsatzmöglichkeiten behindern.

Diskussionsteilnahme

Ein Beispiel für die notwendige Anpassung ist eine gestaffelte Entlohnung für die Beteiligung an Diskussionsforen zusätzlich zur Berücksichtigung der notwendigen Arbeitszeit in der persönlichen Arbeitsplanung. Die notwendigen Bemessungsgrößen lassen sich in den meisten Fällen nach Abstimmung mit dem Betriebsrat durch die Groupwaresysteme selbst ermitteln (siehe 6.6.8 Seite 155). Als Grundlage kann zum Beispiel die Dauer der Teilnahme an einer elektronischen Diskussion oder die Anzahl der Diskussionsbeiträge herangezogen werden.

Informationsbereitstellung

Ebenso wichtig wie die Bewertung der Diskussionsteilnahme ist die Belohnung der Veröffentlichung von wichtigen Informationen. Die Belohnung der Bereitstellung von persönlichem Wissen und anderen nicht frei zugänglichen Informationen läßt sich jedoch weit schwieriger vollziehen, da der Wert der gespeicherten Informationen von ihrer Anwendbarkeit abhängt. Die Zahl der Lesezugriffe auf diese Informationen durch andere Mitarbeiter liefert zumindest einen Indikator für die Nützlichkeit.

Die Bemessung der Diskussions- und Informationsbeiträge sollte jedoch nicht überbewertet werden. Eine grobe Kennzahl ist ausreichend, eine exakte Aufgliederung und Kontrolle im Sinne einer Leistungsrechnung ist sicherlich nicht notwendig. Ebenso wird sich die Entlohnung für diese neuen Tätigkeiten in Rahmen der Verhältnismäßigkeit halten.

Mitarbeiterbeurteilung

Die Beteiligung an einem Groupwaresystem sollte darüber hinaus Eingang finden in die langfristige Mitarbeiterbeurteilung. Neben einem neuen Beurteilungskriterium kommt auch den teamarbeitsbezogenen Bewertungsmaßstäben eine größere Bedeutung zu. Als langfristige Ergänzung zur herkömmlichen Mitarbeiterbeurteilung könnte sich zudem mit der Verbreitung von Groupwaresystemen eine wechselseitige Beurteilung und konstruktive Kritik der Mitarbeiter untereinander mit Hilfe von Konferenzsystemen ausbilden.

Durch Anpassung des Mitarbeiterentlohnungssystems läßt sich auf einfachem Wege ein Anreiz für die aktive Beteiligung an einem Groupwaresystem schaffen.

So einfach und wirkungsvoll die Möglichkeiten der Entlohnungsanpassung erscheinen mögen, so wenig tiefgreifend sind diese Maßnahmen allerdings. Die Mitarbeiter reagieren in gewissem Sinne nur auf die Veränderung ihrer Arbeitsbedingungen, sie nehmen nicht aktiv an diesem Wandel teil. Ein grundlegendes Umdenken oder gar ein aktiver Verhaltenswandel kann deshalb kaum erwartet werden.

6.6.7 Rückkopplung

Um die aktive Teilnahme aller Mitarbeiter an der Veränderung des Unternehmens zu wecken, bedarf es eines Forums, in dem die notwendige und hilfreiche Kritik des Einzelnen die Beachtung der Kollegen und Vorgesetzten findet. Gleichzeitig müssen mögliche Lösungsalternativen offen und unvoreingenommen diskutiert und ein Konsens über die notwendigen organisatorischen Maßnahmen erarbeitet werden können. Der einzelne Mitarbeiter muß das Gefühl bekommen, nicht länger ein Rädchen im Getriebe zu sein, sondern aktiv an den Veränderungen mitwirken zu können. Der Beitrag jedes Mitarbeiters zum Unternehmenserfolg darf nicht länger auf die rein quantitative Arbeitskraft beschränkt sein, sondern muß alle qualitativen Veränderungen des Arbeitsprozesses miteinbeziehen. Daß dieser Wandel des Selbstverständnisses insbesondere in großen, gewachsenen Organisationen nur schwer zu erreichen ist, steht außer Zweifel.

Organisationswerkzeug Groupware

Mit herkömmlichen Organisationsmitteln wie Organisationsgremien oder Qualitäts-Zirkeln läßt sich die Motivation eines jeden Mitarbeiters kaum erreichen. Der Aufwand für die Berücksichtigung der Beiträge vieler Mitarbeiter wäre im Konventionellen mit Sitzungen und Tagesordnungen viel zu groß. Als geeignetes Werkzeug, um diese Art des Kritikrückflusses zu ermöglichen, stellt sich einmal mehr ein unternehmensweiter Groupwareeinsatz dar. Wichtig ist dabei die Wahl einer geeigneten Struktur der Diskussionsforen und die Kombination der richtigen Groupware-Funktionen, um gegebenenfalls eine wahlweise Anonymität zu ermöglichen. Neben der reinen Erfassung und Diskussion der Mitarbeiterkritik muß eine Transparenz der Beschlußfassung und eine kontinuierliche Nachverfolgung der beschlossenen Maßnahmen gewährleistet werden.

Management-werkzeug Groupware

Die Kritik-Rückkopplung dient aber nicht allein der aktiven Beteiligung der Mitarbeiter an der Umgestaltung der Organisation, sondern auch der Verbesserung der Entscheidungsfindung des Managements. Ohne großen Zeitaufwand ist es der Unternehmensführung durch einen derartigen Groupwareeinsatz möglich, im Kontakt mit der breiten Mitarbeiterbasis zu bleiben und gleichzeitig den Überblick über die organisatorischen Probleme zu bewahren.

Der Einsatz eines Groupwaresystems als Organisationsentwicklungs- und Managementwerkzeug hebt die Veränderungsprozesse der Organisation auf eine qualitativ höhere Stufe.

Ist Groupware innerhalb der Organisation grundsätzlich akzeptiert, so kann die weitere Entwicklung der Organisation mit Hilfe der Groupwaresysteme wesentlich vereinfacht werden

6.6.8 Mitbestimmung

Insbesondere in großen Organisationen ist ein Einsatz von Groupware von der Zustimmung des Betriebsrates abhängig. Bestehen bereits allgemeine Vereinbarungen zum Einsatz der Informationstechnik, so sollten diese beim Entwurf der Groupwareanwendungen unbedingt berücksichtigt werden. In allen anderen Fällen sollte der Betriebsrat frühzeitig über den geplanten Einsatz informiert und spätestens bei der Erstellung des Fachkonzepts in das Projekt involviert werden.

Die berechtigten Forderungen der Mitarbeiter nach informationeller Selbstbestimmung dürften allein aus rechtlichen Gründen nicht unberücksichtigt bleiben. In der Regel bildet die Personalisierbarkeit automatisch erfaßter Protokollinformation die Grenze dessen, was mit Zustimmung der Arbeitnehmervertreter realisiert werden kann. Was über die übliche Datenerfassung für die Lohnabrechnung hinausgeht, wird mit Sicherheit am Veto des Betriebsrates scheitern.

Die arbeitsrechtlichen Konsequenzen eines Groupwareeinsatzes sollten mit wachsender Größe der Installation bereits in einer frühen Phase der Entwicklung mit dem Betriebrat abgestimmt werden.

In Einzelfällen können die Mitbestimmungsgremien weitere Bedingungen für eine Einführung wie Zusatzqualifikationsmöglichkeiten oder finanzielle beziehungsweise beschäftigungspolitische Kompensationen für qualitativ höherwertige Arbeiten verlangen. Im Prinzip kann den Forderungen des Betriebsrats soweit entgegengekommen werden, wie der Sinn und Zweck eines Groupwareeinsatzes nicht gefährdet ist. Bislang ist zwar noch keine arbeitsrechtliche Auseinandersetzung um Groupware bekannt geworden, bei der zunehmenden Verbreitung dieser Systeme ist dies aber sicher nur eine Frage der Zeit. Inwieweit die klassischen Mitbestimmungsmechanismen durch den Einsatz von Groupwaresystemen revolutioniert oder gar überholt werden, ist derzeit noch nicht abzusehen.

6.6.9 Mißbrauch

Die Implementatoren von Groupwaresystemen stehen wie bei anderen Informationssystemen vor dem klassischen Dilemma, inwieweit die wünschenswerte Offenheit des Systems gewahrt oder durch restriktiven Zugang ein möglicher Mißbrauch verhindert werden soll. Das Spektrum des möglichen Mißbrauchs ist weit und reicht von Bagatellen wie persönlichen außerdienstlichen Email-Nachrichten über die Verbreitung unliebsamer bis ungesetzlicher Dokumente bis hin zur Sabotage des Systems. Die Auswirkungen dieser Mißbrauchsformen reichen von einer Verstimmung unter den Mitarbeitern über offenen Streit bis hin zu rechtlichen Auseinandersetzungen.

Sanktionen

Die Möglichkeiten der mißbräuchlichen Nutzung lassen sich prinzipiell nicht einschränken, ohne gleichzeitig die Grundidee des freien Informationsaustauschs einzuschränken. Statt technischer Maßnahmen, die ohnehin nur für den Fall eines unberechtigten Zugriffsversuchs von außen greifen können, sollte daher eher ein Sanktionenkatalog für klare Verhältnisse bei Fehlverhalten sorgen. Wird tatsächlich ein Mißbrauch entdeckt, so kann dies meist durch relativ einfache Zugriffsbeschränkungen wirksam geahndet werden. Erst im Wiederholungsfall sollten die üblichen disziplinarischen Maßnahmen wie Abmahnung etc. ergriffen werden. Kriminelle Handlungen hingegen sollten umgehend den zuständigen Behörden gemeldet werden.

Sicherheitsrisiko Administrator?

Besondere Beachtung im Punkt Sicherheit verdient die Rolle der Systemadministratoren. In allen Softwaresystemen nehmen die Administratoren eine besondere Vertrauensposition ein. Auch wenn die meisten Softwaresysteme mehrfache Sicherheitsstufen unterstützen, ermöglicht es in der Regel der direkte Zugriff auf die Hardware, jedwede Sicherheitsbarriere zu umgehen. Besonders schwierig ist diese Situation für geheime Geschäftsinformationen, die den Administratoren nicht zugänglich sein sollten. Eine mögliche Behandlung dieses Problems ist die Schulung der zugriffsberechtigten Mitarbeiter in den für diese Informationen notwendigen Administrationsaufgaben. Dieses Vorgehen birgt allerdings die Gefahr des Totalverlustes der Daten in sich, falls bei der Administration Fehler unterlaufen. Zudem ist diese Vorgehensweise aus technischen Gründen nicht in jedem System möglich.

Dem Mißbrauch von Groupwaresystemen kann nur im beschränkten Maß durch technische beziehungsweise organisatorische Maßnahmen vorgebeugt werden. Eine ausdauernde Wachsamkeit ist deshalb unverzichtbar.

Als Alternative bietet sich die Absicherung des Zugangs zu sensitiven Daten nur durch mehrere Paßwörter an, die unterschiedlichen Personen bekannt sind. Auch diese Lösung hängt von der technischen Machbarkeit ab und schränkt zudem den Zugang zu den sensitiven Daten oft zu sehr ein. Die in der Praxis gängigere Alternative ist die Verteilung der Zuständigkeit für die verschiedenen administrativen Aufgaben auf mehrere Administratoren. Dabei muß aber fast immer ein Kompromiß zwischen einem hohen Sicherheitsniveau und der einfachen Administrierbarkeit des Systems gefunden werden. Je nach den gegebenen Sicherheitsanforderungen wird eher eine restriktive oder offene Position vertreten werden. Verläßt einer der Administratoren die Organisation, sollten vorsichtshalber die Paßwörter und sonstigen Sicherheitsvorkehrungen umgehend abgeändert werden.

7 Praxisbeispiele

Groupwareeinsatzbeispiele sind im deutschsprachigen Raum noch spärlich gesät, insbesondere was unternehmensweite Einsätze angeht. Im folgenden werden einige interessante Fälle in alphabetischer Reihenfolge besprochen inklusive des Sonderfalles Internet.

7.1 Audi

Die Audi AG in Ingolstadt setzt das Produkt *Linkworks* von Digital Equipment abteilungs- und standortübergreifend in verschiedenen Projekten ein, zum Beispiel für Entwicklungs- und Verwaltungsaufgaben. Derzeit sind in der ersten Ausbauphase circa 130 Benutzer in Neckarsulm und Ingolstadt beteiligt.

Pilotprojekte

Die primären Aufgaben des Linkworks-Systems in der Pilotphase reichen von der Unterstützung administrativer Tätigkeiten, wie der Koordination der Entwicklungsarbeiten über die Steuerung und Kontrolle der Durchführung bis zur Dokumentation der Ergebnisse. Als Anwendungsbeispiele können die Vor- und Nachbereitung von Sitzungen inklusive der Terminabstimmung sowie die Nachverfolgung interner Abstimmungsvorgänge gelten. Für die Implementierung einer Fülle von Detailanwendungen wurden entsprechende Anpassungen in Linkworks vorgenommen. Unter anderem waren Veränderungen von Vorgabemasken (templates) notwendig, die Zugriffsrechte von Personen auf Dokumente festlegen, sowie der Entwurf von Objektläufen, die den Weg von Dokumenten durch die Organisation beschreiben. Auf der technischen Seite wurde für das als Ablösung einer All-in-One-Bürokommunikationsanwendung gedachte System eine Schnittstelle zur konzernweiten elektronischen Post (MEMO) realisiert.

Einführung

Die bei der Audi AG gewählte Strategie zur Groupwareeinführung wird der jeweiligen Aufgabenstellung in den einzelnen Bereichen angepaßt. Ausgehend von den Abteilungsleitern werden die einzelnen Projektteams und Arbeitsgruppen in das System einbezogen, wobei die jeweils Verantwortlichen die Führungs- und Multiplikationsrolle übernehmen. Begleitet wird diese Vorgehensweise von einem intensiven internen Marketing, das auf die Möglichkeiten und Chancen des Groupwareeinsatzes aufmerksam machen soll.

Erfahrungen

Wie die Erfahrungen der Pilotphase zeigen, wurde die zwischenmenschliche Komponente des Groupwareeinsatzes, das Emotionale der Projektarbeit unterschätzt. Die Abstimmungsprobleme innerhalb und zwischen den Arbeitsgruppen lassen sich keineswegs nur mit technischen Mitteln beheben. Insgesamt konnten jedoch auch mit vermeintlichen Nebensächlichkeiten große Verbesserungspotentiale aufgedeckt werden. Eine Reihe von Ablaufverbesserungen gehen auf Anregungen aus den Fachbereichen zurück. Die Anwender werden aktiv und finden mit der Zeit immer neue Anwendungsbereiche für das System, so daß der Groupwareeinsatz inzwischen eine gewisse Eigen dynamik entwickelt hat.

Selbstverständnis

Diese Entwicklung wird durch die offene Arbeitsweise des Groupwareeinführungsteams bei Audi gefördert. Oberstes Ziel der Anstrengungen ist es, die vorhandenen Prozesse transparenter zu gestalten und auch nicht vor strukturellen Veränderungen halt zu machen. Im Prinzip muß es erlaubt sein, alles in Frage zu stellen, so ein Grundsatz der Bemühungen. Die Fachbereiche müssen in die Lage versetzt werden, sich selbst zu organisieren. Sie kennen ihre Aufgabenstellung wesentlich besser als jede Organisations- oder EDV-Abteilung. Als logische Konsequenz dieser Erkenntnis kann das Groupwareteam nur unterstützend oder bestenfalls als Katalysator wirken. Entsprechend ist das Selbstverständnis der einführenden Moderatoren beziehungsweise Trainer, die den Anwendern Möglichkeiten aufzeigen, ihre Aufgaben besser zu lösen.

Standardisierung

Den Fachbereichen wird innerhalb der technischen Möglichkeiten weitgehend freie Hand gelassen, ihre spezifischen Abläufe anforderungsgerecht umzusetzen. Die sich aus dieser Vorgehensweise ergebenden Schwierigkeiten für die fachbereichsübergreifende Standardisierung werden pragmatisch gelöst. Die notwendigen Vereinbarungen an den Schnittstellen der Verantwortungsbereiche werden von denjenigen getroffen, die über die entscheidungsrelevante Sachkompetenz verfügen.

Ausbau

Langfristiges Ziel der Groupwareeinführung bei Audi ist der unternehmensweite Einsatz des Systems bis auf die Ebene der Produktion. Das ehrgeizige Ziel soll innerhalb der nächsten zwei bis drei Jahre verwirklicht werden, wobei zunächst die Durchgängigkeit der technischen Austattung das Hauptproblem darstellt.

7.2 Bremer Landesbank

Die Bremer Landesbank setzt das Produkt *TeamOffice* der Firma ICL seit vier Jahren ein. Derzeit sind über 400 der circa 1.100 Mitarbeiter durch dieses Groupwaresystem verbunden, geplant ist der Ausbau für die Mehrzahl der Mitarbeiter bis Ende 1996. Alle PC-Arbeitsplätze sind auf der Basis von Windows 3.1 mit Standardsoftware wie WinWord, Excel und Access ausgestattet und verfügen über eine 3270 Terminalemulation für den Zugriff auf Host-Anwendungen und -Daten.

Netzstrukturen

Die technische Vernetzung erfolgt über Lichtwellenleiter als Backbone sowie über lokale Token Ring Netze auf Basis von OS/2 und LAN-Manager/LAN-Server. Es sind zwei Standorte mit jeweils zwei Gebäudekomplexen vernetzt, wobei ein transparenter Zugriff auf alle Ressourcen möglich ist. Jede Lokation verfügt über ein Domain/Subringkonzept, bei der die verschiedenen Server auf die Subringe aufgeteilt sind. Derzeit erfolgt die Umstellung des Groupwaresystems von einem Server auf vier kooperierende Server, um bei voller Nutzung zu einer hohen Performance zu kommen.

Anforderungen

Zielsetzung der Installation war es, die Erreichbarkeit von Mitarbeitern zu erhöhen und gleichzeitig Störungen durch Telefonate zu minimieren. Ferner wurde eine Rationalisierung der Marginalkommunikation, die nicht das persönliche Gespräch erfordert, beabsichtigt. Terminabsprachen und die Verwaltung von Ressourcen wie Räumen, Dienstwagen etc. sollten ferner vereinfacht werden. Neben dem Telefax Ein- und Ausgang an jedem Arbeitsplatz wurde die elektronische Archivierung von gemeinsam benötigten Dokumenten im Sinne einer Prozeßbegleitung geplant.

Werkzeuge

Zum Einsatz kommen die ICL-*TeamOffice*-Komponenten *TeamMail* in Verbindung mit einem Telefax-Gateway und *TeamArchiv* sowie *TeamCalender* für die Übersicht über Personen und Räume. Alle Werkzeuge können sowohl einzelnen Personen als auch Personengruppen zugordnet werden. Im Kalender und Archiv sind umfangreiche Zugriffsrechte implementiert, um sensible Daten schützen zu können.

Erfahrungen

Die Vorteile des Email-Einsatzes liegen in der „Erreichbarkeit" der Mitarbeiter trotz persönlicher Abwesenheit sowie außerhalb der normalen Geschäftszeiten. Die Entkoppelung der Kommunikation führt zu einer besseren Zeiteinteilung, da weniger Störungen durch eingehende Telefonate und ad-hoc-Besuche auftreten. Weiterhin kann eine automatische Verteilung von Informationen an Gruppen inklusive Empfangsnachweis erfolgen. Das entlastet Besprechungsrunden und sorgt für eine schnellere Informationsverteilung. Eine große Zeitersparnis ergibt sich aus der Nutzung des Faxgateways, da dadurch Wege zu konventionellen Faxgeräten, die an zentralen Stellen der verschiedenen Unternehmensstandorte aufgestellt sind, minimiert werden. Ein ebenso großer Vorteil ist die Möglichkeit, erstellte Dokumente als Postanhang zu versenden. Dadurch werden in hohem Maße Hauspostzeiten eingespart.

Gruppenkalender

Der Kalender ermöglicht jederzeit eine Übersicht über die verfügbare Zeit von Personen und Ressourcen. Freie Zeiten können automatisch gefunden werden, Überschneidungen lassen sich besser vermeiden, und sensitive Daten sind geschützt. Allerdings bedeutet der Einsatz von elektronischen Kalendern auch die Notwendigkeit, diese penibel aktuell zu halten. Außerdem muß, soweit erforderlich, ein Papierkalender parallel gepflegt werden, was zunächst die Akzeptanz erschwerte. Durch gemeinsame Konventionen konnte diese Problematik jedoch behoben werden. Die Zeithoheit der Mitarbeiter wurde dabei als entscheidendes Kriterium identifiziert. Gemäß dem nun geltenden sozialen Protokoll werden Terminreservierungen nicht als verbindlich, sondern als Anfrage angesehen, bis eine Bestätigung oder Ablehnung erfolgt. Durch diese Vorgehensweise üben die Mitarbeiter nach wie vor die Kontrolle über ihre persönliche Zeiteinteilung aus und fühlen sich nicht durch das System eingeengt.

Einsatzbeispiel

Als typische Nutzung des Systems kann die Vorbereitung einer Abteilungs- oder Gruppensitzung gelten. Der Termin und die Räumlichkeiten können durch *TeamCalender* automatisch ermittelt werden. Der Versand der Einladung geschieht ebenso wie die Bestätigungen elektronisch. Die Agenda wird ebenfalls auf diesem Wege übermittelt. Als Nachbereitung wird das Protokoll per Email versendet; externe Gesprächsteilnehmer werden per Fax direkt aus der Anwendung heraus versorgt. Eine empirische Untersuchung ergab für die Sitzungs-Vor- und -Nachbereitung eine Zeiterparnis von über 90% durch den Groupwareeinsatz.

Akzeptanzunterschiede

Die Akzeptanz der Groupwareanwendung ist bei Beginn des Einsatzes unterschiedlich. Die elektronische Post wird schnell vom Spielzeug zu einem unverzichtbaren Kommunikationswerkzeug, das das Telefon entlastet. Beim Kalender wirkt sich zunächst die Doppelpflege hemmend aus. Durch die hohen Zeitvorteile bei der Terminfindung werden Vorurteile jedoch dann mittelfristig abgebaut. Es sind jedoch verbindliche Absprachen zur Nutzung notwendig.

Das Archiv bedeutet für die Fachbereiche die meiste Vorarbeit, da hier ein Einsatz erst Sinn macht, wenn ein strukturierter Aufbau gegeben ist. Daher haben die Abteilungen auch die Verantwortung beim Aufbau der Archive und bestimmen aus ihren Reihen einen Verantwortlichen. Eine einheitliche Systematik für alle Bereiche ist nicht sinnvoll, da sich das Archiv an den Notwendigkeiten der einzelnen Fachabteilungen ausrichten muß. Nur mit einer permanenten Pflege und verbindlichen Regeln der Nutzung lassen sich die Vorteile der Anwendung realisieren. Der jedereit nachvollziehbare Stand einzelner Dokumente, der gemeinsame Zugriff mehrerer Personen zur gleichen Zeit auf die jeweils aktuelle Version und nicht zuletzt die Papiervermeidung sind wichtige Argumente für ein elektronisches Archiv. Als Beispiel kann das Kreditsachbearbeiterhandbuch gelten, das in dreimonatlichen Abständen geändert wird. Jeder Mitarbeiter kann durch die TeamArchiv-Lösung immer auf den aktuellen Stand zugreifen. Das System wird als zugriffssicher angesehen und Tests haben das bestätigt, sodaß sogar die Revision das elektronische Archiv für interne Zwecke nutzt.

Ausbau

Nachdem die Einführungstrategie inzwischen umgesetzt wird, beginnen Tests mit dem Baustein *TeamForum*. Weiterhin werden Workflowkomponenten getestet und auf ihre Einsetzbarkeit hin überprüft.

7.3 British Petroleum

Die deutsche Tochter der British Petroleum ist seit mehreren Jahren in ein weltweites *Lotus Notes*-Netzwerk der BP eingebunden. Das von der Zentrale in London ausgehende Netz erstreckt sich über Paris, Boston und Singapur bis Melbourne in Australien und Wellington in Neuseeland. Das aus circa 45 Servern bestehende Netzwerk wird von über 6.000 Mitarbeitern zum Teil in internationaler Zusammenarbeit genutzt. Neben den im globalen Verbund genutzten Anwendungen wie den Produktdatenbanken für Ölsorten beziehungsweise eine Wettbewerbsanalyse werden in Deutschland Bestellungen im Bereich der Schmierstoffe über Notes abgewickelt. Vom EDV- Entwicklungsteam werden Anwendungen für das Projektmanagement, für die Verteilung von Softwareupdates sowie für die Meldung und Behandlung von Softwarefehlern eingesetzt. Lediglich die Email-Funktion von Lotus Notes wird bei der BP nicht genutzt, da bereits ein internationales Netz von MS Mail-Systemen im Einsatz ist. Es wurde bislang auch kein Gateway zwischen den Systemen bereitgestellt. Die Notes Mail wird lediglich für administrative Aufgaben genutzt.

Einführung

Die Einführung von Lotus Notes bei der BP erfolgte im wesentlichen von oben nach unten. Ausgehend von einer Vorstandsanwendung für das Katastrophenmanagement wurde der Noteseinsatz Zug um Zug ausgeweitet. Nach guten Erfahrungen des Pilotprojektes wurde vom EDV-Team bei der Planung abteilungsübergreifender Anwendungen Notes als Realisierungsalternative ins Spiel gebracht. Bei den anschließenden Demos vor dem jeweils zuständigen Management sprachen die Möglichkeiten des verteilten Informationsmanagement oft für Notes. Heute hat sich der Notes-Einsatz bei der deutschen BP weitgehend zu einem Selbstläufer entwickelt. Aus den Fachbereichen kommen ständig neue Anregungen, und nicht wenige Anwendungen werden direkt dezentral entwickelt. Derzeit nutzen etwa 400 Mitarbeiter das System in Deutschland, davon sind circa 150 in der Zentrale in Hamburg beheimatet sowie über 150 im Außendienst mit der Betreuung von Großkunden beschäftigt.

Organisation

Während in den Fachbereichen weitgehend die bestehenden Abläufe mit dem neuen Werkzeug unterstützt wurden, ergaben sich hauptsächlich für die EDV-Abteilung organisatorische Änderungen. Heute werden neue Anwendungen direkt für ganz Europa konzipiert und nicht mehr nur auf Landesebene projektiert. Im Bereich Notes werden nur noch kleinere Entwicklungen im Haus vorgenommen, insbesondere wird keine interne Entwicklung mit der Notes-Programmierschnittstelle betrieben. Entsprechende Projekte werden wie die Realisierung komplexerer Datenbanken extern vergeben. Lediglich zwei Administratoren betreuen das gesamte bundesdeutsche Notes-Netzwerk von Hamburg aus. Der Großteil der administrativen Tätigkeiten wie die Einrichtung neuer Nutzer wird allerdings von der Europazentrale in London aus abgewickelt.

Vor- und Nachteile

Die relativ einfache Bedienbarkeit von Lotus Notes sowie die einheitliche Handhabung der Anwendungen haben sich positiv auf die Akzeptanz der Benutzer und den Betreuungsaufwand durch das Groupwareteam ausgewirkt. Lediglich das Management von Replikationskonflikten führte zunächst zu Problemen, die jedoch mit der Benennung eines Verantwortlichen je Datenbank gelöst werden konnten. Einzig die Auslastung des Netzwerkes bereitet der EDV-Abteilung nach wie vor Probleme.

Ausbau

Für die Zukunft ist eine Ausweitung des Lotus Notes Einsatzes als unterstützendes Werkzeug für die Betreuung von Tankstellen geplant. Ebenso sollen Arbeitsabläufe im Fachbereich Schmierstoffe automatisiert sowie die Anbindung verschiedener Hostsysteme realisiert werden. Im internationalen Verbund wird eine Koordination des Bestellwesens der Einkaufsabteilungen angestrebt. Auf der technischen Seite verspricht man sich von dem ebenfalls geplanten Umstieg von OS/2 auf NT als Serverplattform eine Verbesserung der Netzwerklast auf den 64KBit-Leitungen zwischen den Standorten.

7.4 Daimler-Benz Holding

Im Daimler-Benz Konzern wird das Produkt *Lotus Notes* in einer Reihe von Projekten von mehreren tausend Mitarbeitern eingesetzt. Eine interessante Anwendung ist das **A**uslands**L**ieferanten **I**nformations**S**ystem (ALIS).

ALIS

Im Rahmen des Beschaffungsmarketings im Daimler Benz Konzern wurde unter dem Stichwort *Global Sourcing* ein Informationssystem der internationalen Zulieferer erstellt, das weltweit die Einkäufer der Tochtergesellschaften mit detaillierten Informationen über potentielle Lieferanten in anderen Teilen der Welt versorgen soll. Zu den von den Daimler-Benz Einkaufsbüros und den Einkäufern ausländischer Niederlassungen gesammelten Informationen über circa 1.600 potentielle Lieferanten zählen Standorte, Kontaktpersonen, Produkte, Kunden, Umsätze und Konditionen. Detailanfragen zu den einzelnen Lieferanten werden jeweils an das zuständige Einkaufsbüro weitergeleitet, das die notwendigen Informationen recherchiert.

Nutzung

In über zwanzig Konzern-Einkaufsbüros werden die Lieferantendaten gesammelt und erfaßt sowie bestehende Datenbestände gepflegt. Circa 120 Konzerneinkäufer nutzen die Daten an über fünfzig Standorten, um für die verschiedenen Tochergesellschaften die optimalen Einkaufsbedingungen zu ermitteln. Von der Mercedes-Benz Hauptverwaltung bei Stuttgart über die Deutsche Aerospace bis hin zu Niederlassungen in den USA und Singapur werden die Einkaufsaktivitäten des Daimler-Konzerns mittels Notes koordiniert.

Probleme

Schwierigste Aufgabe in diesem umfangreichen Projekt war es, ein einheitliches Format für die Lieferanteninformationen zu finden, da es sich bei den betrachteten Lieferungen um die unterschiedlichsten Produkte handelt. Ohne zentrale Applikationsentwicklung wäre dies nicht zu verwirklichen gewesen. Die Datenbanksprache ist trotz internationalen Einsatzes Deutsch, da vorwiegend deutschsprachige Mitarbeiter das System nutzen. Mittelfristig wird allerdings eine deutsch-englische Zweisprachigkeit des Systems angestrebt, wobei insbesondere die Übersetzung von Produktgruppenbezeichnungen ein Problem darstellt.

Ausbau

Während in der Anfangszeit des Projektes einzelne Arbeitsplatzrechner an den Auslandsstandorten verwendet wurden, sind diese inzwischen durch eigenständige Serversysteme abgelöst worden. Dementsprechend hat sich innerhalb der Einkaufsbüros eine gewisse Eigeninintiative entwickelt, manche Vertretungen organisieren sich inzwischen selbst. Für die Zukunft ist ein Gateway zum zentralen MEMO-Emailsystem geplant sowie der Aufbau einer Datenbank über Einkaufsvolumina. Die Erfahrungen mit dem ALIS-System werden zudem im Management von Industrialisierungsprojekten in China und den GUS-Staaten weiterverwendet.

Daimler-Benz Notes Netz

Der Daimler Benz Konzern verfügt über ein umfangreiches Lotus Notes Netzwerk, das in die gegebene Host-Landschaft weitgehend integriert wurde. Es bestehen Email-Verbindungen zu den Systemen MEMO, OfficeVision/VM (PROFS), All-in-One, WANG Office, OfficeVision/MVS (DISOSS) sowie zu X.400 Netzen, die über Gateways der Firma SoftSwitch realisiert wurden. Über 70.000 Benutzer können weltweit über eine einheitliche Adressierung erreicht werden. Als Mindestanforderung an die Integration werden Rückmeldungen über eine Empfangsbestätigung oder die Unzustellbarkeit garantiert.

Empfehlungen

Aus der Erfahrung vieler unterschiedlicher Notes-Projekte bei der Daimler Benz AG haben sich einige Erkenntnisse herausgebildet. Die organisatorische Betreuung ist für den Einsatz von Groupwaresystemen entscheidend. Eine mit dem Kauf der Lizenzen verbundene Schulung der Mitarbeiter reicht nicht aus. Ferner sollte das Top Management in die Aktivitäten involviert und von dem geplanten Einsatz überzeugt sein. Schließlich ist eine Bewertung eines Groupwareeinsatzes von der technischen Seite unzureichend. Organistorische Effekte sind zwar schwerer zu quantifizieren, sollten aber für die Entscheidungsfindung ausschlaggebend sein.

7.5 Goldmann Verlag

Der Goldmann Verlag hat bereits seit einigen Jahren die Kommunikation zwischen Außen- und Innendienst mit Hilfe einer speziell für diesen Zweck entwickelten *Lotus Notes*-Anwendung revolutioniert. In der Ausgangssituation wurde eine Umstrukturierung der Vertriebsorganisation vorgenommen, für die ein homogenes Arbeitsumfeld trotz der notwendigen Aufteilung in heterogene Arbeitsgruppen gesucht wurde. Die Kommunikationsprobleme zwischen Außen- und Innendienst konnten auf ein reines Mengenproblem zurückgeführt werden. Die mitarbeiterspezifische Verteilung der Informationen ließ sich mit herkömmlichen Datenbanken nicht bewältigen, zumal zusätzliche technische Kommunikationsprobleme auftraten.

Anforderungen

Die Zusammenarbeit verteilter heterogener Arbeitsgruppen, insbesondere eine komplette Vorgangsbearbeitung für Buchprojekte und deren Vertrieb wurde als Zielsetzung für die Entwicklung einer Groupwareanwendung identifiziert. Da die Buchtitel die gesamte Organisation durchlaufen und auf externe Ereignisse schnell reagiert werden sollte, wurde eine Aufteilung der Anwendung in eine Kunden- und eine Titeldatenbank ins Auge gefaßt. Es sollte eine schnelle Übersicht der aktuellen Vorgänge nach Kunden und nach Produkten sowie eine aufgabenbezogene Verteilung auf die Außendienstmitarbeiter möglich sein. Ferner wurde an eine komfortable Dokumentenarchivierung und Vertragsverwaltung gedacht.

Realisierung

Für die Realisierung der Anforderungen wurde Lotus Notes gewählt, dessen Kommunikationsstruktur durch Email und Replikation für die Steuerung der Informationsflüsse ideal erschien. Die leichte Bedienbarkeit und strukturierte Darstellung erwies sich ebenso wie das Sicherheitskonzept als vorteilhaft. Eine Voraussetzung für die schnelle Implementierung war die Möglichkeit, Änderungen noch im laufenden Betrieb durchzuführen, wobei die Verteilung der Änderungen ebenso automatisch wie die Verteilung der Daten durchgeführt werden kann.

Die Implementierung des Systems erfolgte ohne aufwendige Spezifikation innerhalb von sieben Monaten in zwei Phasen. Zunächst wurde die Kundendatenbank aufgebaut, in der die gesamte Korrespondenz mit den circa 10.000 Kunden gespeichert wird. In einer Pilotinstallation wurden 15 Mitarbeiter des Innendienstes und 6 Außendienstmitarbeiter im süddeutschen Raum mit dem Prototyp ausgestattet. Auf die positive Resonanz des Pilotprojektes hin wurde mit dem Aufbau der Titeldatenbank begonnen, die circa 13.000 Buchtitel enthält. Parallel zur Verteilung der Titeldatenbank wurde die Installation auf 24 Innen- und 26 Außendienstmitarbeiter erweitert.

Problemfelder

Die Migration der Anwendungsdaten erwies sich als problematisch, die Datenaufbereitung mußte über ein Clipper-Programm geschehen, während die eigentliche Massendatenhaltung in Notes erfolgte. Die Kundendatenbank wuchs mit der Zeit auf insgesamt circa 300MB. Die Titeldatenbank, die alle Titel der letzten sechs Jahre sowie täglich aktualisierte Absatzzahlen enthält, umfaßt heute über 50MB. Die Größe der Datenbanken, verbunden mit der Komplexität der Ansichten und Indizes, führte zu Performance- und Instabilitätsproblemen. Im schlimmsten Fall kann es zu Antwortzeiten von bis zu 30 Sekunden für einzelne Dokumente sowie Verzögerungen von mehreren Minuten beim Neuaufbau von Ansichten kommen. Die Ursachen dieser Probleme liegen im hohen Strukturierungsgrad der Datenbanken.

Maßnahmen

Neben Sofortmaßnahmen wie der Umstellung der Indexierung von permanenter auf periodische Aktualisierung wurden eine Reihe weiterer technischer Maßnahmen vorgenommen. Die Kundendaten wurde auf die sechs Vertriebsgebiete aufgesplittet, was den Aktualisierungsaufwand erhöhte, die Zugriffszeiten jedoch reduzieren half. Weiterhin sind heute drei kooperierende Serversysteme im Einsatz. Eines für die Kundendatenbank, eines für die Titeldatenbank und eines für die Kommunikation mit den mobilen Mitarbeitern.

mobile Nutzer

Auf der Seite der Außendienstmitarbeiter mußte die Datenmenge bei der Replikation auf einzelne Vertriebsgebiete beziehungsweise auf die häufigsten Titel beschränkt werden. Durch den frühen Start des Projektes müssen zudem einige Hardwarebeschränkungen hingenommen werden. Die seinerzeit angeschafften 386er Notebook mit 8MB-Hauptspeicher und 200MB-Festplatte erweisen sich im nachhinein als zu langsam. Aus Performanzgründen ist daher bis heute im mobilen Einsatz nur die Notes Version 2.1 im Gebrauch, während auf der Serverseite Notes 3.1.5 genutzt wird. Durch die Versionsunterschiede ergeben sich gelegentlich Inkonsistenzen der Datenbanken, die jedoch durch administrative Maßnahmen behoben werden können. Bei größeren Veränderungen der Datenbestände ergibt sich dennoch ein nicht unerheblicher Aufwand. So dauert etwa die Replikation der neuen Monatsdaten bis zu vier Stunden, und zum Jahreswechsel kann der Aufbau der Indizes auf den Notebooks bis zu zwölf Stunden in Anspruch nehmen.

Akzeptanz

Trotz der Probleme bei der Handhabung ist die Akzeptanz des Systems unter den Benutzern insgesamt gut. Lediglich die Unterstützung für die Verfolgung von Abläufen werden von den Mitarbeitern nicht genutzt, da die Terminverwaltung und die Erinnerungsfunktionen als einengend angesehen werden. Da die Organisation im Innendienst auf ganzheitliche Tätigkeiten abzielt, die sofort erledigt werden, ist diese Einschränkung nicht von wesentlicher Bedeutung.

Mit dem neuen System konnten die Kommunikationsschwierigkeiten zwischen dem Innen- und Außendienst sowie zwischen den Außendienstmitarbeitern untereinander überwunden werden. Alle wichtigen Informationen stehen nun, wann und wo sie nötig sind, zur Verfügung. Die Informationen können zudem ohne gezielten Versand an einzelne Mitarbeiter bereitgestellt werden. Wann diese Daten genutzt werden, bestimmt der jeweilige Mitarbeiter. Daß für die Aktualisierung jeder Mitarbeiter selbst verantwortlich ist, setzt allerdings ein erhöhtes Maß an Disziplin voraus, das unter den Mitarbeitern erst durchgesetzt werden mußte.

Erfahrungen

Die persönliche Kommunikation unter den Innendienstmitarbeitern wird nur unwesentlich geringer. Insbesondere der Aufwand für Besprechungen wird kaum reduziert. Der zeitnahe Informationsabgleich zwischen den Außendienstmitarbeitern wird dagegen wesentlich vereinfacht, und viele qualitative Informationen können so erstmals genutzt werden.

Als wesentliche Kosten machte sich die Hardwareausstattung, gefolgt von den Softwareinvestitionen bemerkbar. Entwicklungsaufwand und Schulungskosten hielten sich dagegen in Grenzen. Der Administrationsaufwand ist jedoch durch die Leistungsprobleme vergleichsweise hoch. Durch die Leistungsbeschränkungen hat sich auch die Verknüpfung von Titel- und Kundendaten als unpraktikabel erwiesen, womit eines der zentralen Ziele des Systems nicht erreicht wurde.

Ausbau

Ein weiterer Ausbau des Systems ist zunächst nicht geplant, es wird vielmehr eine Konsolidierung der Struktur und Funktionalität der Anwendung angestrebt, um die Performance und Stabilität weiter zu erhöhen.

7.6 Internet

Betrachtet man vordringlich den kommunikativen Aspekt, so könnte man das Internet zweifelsohne als das größte Groupwaresystem der Welt bezeichnen. Über einhundert Millionen Anwender aus mehr als hundert Nationen tauschen täglich über das Internet Informationen, Wissenswertes und persönliche Meinungen aus. Der Austausch persönlicher Nachrichten ist zwar nur ein Aspekt des Internet, doch kommt diesem Medium aufgrund des Umfanges und der Länge des Einsatzes eine besondere Bedeutung zu.

ARPAnet

Ende der sechziger Jahre wurde der Vorläufer des Internet, das *ARPAnet*, als militärisches Kommunikationsmedium für den Fall eines Atomschlages gegen die USA von der *Advanced Research Projects Agency* (ARPA) des Pentagon entwickelt. Später wurde das backbone-Netzwerk des ARPAnet von der *National Science Foundation* (NSF) als Kern des Internet übernommen und ausgebaut. Seine größte Stärke, das kompromißlos offene Design ohne zentrale Kontrolle, das Kommunikationsstörungen flexibel auzugleichen vermag, hat das Internet jedoch bis heute beibehalten. Auch der Ausbau zum Kontinente umspannenden globalen Netzwerk hat daran nichts geändert. In jüngster Zeit arbeitet die NSF daran, das Backbone des Internet an kommerzielle Netzwerkbetreiber zu übergeben, um sich neueren Netzwerktechniken wie den ATM-Netzen zuzuwenden.

Architektur

Neben dem internationalen Backbone-Netzwerk setzt sich das Internet aus vielen Telefonstandleitungen beziehungsweise -wählverbindungen zwischen den einzelnen Knotenrechnern zusammen. Ebenso geschieht der Zugriff auf das Internet in der Regel über Telefonverbindungen zum nächsten Knotenrechner. Erst in jüngster Zeit sind ISDN-Verbindungen als leistungsfähigere Alternative im Einsatz. Je nach Art der Verbindung verfügt der Endbenutzer über eine eigene Kennung auf dem Knotenrechner, über die er interaktiv mit verschiedenen Dienstprogrammen auf das Internet zugreift. Andernfalls wird das Netzwerkprotokoll des Internet, das *Transfer Control Protocol/Internet Protocol* (TCP/IP) bis zum Arbeitsplatzrechner des Benutzers geführt, der damit selbst zu einem Knoten des Internet wird und nicht nur alle Dienste des Netzes nutzen, sondern auch eigene zur Verfügung stellen kann. Die Abrechnung der Internet-Nutzung geschieht im ersten Fall nach der Dauer des Online-Zugriffes und im zweiten Fall nach der Menge der übertragenen Daten. Es sind aber auch Kombinationen aus beiden Abrechnungsverfahren denkbar.

Internet-Dienste

Neben typischen Netzwerk-Diensten wie Dateitransfer (ftp) oder Terminalemulation (telnet) sind vor allem die höherwertigen Dienste wie elektronische Post (mail), Diskussionsforen (news) und die in jüngster Zeit entstandenen vernetzten Informationswerkzeuge *gopher*, *WAIS* und *World Wide Web* als zentrale Dienste des Internet zu nennen.

Dateitransfer

In den Anfängen des Internet stand die Übertragung von Dateien im Mittelpunkt. Programme wie kermit oder uucp (unix to unix copy) waren die Vorläufer von tcp/ip Diensten wie das *File Transfer Protocol* (FTP), das einen manuellen oder auch automatischen Dateitransfer erlaubt. Um trotz der enormen Verteilung einzelne Dateien wiederzufinden, wurde eigens das Prospero Protokoll entwickelt, das über Nacht Verzeichnisse der verschiedenen ftp-Server aktualisiert. Diese können dann über das Dienstprogramm *archie* abgefragt werden.

Messaging

Der am meisten genutzte Dienst des Internet ist die elektronische Post, die über das *Simple Mail Transfer Protocol* (SMTP) abgewickelt wird. Neben der persönlichen Kommunikation können im Internet auch Diskussionen zwischen Benutzergruppen über Email abgewickelt werden. Spezielle Serverprogramme, mailserver genannt, verwalten Verteilerlisten für den multilateralen Austauch von Email-Nachrichten zwischen den Benutzern. Interessanterweise kann die An- und Abmeldung an diese mailbasierten Diskussionen ebenfalls über Email-Nachrichten gesteuert werden. Spezielle mailserver stellen darüber hinaus Gateways zu anderen Netzwerkdiensten wie ftp, nntp oder http (siehe unten) her. Binärdateien, die dabei zu übertragen sind, werden über die aus den Anfangszeiten des uucp-basierten Internet über die Dienstprogramme uuencode und uudecode beziehungsweise über die *Multipurpose Internet Mail Extension* (MIME) in ASCII Zeichen codiert.

Newsgroups

Teile des Internet, aber auch Netzwerke außerhalb des Internet bilden das sogenannte *Usenet,* über das die *Net News* mittels des *Net News Transfer Protocol* (NNTP) übertragen werden. Die Usenet news strukturieren sich in Newsgroups, an denen die Benutzer teilnehmen können, um Artikel in die hierarchische Struktur der Diskussionen einzustellen. Die in den Newsgroups enthaltenen Artikel werden über das gesamte Internet verteilt, soweit sie nicht vom Autor auf ein Teilnetz wie zum Beispiel die USA eingeschränkt werden. Über bidirektionale Mail-Gateways können zudem Newsgroups mit Mailserver-basierten Diskussionsgruppen abgestimmt werden.

Informations-systeme

Um den Umgang mit den verschiedenen Internet-Diensten zu vereinfachen, wurden in den letzten Jahren verschiedene einfachere Benutzerschnittstellen für das Internet entworfen. Alle diese höherwertigen Zugangssysteme stellen dem Benutzer eine menüartige Auswahlmöglichkeit zur Verfügung, über die man mittels Tastatur- oder Mauseingaben durch das Informationsnetz wandern kann.

Gopher

Der einfache *gopher* Dienst stellt im wesentlichen Ausschnitte der Verzeichnis- und Dateistruktur der einzelnen Netzwerkknoten zur Verfügung und ermöglicht eine textuelle Aufbereitung der zur Verfügung stehenden Informationen. Spezielle Dienste wie das Serversystem Veronica gleichen periodisch ein Verzeichnis aller im Gopher-System veröffentlichten Informationen ab, so daß ein Großteil der weltweit verteilten Daten zentral abgefragt werden kann.

World Wide Web

Das *World Wide Web* (WWW) arbeitet mit einer eigenen Informationsbeschreibungssprache der *Hypertext Markup Language* (HTML) weitgehend unabhängig von der Struktur der Informationsspeicherung. Über *Universal Ressource Locator* (URL) genannte Verweise können die verschiedenen Informationseinheiten miteinander verknüpft werden. Über das *Hypertext Transfer Protocol* (HTTP) können sogenannte Browser jeweils einzelne HTML-Beschreibungen von den http-Servern abfragen und als Seiten auf dem Bildschirm anzeigen. Die URLs werden dabei grafisch markiert und dienen als Einstiegspunkte zu weitergehenden Informationen. Auf der Serverseite können die HTML-Beschreibungen als Dateien hinterlegt sein oder erst bei der Abfrage durch den Benutzer zum Beispiel aus einer Datenbank generiert werden. Über die URLs lassen sich sowohl Abfragen an Datenbanken als auch andere Dienste wie ftp oder nntp integrieren. Die Browser reagieren auf die einzelne URL jeweils passend, indem sie Dateien per ftp empfangen oder etwa die Newsgruppen-Diskussionen darstellen. Die HTML Beschreibungssprache ermöglicht in den neueren Versionen zusätzlich die Gestaltung von Formularen, mit denen der Benutzer Abfragen oder andere Eingaben an einen http-Server zurücksenden kann. Die http-Server neuerer Generation wiederum können über sogenannte *Common Gateway Interface* (CGI)-Skripte weitgehend programmiert werden, so daß sich die HTML Antworten auf Benutzeranfragen sehr flexibel gestalten lassen. Spezielle Serverprogramme, Würmer, Wanderer oder Spinnen genannt, laufen zudem periodisch sämtliche Verbindungen im Word Wide

Web ab und katalogisieren die vorgefundenen Informationen nach Stichwörtern. Die so erstellten Verzeichnisse bieten eine Fülle von Einstiegspunkten in den weltweiten Informationsverbund.

WAIS

Das *Wide Area Information System* (WAIS) arbeitet datenbankorientiert und ermöglicht über das Z.39.50 Protokoll die Beantwortung komplexer Abfragen. Das leistungsfähige WAIS Protokoll erlaubt nicht nur die Ausnutzung einer Volltextindexierung der gespeicherten Informationen, sondern kann auch für die Nutzung mehrerer verteilter Informationsbasen erweitert werden. Während Gopher nur eine einfache Benutzerschnittstelle zur Verfügung stellt, legt WAIS den Schwerpunkt auf die Abfragemöglichkeiten. Mit der HTML-Sprache erreicht das World Wide Web die höchste Flexibilität bei der Darstellung und wird daher auch am stärksten für Pilotprojekte im Bereich des Information Highway eingesetzt. An einer Reihe weiterer Informationssysteme wird weltweit in den Forschungslabors gearbeitet. Die Unterstützung von Multimedia-Datentypen ist dabei ebenso betroffen wie die dreidimensionale Navigation in Informationsräumen.

Philosophie

In Bezug auf die Wechselwirkungen der computerbasierten Medien mit der zwischenmenschlichen Kommunikation hat sich im Internet zweifelsohne der längste und fundierteste Erfahrungsschatz angesammelt. Die Freiheit der persönlichen Meinungsäußerung ist der oberste Grundsatz der Kommunikation im Internet. Die von manchen Knotenbetreibern auferlegten Einschränkungen der Thematiken werden in der Regel nicht akzeptiert. Das Internet führt die Informationen ohnehin auch um die zensierten Knoten herum, so daß sich höchstens lokale Beschränkungen ergeben. Die andererseits vielbeschriebenen Grauzonen des Internet, die sich mit zweifelhaften Themen beschäftigen, werden völlig überbewertet. Wer nicht nach ausgefallenen Newsgruppen sucht, wird höchstens zufällig darüber stolpern. Der bei weitem überwiegende Teil der im Internet verfügbaren Informationen bezieht sich auf fachliche Diskussionen zu den verschiedensten Themenstellungen.

Selbstkontrolle

Das Internet ist andererseits keineswegs von völliger Anarchie geprägt, wie vielfach unterstellt wird. Grobes Fehlverhalten der Benutzer und ein klarer Mißbrauch des Internet werden nach der Internet-Philosophie von den Betreibern der jeweiligen Zugangsknoten geahndet. Dies geschieht durch teilweisen oder vollständigen Entzug des Netzwerkzugangs, je nach Schwere der Vergehen. Leider sind die Administratoren in vielen Fällen mit der Ahndung kleiner Verstöße überfordert oder als kommerzielle Netzbetreiber nicht gewillt, hart durchzugreifen. Krasse Fälle wie der Mißbrauch von Kennungen oder die Verbreitung illegalen Materials werden jedoch in der Regel streng verfolgt.

Netiquette

Für den Alltag der Internet-Benutzung haben sich im Laufe der Jahre einige Konventionen eingespielt, die als Musterbeispiel für den Umgang mit den neuartigen elektronischen Medien gelten können. Am prägnantesten lassen sich diese Konventionen am Beispiel des Usenet verdeutlichen, für das sogar ein eigenes Netiquette-Dokument existiert. Um Neulingen den Einstieg in die Diskussionsgruppen des Usenet zu erleichtern, existieren spezielle Newsguppen wie *news.groups* oder *news.answers*, die allgemeine Informationen zum Usenet und den einzelnen Newsgroups enthalten. Für fast jede Newsgroup existieren darüber hinaus sogenannte *Frequently Asked Questions* (FAQ)-Dokumente, die in regelmäßigen Abständen veröffentlicht werden und die wichtigsten Informationen über die jeweilige Newsgroup zusammenfassen. Wie viele andere Informationsquellen des Internet werden diese FAQs von Freiwilligen, meist langjährigen Teilnehmern der jeweiligen Newsgroups, gepflegt.

Wichtigster Grundsatz für die Benutzung des Usenet ist, nicht die falsche Frage an die falsche Newsgroup zu richten. Wer nicht zuerst in der entsprechenden FAQ nachgelesen hat, sieht sich schnell dem Flaming ausgesetzt, dem internen Regulativ des Internet, mit dem Fehlerverhalten sanktioniert wird. Während hilfesuchende Neulinge oft von der Hilfsbereitschaft der langjährigen Internet-Nutzer überrascht werden, haben latente Störer meist nicht viel zu lachen. Sie werden von ungehaltenen Teilnehmern mit eindeutigen Email-Nachrichten in großen Mengen bombardiert und meist allein wegen des hohen Email-Aufkommens von den zuständigen Administratoren zur Rechenschaft gezogen.

Basis-demokratie

Ein Bereich, in dem die basisdemokratische Eigenschaft des Internet am deutlichsten wird, ist die Veränderung der Newsgroup-Struktur. Aufsplittung, Umbenennung, Neuerstellung oder Löschungen von Newsgroups werden zunächst in den relevanten Newsgruppen vorgeschlagen und diskutiert. Kommt es nicht zu wesentlichen Widersprüchen, so wird eine Abstimmung über eine spezielle Mailserver-Software eingeleitet. Sprechen sich über die Hälfte der Email-Wähler, mindestens aber einhundert Teilnehmer, für die Veränderung aus, so wird sie von den News-Administratoren ausgeführt. Andernfalls muß mindestens ein halbes Jahr gewartet werden, bis über einen neuen Vorschlag abgestimmt werden kann. Diese Vorgehensweise hat sich im Laufe der Jahre als für das Medium passend eingespielt. Es gibt jedem Teilnehmer die Möglichkeit, die aktiven Veränderungen des Mediums mitzugestalten und hält andererseits den administrativen Aufwand in Grenzen.

aktuelle Probleme

Durch das starke Wachstum des Internet im Zuge der Information-Highway-Euphorie in den USA bereiten die vielen neuen und unerfahrenen Nutzer im Netz deutliche Probleme. Neben purer Unwissenheit oder Ignoranz hat es Probleme mit Kettenbriefen, anarchistischem Verhalten und vorgetäuschten Kennungen immer schon gegeben, doch in letzter Zeit häufen sich die Vorkommnisse. Mit der insbesondere im Bereich des World Wide Web explosionsartig wachsenden Zahl der Anbieter steigt zudem die Angst vor kommerzieller Überfrachtung des Internet. Daß dies nicht ganz unbegründet ist, zeigen aktuelle Diskussionen um die ungeahnten Möglichkeiten des Internet für den Direktvertrieb, ohne daß die gewachsene Kultur berücksichtigt würde.

on the internet or dead

Neben dem Internet existieren noch eine Reihe unternehmenseigener Weitverkehrsnetze sowie eine Anzahl kommerzieller Netze, die teilweise internationale Verbreitung erreicht haben. Zu den kommerziellen Anbietern gehören Compuserve, Prodigy, Genie oder auch der relative neue Dienst America Online vom amerikanischen Telefongiganten AT&T. Auch Computerkonzerne wie Apple oder Microsoft versuchen, sich im Markt der Online-Dienste zu etablieren. Während Apples eWorld-Projekt trotz guter Kritiken hinter den Erwartungen zurückbleibt, werden für das geplante Microsoft-Network interessante Projekte angekündigt. Die Struktur der kommerziellen Netze ist jedoch im Vergleich zum Internet wesentlich eingeschränkter und von den Abrechnungsarten der Anbieter bestimmt. Email, asynchrone Konferenzen und Dateiarchive sind überall zu finden, doch hat sich gerade in jüngster Zeit die Integrationsfähigkeit mit dem Internet als ausschlaggebender Faktor für die Beliebtheit der kommerziellen Netzte herausgestellt.

7.7 Kaufhof

Die Kaufhof Holding AG in Köln setzt ca. 5100 Lizenzen von *Novell GroupWise* auf 88 Servern in einem großen Novell-Netzwerk aus über 400 Netware Servern an über 100 Standorten in Deutschland ein. Hauptaufgabe des Systems ist die elektronische Kommunikation der Mitarbeiter über elektronische Post sowie die Terminabstimmung verteilter Teams. Zu den typischen Themenstellungen, die mit dem System bewältigt werden, gehören neben der Lösung interner Verwaltungsaufgaben unter anderem auch die Abstimmung der Sortimentsentwicklung sowie die Koordination von bundesweiten beziehungsweise überregionalen Werbeaktionen.

Einführung

Die Einführung des Systems geschah noch mit der Vorläuferversion des Produktes unter dem Namen WordPerfect-Office anhand eines Infrastrukturplans. Mit der erfolgreichen Koppelung der Serversysteme an den verschiedenen Standorten begann dann die Ausweitung der lokalen Nutzung.

Erfahrungen

Eine Reihe von Problemen bei den Versionswechseln wurden während einer Pilotimplementierung identifiziert. Mit der Installation der neueren Versionen konnten diese Probleme allerdings wieder ausgeräumt werden. Positiv sieht man in Köln die enge Integration von Novell GroupWise mit der Textverarbeitung WordPerfect, die ebenfalls bei der Kaufhof AG eingesetzt wird. Die Möglichkeit, die Serverkomponenten von GroupWise als *Netware Loadable Module* (NLM) Prozesse auf den vorhandenen Netware Servern zu betreiben, war der ausschlaggebende Vorteil für das Systemmanagement. Dadurch reduziert sich nicht nur der Administrationsaufwand, sondern es erhöhen sich auch die Stabilität und der Durchsatz des verteilten Systems.

Integration

Eine Integration mit den hostbasierten Warenwirtschaftssystemen wurde nicht vollzogen, jedoch sind Gateways zu externen X.400 und SMTP-Netzen in Betrieb. Im Test befindet sich ein Fax-Gateway, mit dem der gesamte Telefax-Fluß zentral verwaltet werden soll. Die Behandlung eingehender Faxe gestaltet sich jedoch als schwierig, sodaß von einem generellen Einsatz zunächst abgesehen wurde.

Detail-probleme

Insgesamt zeigt man sich bei der Kaufhof AG sehr zufrieden mit den verwendeten Produkten, lediglich im Detail ergeben sich einige Schwierigkeiten. So können mit der neuen Version die Adreßbücher der Anwender nicht mehr nach Postoffice-Einträgen sortiert werden. Mit der engen Zuordnung von Postoffice zu Organisationseinheiten entfällt damit für die Benutzer die Möglichkeit, einen passenden Empfänger für eine Email-Anfrage an eine andere Abteilung durch einfaches Blättern zu finden. Auf der administrativen Seite stellt die Bindung der Postoffices an die Domänen das größte Problem dar. Eine organisatorische Veränderung kann leider nicht durch eine Verschiebung des Postoffices zwischen Domänen abgebildet werden, sondern erfordert einen aufwendigen Neuaufbau der entsprechenden Postoffices.

Ausbau

Für die Zukunft ist neben der Implementierung verschiedener Workflow-Anwendungen die Anbindung von über hundert mobilen Anwendern geplant. Diese Mitarbeiter sollen sich von eigenen Notebooks beziehungsweise dezentralen stand-alone PCs aus über Modem über eine Async NLM auf die Netware- und GroupWise Server einwählen können.

7.8 Lufthansa

Die Lufthansa hat in den letzten Jahren ihre weltweit verteilten Geschäftsstellen über ein X.400 basiertes Mailsystem vollständig vernetzt. Ursprünglich basierte die elektronische Kommunikationsstruktur der Airline auf drei voneinander unabhängigen Systemen: den branchenspezifischen, dem Telex verwandten Type-B-Messages, die nur eine Textübertragung ermöglichen, einem hostbasiert MEMO-Mailsystem, an das weltweit alle Terminals angeschlossen waren, und einem geschlossenen Bürokommunikationssystem SNI 5800, das im Sekretariat in Deutschland die Bearbeitung von Text und Grafiken ermöglichte. Den 50.000 Mitarbeiter einschließlich der 11.000 Mitglieder des fliegenden Personals standen weltweit circa 8.000, in etwa 200 LANs verknüpfte Personal Computer zur Verfügung, die überwiegend mit einem Hostanschluß ausgestattet waren.

Zielsetzungen

Als Ziel einer lange angedachten Umstellung des Kommunikationsverbundes auf den internationalen Standard sollte eine Minimierung der Investitionen, der Kommunikationskosten und des Administrationsaufwandes erreicht werden. Soweit vorhanden, sollten die lokalen Novell-Netze weiterhin MHS nutzen können, während die WAN-Kopplung auf der Basis von X.25 weitgehend beibehalten werden sollte.

Realisierung

Die Entscheidung für die Realisierung fiel schnell auf X.400 als Email-Backbone, das soweit möglich auch lokal genutzt werden sollte. Auf der Produktseite stellte sich OCP-Office als geeignet heraus, da durch die Zweigleisigkeit des Systems ein schrittweiser Umstieg von MHS auf X.400 möglich wurde.

Pilot

Als Pilotprojekt wurden 300 Nutzer an fünf Standorten meist OCP auf Basis von MHS vernetzt. Ausgehend von den Erfahrungen mit dieser Implementierung wurde der weitere Ausbau dann hauptsächlich auf X.400 Basis vorangetrieben. Im Endausbau war ein X.400 *Message Transfer Agent* (MTA) für jedes lokale Netz notwendig, wobei jeweils ein dedizierter Open Server der Firma Retix zum Einsatz kam.

Aus Kostengründen plant die Lufthansa eine spezifische Kombination von X.400 und X.25 Gateways auf OS/2 Basis, um bei kleinen Standorten die dedizierte Hardware zu minimieren. An großen Standorten sind eigenständige MTAs als Mail-Backbones wegen der großen Last ohnehin unumgänglich.

Als Etappenziel wurde der Mailverbund auf X.400 Basis erreicht, in dem alle lokalen Systeme mit jeweils nur einem X.400 Gateway integriert sind. Ferner existiert ein zentrales X.400 Gateway zu MEMO. In der anschließenden Ausbauphase wurden Anschlüsse zu öffentlichen Diensten wie der Telebox 400, dem weltweiten X.400 Zugang der Telekom, dem X.400-Dienst der Sita zu anderen X.400 Airlines, dem Type-B Gateway von Sita zu Airlines ohne X.400 Netze sowie zum Telefax für die sonstige Kommunikation geschaffen.

Erfahrungen

Von zentraler Bedeutung für den Erfolg der Implementierung war die frühzeitige Einbeziehung der Anwender und externen Kooperationspartner. Für die Anwender erwiesen sich die LAN-basierten Mailingsysteme als komfortabler gegenüber den Host-Mailingsystemen, während die Kooperationspartner mit der Adreßumsetzung zu kämpfen hatten und Funktionseinschränkungen durch Inkompatibilitäten hinnehmen mußten. Die Verbreitung von X.400 in der Wirtschaft steigt zwar allgemein durch die Nutzung von Gateways zum eigenen LAN als Minimallösungen, doch die Bereitschaft, sich an Standards zu orientieren, kommt erst spät.

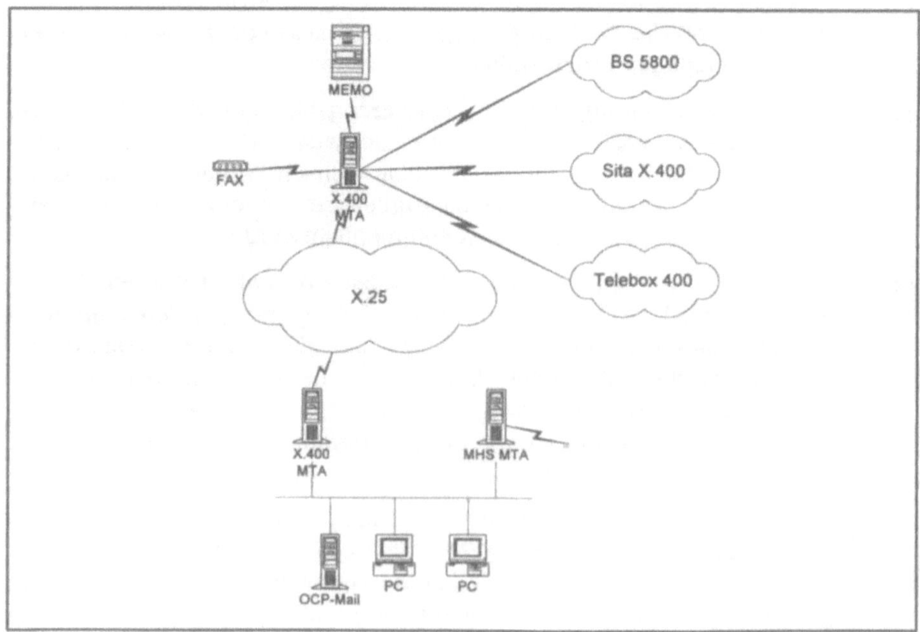

Abb. 7.1: *Mailverbund der Lufthansa nutzt das X.400 Protokoll auf der Basis eines X.25 Netzes[44].*

Ein einheitliches Adreßformat konnte erst im dritten Anlauf gefunden werden, als man sich auf Altbewährtes besann: den Adressierungscode im Stil der Airlinebranche. Ein Mitarbeiter wird nun durch die Einträge Name, Vorname, Airline-Code, City-Code und Abteilungscode identifiziert. Dieses Adreßschema wurde in die X.400-Adressierungsform entsprechend integriert. Dabei stellte sich heraus, daß eine „volle" X.400-Fähigkeit für viele „X.400-Produkte" noch keine Selbstverständlichkeit darstellt. Eine zentrale Adreßbuchpflege ist unumgänglich, entsprechende X.500-Produkte sind allerdings noch nicht marktgängig.

Der Aufwand für eine X.400-Unterstützung erwies sich in vielen lokalen Netzen als zu hoch. Insbesondere für kleine Außenstellen ohne LAN-Spezialisten muß die Administrierbarkeit vereinfacht und eine Remote-Steuerung ermöglicht werden. Das Accounting der Kommunikationskosten wird nur unzureichend unterstützt. Für die Lufthansa konnte zwar ein Durchschnitt von 47 DM pro Nutzer pro Monat ermittelt werden, eine detaillierte Aufschlüsselung und Zuordnung der Kosten ist jedoch nicht möglich.

Fazit

Aus Sicht der Lufthansa steht einer weiträumigen oder gar globalen Vernetzung auf der Basis von X.400 nichts im Wege. Die notwendigen Softwarebausteine sind schon heute am Markt verfügbar. Allerdings muß bei der Integration mit bestehenden Systemen mit der Notwendigkeit von Eigenentwicklungen gerechnet werden.

7.9 Mercedes-Benz Bremen

Im Bremer Werk der Mercedes-Benz AG hat man sich im Dienstleistungscenter „Organisation und Datenverarbeitung" zu einer Eigenentwicklung eines Groupwaresystems auf der Basis von Microsoft-Technologien entschlossen. Das Projekt mit dem prosaischen Namen SAMSON, eine Abkürzung für „**S**ystem zum **A**uftrags**M**anagement, zur **S**törungsbearbeitung und zur **On**-Line-Dokumentation" ist in der ersten Ausbauphase abgeschlossen und befindet sich bereits im Praxisbetrieb.

Ausgangssituation

Das Mercedes-Dienstleistungszentrum stand vor dem Problem, die Zusammenführung der im Hause vertretenen 3270- und Tandem-Welt mit der individuellen Datenverarbeitung zu leisten. Dabei galt es, ca. 2.000 Host-Endgeräte sukzessive durch Personal Computer mit Host-Anbindung zu ersetzen, was im überwiegenden Teil der Fälle bereits erfolgt ist. Allerdings sind erst ca. 50% der PC-Arbeitsplätze untereinander vernetzt. Als besonders problematisch für den Support der Endbenutzer erwiesen sich die unterschiedlichen Formate der Endgeräte-Dokumentation, deren Betreuung zudem auf verschiedenen Hotlines verteilt war sowie ein kompliziertes und „abschreckendes" Antragsverfahren für Gerätebeschaffung beziehungsweise Umkonfiguration.

Zielsetzung

Die vordringlichen Ziele der Groupwareentwicklung waren daher die Schaffung einer einheitlichen, auch von Kunden einsehbaren Dokumentation in Verbindung mit einer zentralen Hotline für alle Probleme. Die Kommunikation zwischen den Hotline-Mitarbeitern und den Fachspezialisten sollte auf elektronischem Wege gewährleistet werden. Jeder Support-Anruf sollte über eine Problemdatenbank mit entsprechender Auswertbarkeit verfolgt werden. Darüber hinaus wurde an ein einheitliches EDV-Antragsverfahren gedacht, einschließlich des elektronischen Bearbeitungsweges.

Auf der Dokumentationsseite wollte man versuchen, den Bestand aller 6.000 Endgeräte wie PC, Host-Terminals, Drucker und sonstiger Peripherie möglichst realitätsgetreu zu erfassen sowie über eine Historie der bearbeiteten Supportfälle eine Know-How-Basis aufzubauen. Ferner waren elektronische Lagerhaltung, Leistungsvereinbarungen und Investmentmanagement geplant. Insgesamt sollten Helpdesk-Mitarbeiter bei der Problemerfassung, Weiterleitung, Behebung, Archivierung und Auswertung umfassend unterstützt werden.

Realisierungsbasis

Da eine eigene Marktanalyse keine zufriedenstellende Produkte ergab, entschloß man sich zu einer Eigenentwicklung. Für die Realisierung wurde Windows NT als Netzwerkbetriebssystem, SQL-Server NT als Datenbank und MS Mail 3.2 als Kommunikationsmedium eingesetzt. Die Integration der MS Office-Produkte WinWord, Excel und Access in die Anwendungsfunktionalität erfolgte über Visual Basic, die Datenbankschnittstelle *Open Database Connectivity* (ODBC) und das Entwicklungsprodukt Elektronic Forms Designer.

Projektablauf

Mit der Entscheidung für eine Eigenentwicklung wurde mit der Systemanalyse der Dokumentenmodellierung und der Feinspezifikation des Systems begonnen. Ein erstes Datenmodell wurde in einer Datenbank implementiert und als Prototyp für die Helpdesk-Betreuung getestet. Dieses erste System diente außerdem als Basis für die elektronische Diskussion des Vorhabens mit allen Beteiligten. Aufbauend auf den Erfahrungen dieser Testphase wurde das komplette System entwickelt, das nach der Erfassung der Grunddaten bereits ein halbes Jahr nach dem Beginn der Arbeiten in den Echtzeitbetrieb ging.

Einführungsprobleme

Während der Einführungsphase erwies sich der Aufbau der Datenbank schwieriger als angenommen. Die Beschreibungsdaten für 2.000 Endgeräte mußten konvertiert und die PC-Daten der Stand-Alone-Geräte erfaßt werden. Diese Aufgabe wurde über ein diskettenbasiertes Konfigurationserfassungsystem gelöst, dessen Daten automatisch auf den SQL-Server übernommen werden konnten. Für die permanente Pflege der Daten mußten zusätzlich organisatorische Vorkehrungen getroffen werden.

Neue Arbeitsweisen

SAMSON ermöglicht seit seiner Inbetriebnahme die Verfolgung und Beantwortung elektronischer Anfragen sowie eine sofortige Konfigurationsübersicht der betroffenen Geräte für die Spezialisten. Weiterhin wurde die Antragstellung, Auftragserteilung und -verfolgung auf elektronischem Wege realisiert.

Erfahrungen

Nach Abschluß der Einführungsarbeiten erwiesen sich im Alltagsbetrieb die einfachen Formularwerkzeuge wie der Electronic Forms Designer als ungeeignet für die Abbildung komplexer Abläufe. Änderungen der Arbeitsabläufe und die Berücksichtigung von Ausnahmebedingungen führten zu einem hohen zusätzlichen Implementierungsaufwand. Es mußten Organisationsstrukturen in die Anwendungen hineincodiert werden, die sich bei organisatorischen Änderungen nur schwer aktualisieren ließen. Insbesondere Rückfragen, Überspringen oder das Zurückholen von Vorgängen sowie nachträgliche Änderungen der Abläufe konnten nicht abgebildet werden.

Zweite Phase

In einem zweiten Anlauf will man nun den Workflow mit einem leistungsfähigeren Werkzeug implementieren. Da kein zentrales Organisationsmodell vorliegt, wird dabei auf ein X.500 basiertes Workflowsystem zurückgegriffen, mit dem man die vorhandene X.500-Struktur nutzen kann. Dadurch eröffnen sich auch Erweiterungsmöglichkeiten für die Kommunikation mit dem X.400-Netz, das sich als Ablösung veralteter Hostendgeräte parallel zu einer Ethernetvernetzung bis in die Produktion im Aufbau befindet.

Ausbau

Für den weiteren Ausbau des Systems ist der Einsatz von Netzwerkmanagementwerkzeugen geplant, über die eine Inventur und Ferndiagnose sowie Installation von Software und Verteilung von Daten erfolgen soll. Weiterhin wird die Nutzung einer Integration mit dem *Simple Network Management Protocol* (SNMP) angestrebt.

Auf der Groupwareseite wird derzeit das Produkt Microsoft Information Exchange als Beta-Software getestet. Das leicht zu administrierende Werkzeug soll als leistungsfähige Email und Groupwareplattform eingesetzt werden. Langfristiges Ziel der Groupwareentwicklung ist die mit dem internen Projektnamen *Computer Integrated Office* (CIO) bezeichnete Zusammenfassung der Funktionen Fax-Server, Email, Groupware, Workflow und Videokonferenzen.

Empfehlungen

Ein zu langes Abwarten bei der Produktauswahl erhöht nach Einschätzung des Mercedes-Benz Groupwareteams die Kosten der organisatorischen Umstellung wesentlich. Andererseits darf bei den ersten Projekten die Komplexität der Aufgabe nicht unterschätzt und die Leistungsfähigkeit der verfügbaren Werkzeuge nicht überschätzt werden.

8 Ausblick

Eine Prognose der weiteren Entwicklung einer so vielschichtigen Technologie wie Groupware hängt von vielen Faktoren ab und ist äußerst schwierig. Während der technologische Fortschritt weitgehend ungebrochen ist, steht dem Groupwaremarkt eine grundlegende Konzentrationsphase noch bevor. Strategische Überlegungen werden die weitere Diskussion der Unternehmensentwicklung zum Thema Groupware stark verändern, und auch die gesellschaftlichen Auswirkungen dieser Technologie sind noch nicht abzusehen.

8.1 Technologische Entwicklung

Die Informationsindustrie wird nach wie vor durch den Wandel von einem anbieter- zu einem käuferbestimmten Markt geprägt. Sichtbarstes Zeichen für diesen Wandel ist die „Öffnung" der einst proprietären Systeme hin zu einer Integrationsfähigkeit durch gemeinsame Schnittstellen (Stichwort: *Openess*). Dieser Trend ist in allen Technologiebereichen zu bemerken.

8.1.1 Hardware

Im Durchschnitt verdoppelte sich die Leistungsfähigkeit der Hardware bislang alle zwei Jahre, vor allem aufgrund der Fortschritte der Halbleitertechnologie. Auch wenn inzwischen die physikalischen Grenzen dieser Entwicklung sichtbar werden, steht der weiteren Leistungssteigerung der Rechensysteme nicht viel im Wege. Die mit der Verbesserung der Halbleitertechnologie steigenden Entwicklungskosten können nur über eine Steigerung der Stückzahlen wieder erwirtschaftet werden. Durch den enormen Kostendruck erscheinen jedoch bisher vernachlässigte Alternativen der Rechnerarchitekturen wirtschaftlich. Ausgehend von Hochleistungssystemen setzt die Parallelität der Rechensysteme neue Leistungsmaßstäbe in vielen Marktsegmenten und eröffnet Entwicklungsperspektiven, die weit über die Steigerungsfähigkeit der Halbleiter hinausgehen. Die Grenzen der Hardwareentwicklung liegen somit eher in der Relation von Entwicklungsaufwand zu marktgängigen Preis-/Leistungsverhältnissen als in den physikalischen Beschränkungen der Technologie.

Speichermedien

Mit der Verbesserung der Halbleitertechnologie geht die Kapazitätssteigerung der Speichermedien einher. Um den Faktor vier steigt die Größe der Halbleiterspeicher mit jeder Generation, während die Zugriffszeiten eher linear abnehmen. Zur Zeit liegt die herstellungsbedingte Grenze der Halbleiterspeicher bei etwa 64 Megabit auf einem Speicherbaustein. Doch auch diese Hürde soll mit neuen Produktionsverfahren übertroffen werden.

Aufgrund der Miniaturisierung sind seit wenigen Jahren erstmals portable Halbleiterspeichermedien wirtschaftlich. Die Flashcards genannten Speicher werden nach dem *Personal Computer Memory Card International Association* (PCMCIA) Standard in etwa Scheckkartengröße gefertigt. Nach bescheidenen Anfängen für Spezialaufgaben reichen die Kapazitäten der Speicherkarten inzwischen in den 100 MB-Bereich hinein. Durch ihre leichte Handhabung können sie sich als Alternative zu den auf wenige Megabyte begrenzten Disketten erweisen.

Die zur Zeit neben den Halbleitern zweitwichtigste Speichertechnologie der Festplattenlaufwerke dringt bei beständig fallenden Zugriffszeiten in einstellige Gigabyte-Bereiche vor. Auch in diesem Marktsegment ist die Technologie durch die Anwendung neuer Aufzeichnungsverfahren noch nicht ausgereizt. Starke Konkurrenz erwächst den Festplatten wie den Disketten jedoch von den optischen Speichermedien.

Während mit der Steigerung des Speicherbedarfs die Disketten zunehmend von *Compact-Disk Read-Only-Memory* (CD-ROM) als Distributionsmedium abgelöst werden, sind die Festplatten durch die kürzeren Zugriffszeiten derzeit noch im Vorteil. Sowohl einmal beschreibbare *Write Once Read Many* (WORM)-Laufwerke als auch wiederverwendbare *Magneto Optical Disk* (MO)-Laufwerke kranken noch an langsamen Zugriffszeiten. Holographische oder gar biologische Speichermedien werden dagegen auf absehbare Zeit ebenso nur in Forschungslabors zu finden sein wie optische oder biologische Computer.

Miniaturisierung

Mit der Leistungssteigerung der Halbleitertechnologie geht die Miniaturisierung der Bauteile und Systeme einher. Die aktuelle Grenze der Integration manifestiert sich in einem kompletten PC-AT auf einem Chip. Durch den Einsatz von ebenfalls hochintegrierten Peripherie-Bausteinen lassen sich vollständige Computersysteme „für die Jackentasche“ fertigen. Die *Personal Digital Assistants* (PDA) genannten Systeme stecken zur Zeit noch in den Kinderschuhen, werden sich aber ohne Zweifel zu allgegenwärtigen Begleitern entwickeln. Dieser Trend wird insbesondere durch den Ausbau der drahtlosen Kommunikation beschleunigt (siehe 5.1.1 Seite 44). Neben den noch mangelhaften Kommunikationsmöglichkeiten wirken sich vor allem die unzureichenden Batterietechnologien bremsend auf die Verbreitung hochmobiler Systeme aus.

8.1.2 Netzwerke

Auch für die Entwicklung der Netzwerke ist noch kein Ende der Entwicklung abzusehen. Die Vernetzung der Systeme schreitet unaufhaltsam voran. Mit der Anzahl der angeschlossenen Rechner steigt die Nachfrage nach immer leistungsfähigeren Übertragungstechniken. Neben optischen Netzen mit *Fast Digital Data Interface* (FDDI)-Schnittstellen im lokalen Bereich und *Integrated Services Digital Network* (ISDN)-Verbindungen über weite Strekken erwächst im *Asynchronous Transfer Mode* (ATM) eine weitere extrem leistungsfähige Netzwerktechnologie. ATM ermöglicht erstmals den Einsatz einer einzigen Übertragungstechnik über alle Ausbaustufen und Leistungsbereiche hinweg. Von lokalen Netzen bis zu Weitverkehrsnetzen, von kostengünstigen Kommunikationskanälen bis zum Hochleistung-Backbone. Lediglich für die kontinuierliche Übertragung extrem großer Datenmengen erweisen sich die extrem kleinen Datenpakete des ATM als problematisch.

Information Highway

An der Grenze zwischen Weitverkehrsnetzen und Unterhaltungselektronik bewegt sich derzeit die US-amerikanische Diskussion über die *National Information Infrastructure* (NII). Die Verbreitung leistungsfähiger Datenkommunikation ist das Ziel der „Information (Super-) Highway"-Konzepte, wobei eine ähnlich hohe Marktdurchdringung wie durch das Telefon erreicht werden soll. Die Technologie, mit der diese hochgesteckten Ziele verfolgt werden, ist höchst unterschiedlich und reicht von konventionellen Computernetzwerken über Telekommunikationskanäle bis hin zu Erweiterungen des Kabelfernsehens. Analog zur Vernetzung ergeben sich an der Benutzerschnittstelle Überschneidungen zwischen der Computertechnologie und der Unterhaltungselektronik Video und Audio.

Büro-integration

Neben diesem langfristigen Multimedia-Trend zeichnet sich nun auch im Bereich der Bürowelt eine höhere Integration der technischen Arbeitsmittel ab. An einer zentralen Steuerung sämtlicher Bürosysteme wie Telefon-Nebenstellenanlagen, Faxgeräte, Kopierer etc. sowie konventioneller Peripheriegeräte wie Drucker,

Scanner und Modems wird derzeit gearbeitet. Die zum Teil aufwendigen Nebenstellenanlagen erweisen sich dabei als die letzten proprietären Computersysteme, deren Integration in modernen EDV-Umgebungen große Probleme bereitet.

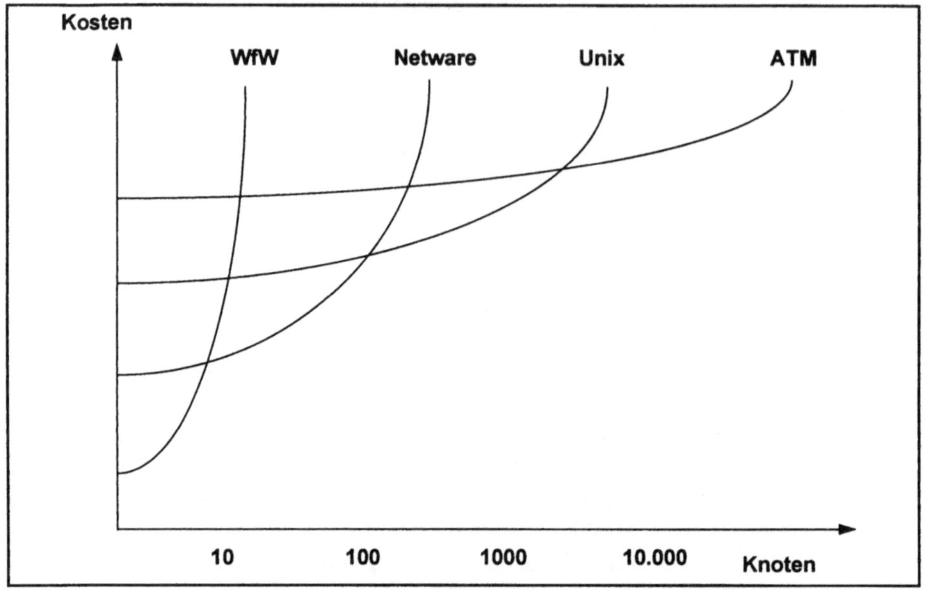

Abb. 8.1: *Die verschiedenen Netzwerksysteme setzen unterschiedliche Preis-/Leistungsrelationen für die Skalierbarkeit.*

Ein ganz anderes Marktsegment, das extreme Wachstumsraten aufzuweisen hat, ist die drahtlose Kommunikation. Über erdgebundene Vermittlungssysteme, wie sie mit dem *Groupe Speciale Mobile* (GSM) etwa bei Mobiltelefonen zum Einsatz kommen, kann von nahezu jedem Ort aus eine Verbindung aufgebaut werden. Der „Anytime, Anyplace Connectivity" der Computer kommen die derzeit noch weitgehend in der Entwicklung befindlichen *Personal Digital Assistants* (PDA) mit eingebauten Mobiltelefonen am nächsten. Die Vision von der permanenten Verfügbarkeit von Informationen an jedem Ort ist aber schon seit einiger Zeit kein Utopie mehr. In den USA sind bereits verschiedene Systeme für Außendienstmitarbeiter großer Unternehmen im Einsatz.

Drahtlose Netzwerke

Neben einer Nutzung der Übertragungskanäle der Mobiltelefonie und des erdgebundenen Datenfunks wird auch an einem direkten digitalen Datenfunk über Satelliten gearbeitet. Mehrere Konsortien arbeiten an globalen Netzwerken für mobile Systeme aller Art. Durch den Einsatz einer größeren Zahl Satelliten in niedrigen Umlaufbahnen läßt sich eine Unabhängigkeit von erdgebundenen Übertragungsstationen erreichen. Die Verwirklichung dieser Projekte wird sich jedoch mindestens bis zum Ende des Jahrzehnts erstrecken.

8.1.3 Software

Der Kampf um Anteile des Softwaremarktes wird zunehmend über die Portabilität der Anwendungen und ihre Integrationsfähigkeit mit existierenden Systemen entschieden. Nicht nur die Bedeutung der Hardware wird stark zurückgedrängt. In den kommenden Jahren werden auch die Unterschiede der Betriebssysteme an Bedeutung verlieren, wenn die Verfügbarkeit von Anwendungsentwicklungsplattformen und die Konformität mit Softwareschnittstellenstandards über den Verbreitungsgrad von Anwendungssoftware entscheidet. Während konventionelle Arbeitsplatzbetriebssysteme wie Windows oder OS/2 die Unabhängigkeit der Anwendungsentwicklung von Hardware- und Betriebssystemschnittstellen nur halbherzig verfolgten, setzen objekt-orientierte Betriebssysteme wie NeXTStep oder Taligent neue Zeichen.

Offenheit

Bei der Weiterentwicklung der bestehenden Software tritt die Integration der Systeme untereinander durch offene Schnittstellen in den Vordergrund. *Offenheit* bedeutet nicht in erster Linie eine Reduktion der Marktbreite auf wenige einheitliche Produkte, sondern eine Übereinkunft über gemeinsame Schnittstellen, um ein Mindestmaß an Zusammenarbeit der Hard- und Softwaresysteme zu ermöglichen. Für den Anwender bringen offene Systeme vor allem zwei unmittelbare Auswirkungen. Zum einen wird es in wachsendem Maße möglich sein, Systeme verschiedener Hersteller zu kombinieren und so den Investitionsaufwand zu minimieren. Zum anderen sind die Hersteller gezwungen, ihre vormals restriktive Produktpolitik zu ändern und die Schnittstellen der eigenen Produkte offenzulegen. Dies führt zu einem verstärkten Wettbewerb und damit letztendlich zu besseren Produkten und einem günstigeren Preis-/Leistungsverhältnis. Während viele Hersteller die Öffnung ihrer Systeme nur langsam vollziehen, ist das sichtbarste Zeichen dieses Trends die Standardisierung der Interoperabilität.

Interoperabilität

Interoperabilität ermöglicht eine wechselseitige Nutzung der verteilten Funktionalität über die Grenzen der Softwaresysteme hinweg. An die Stelle einer programmtechnischen Verbindung der Software tritt die verteilte Nutzung der lokalen Funktionen der interoperierenden Systeme. In dieser Entwicklungsrichtung wurden bereits viele Ansätze verfolgt, doch konnten bisher weder einzelne Hersteller noch ein offizielles Standardisierungsgremium eine umfassende Lösung durchsetzen. Mit dem CORBA Standard der *Object Management Group* (OMG) (siehe 5.1.7 Seite 64) ist nun erstmals ein nahezu branchenweiter Konsens erreicht worden, der die Entwicklung plattformübergreifender Systeme wesentlich vereinfachen wird.

8.1.4 Groupware

Der Groupwaremarkt befindet sich trotz mehrjähriger kommerzieller Praxis noch in einer frühen Phase seiner Entstehung. Die technische Entwicklung ist noch stark von der Marktgängigkeit einzelner Produkte abhängig. Ein klarer Entwicklungstrend ist noch nicht abzusehen. Relativ wahrscheinlich ist eine Polarisierung des Marktes in wenige große Groupwarehersteller und viele kleine Lösungsanbieter. Ebenfalls wahrscheinlich ist eine weitgehende Standardisierung der Groupwaregrundfunktionen. Zum Beispiel werden für das Workflow-Management Standards für die Zusammenarbeit der Systeme entstehen, insbesondere die Weitergabe von Kontrollflußinformationen. Im Sinne einer flexibleren Anpassungsfähigkeit und Individualisierung der Produkte für die jeweilige Organisation werden die Programmierfähigkeit der Systeme über Scriptsprachen unerläßlich werden. Die reine Groupwarefunktionalität der Produkte wird jedoch für den Markterfolg nicht ausreichen. Unterstützung der Heterogenität, Integrationsfähigkeit und Kommunikationsfunktionen für Weitverkehrsnetze werden sich zu den ausschlaggebenden Erfolgsfaktoren entwickeln. Weiterhin wird die Aktivierung der Produkte, der Wandel der Holschuld des Benutzer in eine Bringschuld der Systeme, wichtigstes Kriterium für das Informationsmanagement werden.

Organisationswerkzeuge

Die allgemeine Lösung der Interoperabilitätsproblematik durch CORBA wird auch der Verbreitung von Groupware helfen. Erst durch eine Integration der existierenden Systeme ist eine softwaretechnische Modellierung und Implementation der Geschäftsprozesse mit vertretbarem technischen Aufwand möglich. Die Interoperabilität der Softwaresysteme ist dabei nur ein Aspekt. Die realitätsnahe Modellierung und Gestaltung dieser Prozesse, das *Business Modelling* (siehe 6.5.1 Seite 134), ist ein ebenso wichtiger, aber bislang vernachlässigter Bestandteil. In diesem

Bereich werden die Simulations- und Audit-, d. h. Meßfähigkeiten der Groupwareprodukte stark zunehmen. Groupwaresysteme werden sich zu Organisationswerkzeugen wandeln und als Ergänzung herkömmlicher Organisationsentwicklungsmethodiken fungieren.

Business Objects

Als softwaretechnische Grundlage für das Business Modelling scheint sich die Objekt-Orientierung durchzusetzen. Auch wenn objekt-orientierte Technologien bisher als reines Software Engineering-Thema angesehen wurden, gibt es doch erste Tendenzen, die auf Synergien hinweisen. Innerhalb der Analyse und Design Methodiken spricht man bereits vom *Business Object Modelling,* und die Vorteile der Objekt-Orientierung für eine Modellierung von Organisationsstrukturen und Geschäftsprozessen stehen außer Frage.

Aktive Systeme

Weiter in die Zukunft zu schauen heißt, einen Blick in die Entwicklungslabors der Unternehmen und Universitäten zu wagen. Dort wird intensiv an neuen Techniken zur Aufbereitung von Informationen gearbeitet. Dazu zählen eine verbesserte Informationsfilterung durch *Relevance Feedback,* wie im *Information Lense* System [49], ein evolutionäres Wachstum von Wissensnetzen, wie im *Answer Garden* Programm [1], neuartige Benutzerschnittstellen durch dreidimensionale Darstellung von Wissen, wie im *Information Theatre* Projekt [11] und nicht zuletzt mit der Virtuellen Realität der vollständige Ersatz der herkömmlichen Umwelterfahrung durch vom Computer erzeugte Sinneseindrükke. Der Horizont dessen, was man sich auf der Basis der heute absehbaren technischen Möglichkeiten vorstellen kann, läßt sich als drahtlose Virtuelle Realität beschreiben, mit der man sich von jedem realen Ort aus an jeden virtuellen Ort versetzen kann.

Utopien?

Die ultimative Steigerung des Groupwaregedankens ist die Vision des *Cyberspace,* einer Verschmelzung der menschlichen Wahrnehmung mit der vom Computer erzeugten *Virtuellen Realität* Die in dem inzwischen berühmten Science Fiction Roman „Neuromancer" [25] von Gibson erstmals beschriebene direkte Verbindung des menschlichen Nervensystems mit dem Computernetzwerk wird nach dem heutigen Wissensstand trotz intensiver Forschung in dieser Richtung noch auf absehbare Zeit eine Utopie bleiben.

8.2 Markttrends

In letzter Zeit häufen sich im Groupwaremarkt die Konzentrationserscheinungen. WordPerfect kauft SoftSolutions, Lotus erwirbt Trinzic, Novell verleibt sich WordPerfect ein, Lotus schluckt Iris Associates und Softswitch – das Karussell der Aufkäufe scheint sich immer schneller drehen. Vorläufiger Höhepunkt dieser Konzentrationsbewegung war die Angliederung von Lotus Development an die International Business Machines Corporation. Die IBM sichert sich mit diesem Schachzug den größten Marktanteil und die Nummer eins im Groupwaremarkt, Lotus Development, kann sich der verstärkten Konkurrenz durch den Novell-Wordperfect-Schulterschluß und nicht zuletzt durch den PC-Softwaregiganten Microsoft sicher stellen. Daneben versucht eine Vielzahl kleiner Hersteller beziehungsweise kleiner Abteilungen großer Hersteller wie DEC, ICL mit interessanten Produkten in einzelnen Marktsegementen Fuß zu fassen. Auch Hersteller angrenzender Branchen wie der Datenbankprimus Oracle suchen im Groupwaremarkt nach Synergien für ihre Produkte.

Marktführer Lotus Notes

Der Vorsprung, den Lotus Development mit dem Produkt Notes erarbeiten konnte, beruht im wesentlichen auf einer bisher einmaligen Kombination von Eigenschaften. Jede dieser Techniken: Dokumentenorientierung, Replikation, leicht erlernbare grafische Benutzerschnittstellen, einfache Programmierbarkeit und Volltextindexierung waren bislang auch einzeln erhältlich, aber nicht in dieser Kombination und mit annähernd gleicher Funktionalität auf heterogenen Plattformen. Lotus hat es zudem verstanden, durch aggressives Marketing und die Integration seines bekannten Desktop-Anwendungsportfolios in die Notes-Umgebung einen Quasi-Standard für Groupwaresysteme zu setzen. Sogar Microsoft sah sich gezwungen, in die Office-Produktlinie Notes-Integrationsfähigkeit einzubauen.

Konkurrenz

Der Erfolg von Notes hat Lotus jedoch viele Feinde beschert, und das Unvermögen der Notes Entwicklungsmannschaft, zentrale Probleme des Produktes zu beheben, öffnet den Konkurrenten ausreichend Profilierungsmöglichkeiten. Neben dem ebensolang angekündigt wie überfälligen *Microsoft Information Exchange Server* werden daher weitere Groupwareprodukte mit Plattformcharakter am Markt erscheinen. Produkte, die Nachteile von Notes wie die Abgeschlossenheit des Systems, dessen eingeschränkte Integrationsfähigkeit, seine unzureichende Programmierbarkeit und den zu hohen Administrationsaufwand überwinden helfen, haben gute Chancen, sich dauerhaft am Markt zu etablieren.

Polarisierung

Weitere Konzentrationsbewegungen im Groupwaremarkt sind absehbar, und die Polarisierung des gesamten Marktes in wenige große und viele kleine Anbieter scheint unausweichlich. Die funktionalen Segmente des Groupwaremarktes werden mit hoher Wahrscheinlichkeit nicht in der jetzigen Breite weiterbestehen. Spezialisierte Produkte wie Zeit- und Aufgabenmanagement werden als Teil- oder Zusatzfunktionen in Plattformprodukte integriert werden, während hochspezialisierte Anbieter von verteilten Dokumenteneditoren und Videokonferenzsystemen sich auf Nischenmärkte konzentrieren oder die Kooperation mit den wenigen Großen suchen werden. Die Unternehmen DEC, ICL, Lotus, Microsoft, Oracle und Novell werden sich einen harten Kampf um Anteile am Groupwaremarkt liefern. Jedes dieser Unternehmen hat die Bedeutung der Groupware für die weitere Entwicklung der Informationstechnologie erkannt. Welche der unterschiedlichen Strategien am erfolgreichsten sein wird, bleibt abzuwarten.

Produktverzeichnis

Das Produktverzeichnis ist nach den Namen der Hersteller und ihrer Produkte gegliedert. Neben einer kurzen Beschreibung des Anbieters werden die implementierten Groupwarefunktionen, die unterstützten Plattformen sowie eine Kurzcharakterisierung der Produkte aufgelistet. Das Verzeichnis erhebt keinen Anspruch auf Vollständigkeit.

Action Technologies (ATI)

Als eines der am längsten im Groupwaremarkt aktiven Unternehmen hat sich Action Technologies früh eine Reputation als innovativer Workflowhersteller erworben. Ausgehend von den Forschungsergebnissen der *Speech Act Theorie* von Searle [71] entwickelten Flores und Winograd an der Stanford Universität eines der ersten Workflowsysteme und gründeten später zu dessen Vermarktung das Unternehmen ATI. Für die kommerzielle Anwendung des *The Coordinator* genannten Produktes wurde als eines der ersten PC-basierten Emailsysteme, das *Message Handling System* (MHS) entwickelt, das später an Novell verkauft wurde und als Bestandteil des Netware Netzwerkbetriebssystems eine weite Verbreitung fand. Die aktuellen Produkte von Action Technologies bauen auf dieser Tradition auf.

Action Workflow

Funktion:	Workflow	
Plattform:	*Analyst*:	MS Windows
	Builder:	MS Windows
	Manager:	Lotus Notes, MS SQL Server

Das Action Workflow System besteht aus drei Komponenten, dem *Analyst*, der die Festlegung von Vorgängen durch eine grafische Benutzerschnittstelle ermöglicht, dem *Builder*, der aus der Workflowdefinition ablauffähige Software für Lotus Notes bzw. Microsoft SQL Server generiert, und dem *Manager*, der zur Steuerung der konkreten Abläufe dient. In Anlehnung an die *Speech Act Theorie* [71] werden die informationstechnisch abzubildenden Abläufe in *Produzenten-Konsumenten-Zyklen* zerlegt, die über bedingte Verzweigungen miteinander verknüpft werden können. Zusammen mit einer Definition der Daten, die innerhalb des Workflows Verwendung finden, können dann durch die verschiedenen Builder funktionsfähige Notes-Applikationen beziehungsweise SQL-Datenbanken erzeugt werden. Bei der SQL-Variante übernimmt ein universelles Frontend-Werkzeug die Funktion des Clients. Aufgrund der forschungsorientierten Tradition ist Action Workflow eines der wenigen auch theoretisch untermauerten Workflowsysteme am Markt. Mit der Durchgängigkeit seiner Konzeption und Implementierung setzt es Maßstäbe.

AdvantEdge

Das US-amerikanische Unternehmen AdvantEdge entwickelt innovative Workflow-Designwerkzeuge im Bereich der Prozeß innovation.

Optima!
Funktion: Workflow
Plattform: MS Windows

Optima! ist kein Workflowsystem im engeren Sinne, da es bislang lediglich als Entwicklungs- und Simulationswerkzeug genutzt werden kann und keine Ausführungskomponente enthält. Das Produkt besitzt einen Workfloweditor, der Flußdiagramme manipulieren kann und verfügt über leistungsfähige Simulationsmöglichkeiten. An einer Koppelung mit anderen Workflowsystemen wird gearbeitet, und eine eigene Ausführungseinheit ist in Planung.

Arabesque Software

Das US-amerikanische Softwarehaus hat sich auf *Personal Information Manager* (PIM) spezialisiert und diese um Groupware Funktionalitäten erweitert.

ECCO

Funktion: Information Sharing, Zeitmanagement
Plattform: MS Windows

Im persönlichen wie gruppenorientierten Einsatz bietet ECCO eine flexible Verwaltung von beliebigen Informationen. Die Verwaltung von intern definierten Datensätzen und externen Dateien geschieht über eine Hierarchie von Verzeichnissen, die nach unterschiedlichen Kriterien kategorisiert und geordnet werden können. ECCO ermöglicht den Abgleich unterschiedlich geänderter Datenbestände sowohl manuell als auch über Mail und verfügt über ein umfangreiches Zeitmanagement für Gruppen.

AT&T Global Information Systems (GIS)

Das ehemals als National Cash Register (NCR) eigenständige Unternehmen ist seit längeren mit verschiedenen Produkten im Groupwaremarkt verteten. Die Muttergesellschaft AT&T arbeitet zudem mit Lotus Development am Aufbau eines weltweiten Lotus Notes Netzwerkes.

Cooperation Frameworks

Funktion:	Information Sharing, Zeitmanagement	
Plattform:	Server	Unix SVR4
	Client	MS Windows

Das ehemals unter dem Namen Cooperation bekannte Werkzeug zur Verwaltung von Informationen ist in seiner neuesten Version eines der wenigen Systeme, das Groupwarefunktionalität mit der CORBA-Technologie verbindet. Die Stärken des Produktes liegen in der Aggregierung unternehmensweiter Informationsströme. Neben einer Volltextindexierung verfügt Cooperation über ein einfaches Zeitmanagement und ist über seine objektorientierte Programmierschnittstelle ausgezeichnet erweiter- und integrierbar.

Process IT

Funktion:	Workflow	
Plattform:	Server	Unix SVR4
	Client	MS Windows

Das leistungsfähige Workflowsystem verknüpft einen grafischen Workfloweditor, *MapBuilder* genannt, mit einer datenbankbasierten Ausführungskomponente, dem *Process Activity Manager* (PAM). Über Rollendefinitionen können die Aufgaben und Zugriffsrechte der Benutzer unabhängig von der Organisationsstruktur festgelegt werden. Das *Workview* genannte Clientprogramm stellt für den Endbenutzer die aktuell abzuarbeitenden Vorgänge dar. Der *Status Monitor* liefert einen Überblick der aktuellen Abläufe, während der *Trailer* ausführliche Protokolle erzeugen kann. Ein *Exerciser* genanntes Werkzeug kann zur Simulation und Optimierung von Abläufen herangezogen werden. Auf der Server- wie der Clientseite stehen Programmierschnittstellen zur Integration zur Verfügung.

Attachmate

Der für Connectivity-Produkte bekannte US-Hersteller Attachmate hat vor kurzem das Information Sharing Produkt Open Mind der Digital Communications Associates (DCA) übernommen und sich damit ein Standbein im Groupwaremarkt verschafft.

OpenMind

Funktion:	Information Sharing	
Plattform:	Server	MS Windows NT
	Client	MS Windows, Macintosh

Das Produkt ermöglicht eine folderbasierte Replikation über LAN- und Telekommunikationskanäle und verfügt über eine enge Email-Integration. In der Verzeichnishierarchie können OLE 2.0 Objekte sowie Dateien per Drag & Drop gespeichert werden. Es stehen Betrachter hierfür über 150 Formate zur Verfügung, so daß an den Arbeitsplätzen nicht die Anwendungen installiert sein müssen, mit denen die gespeicherten Informationen erstellt werden. Neben einem Locking-Mechanismus im Client-Server-Betrieb verfügt Open Mind über eine Versionsverwaltung sowie eine Volltextindexierung. Die Benutzeroberfläche gliedert sich in verschiedene Ansichten des *Mind* genannten Informationsraumes. Die *Explorer*-Ansicht ist themenorientiert aufgebaut und ermöglicht eine Kategorisierung der gespeicherten Informationen. Die *Transcript*-Ansicht vermittelt den Dialog zwischen beteiligten Mitarbeitern und die *Track*-Ansicht dient der Verwaltung der eigenen Beiträge. Neben weiteren Ansichten ist zusätzlich eine Such-Ansicht zum schnellen Auffinden von Informationen integriert.

Bull

Die französische Unternehmensgruppe Bull ist bereits seit einigen Jahren im Bereich der Workflowsysteme aktiv.

FlowPath

Funktion:	Workflow
Plattform:	Unix

Das konsequent für einen hohen Durchsatz konzipierte Workflowsystem arbeitet mit einer regelorientierten Ausführungskomponente auf der Basis einer relationalen Datenbank. Für die Definition von Abläufen steht ein grafischer Editor zur Verfügung. Die Integration in bestehende Softwaresysteme geschieht mit Hilfe einer umfangreichen Programmierschnittstelle.

Durch eine Kooperation mit dem Unternehmen WANG wurde zudem die für Massenvorgänge wichtige Faksimileverarbeitung über das Produkt ImageWorks integriert.

bit by bit

Das norddeutsche Softwarehaus vertreibt seine *Group Information Manager* (GIM)-Lösung über verschiedene Vertriebspartner im deutschsprachigen Raum.

orgAnice

Funktion: GIM
Plattform: MS Windows

Der Schwerpunkt der Produktes liegt im verteilten Dokumentenmanagement. Auf der Basis eines relationalen Datenbanksystems können Adreßdaten kooperativ verwaltet werden. Die Erstellung von Dokumenten kann aus dieser Datenbank heraus mit nahezu beliebigen Textverarbeitungssystemen geschehen. Die Struktur der verwalteten Informationen läßt sich in gewissen Grenzen an unterschiedliche organisatorische Anforderungen anpassen.

Campbell Services

Das US-amerikanische Unternehmen bietet bereits seit mehreren Jahren eine Palette plattformübergreifender Zeitmanagement-Lösungen an.

OnTime

Funktion: Zeitmanagement
Plattform: DOS, MS Windows, Mac

Der Zeit- und Ressourcenmanager OnTime ist nicht nur für mehrere Plattformen verfügbar, sondern implementiert seine Funktionalität über Plattformen hinweg. Zu den fortgeschrittenen Eigenschaften von OnTime gehören die Möglichkeit, gemeinsame Termine zu verschieben sowie Kalender zwischen LAN und Notebooks abzugleichen. Die Administration von OnTime wird durch Abstimmungsmöglichkeiten mit Netzwerk-Benutzerverzeichnissen wie der Novell Netware Bindery wesentlich vereinfacht.

CAS Software

Das norddeutsche Entwicklungshaus hat sich als bundesdeutscher Hersteller von Gruppenarbeitsmitteln einen Namen gemacht.

TeamWorks

Funktion: Mail, Zeitmanagement, Information Sharing
Plattform: MS Windows

Als integrierte Groupwarelösung für Windows bietet das Produkt teamworks ein umfangreiches Zeitmanagement, eine zur Ablagesystematik erweiterte Kontaktverwaltung sowie eine grundlegende Email-Funktionalität. Als Erweiterungen sind eine Ressourcenverwaltung und Abstimmungsmechanismen zwischen team-Works-Servern beziehungsweise mit mobilen Nutzern geplant.

Consulting für Office und Information Management (COI)

Aus der klassischen Individualsoftwareentwicklung im Bereich Vorgangssteuerung kommend etabliert sich COI in jüngster Zeit auch mit einer eigenständigen Produktpalette im bundesdeutschen Groupwaremarkt.

Business-Flow

Funktion: Email, Workflow, Information-Sharing
Plattform: Unix

Das Business-Flow Produktspektrum bietet ein modulares Konzept verschiedener Groupwarefunktionalitäten. Mit den Komponenten *Dossier* und *Tedias* stehen Dokumentenmanagement-Funktionen für die Archivierung im Büro beziehungsweise für technische Dokumentationen zur Verfügung. Die Komponente *Office* verbindet eine Multimedia-Email mit Basisfunktionen der Vorgangssteuerung. Umfangreichere Workflow-Anwendungen können mit der Komponente *Floware* auf Basis objektorientierter Technologien implementiert werden. Mit *Forms* steht zudem ein leistungsfähiger Formulareditor zur Verfügung.

Collaborative Technologies (CTC)

Das US-amerikanische Unternehmen Collaborative Technologies konnte sich früh als einer der ersten Produzenten von computerbasierten Konferenzsystemen profilieren.

VisionQuest

Funktion: (a)synchrones Konferenz- und Diskussionssystem
Plattform: DOS, MS Windows

Als eines der ersten synchronen Konferenzsysteme für Entscheidungsräume ermöglicht VisionQuest die Sammlung und Aufbereitung wahlweiser anonymer Diskussionsbeiträge. Für die Auswertung stehen verschiedene Bewertungs- und Wahl-Mechanismen zur Verfügung. Die neueren Versionen des Produktes können auch asynchron in verteilten Installationen genutzt werden.

Collabra Software

Das US-amerikanische Softwarehaus hat sich mit innovativen Softwarelösungen für das Informationsharing einen Namen gemacht. Es setzt auf Kooperationen mit den Großen der Branche wie Lotus Development, Microsoft und Novell, indem es, für deren Groupwareplattformen angepaßt, Varianten seiner eigenen Lösungen anbietet.

Share

Funktion: Information Sharing
Plattform: MS Windows, MS Windows NT

Collabra Share präsentiert ein folderbasiertes Informationsmanagement, das mittels eines Replikationsmechanismus über LAN- und Email-Verbindungen verteilt genutzt werden kann. Als Sicherheitsmechanismus wird dabei das RSA-Verfahren für die gegenseitige Authentisierung der Serversysteme eingesetzt. Das Produkt ist in der Lage, eine Vielzahl von Messaging-Tansportmechanismen zu nutzen. Dem Anwender präsentiert sich Share als ein folderbasierter Informationsspeicher, der eng in das vorhandene Email-System integriert ist. Ein herausragende Eigenschaft ist die Möglichkeit, über die *Query-by-Mail*-Schnittstelle Anfragen an das verteilte Informationsmanagement per Email-Nachrichten zu stellen und die Antworten auf ebendiesem Wege zu erhalten.

Corporate Memory Systems (CMS)

Das als spinoff des Microelectronics and Computer Technology Corporation (MCC) Forschungszentrums in Texas entstandene Unternehmen hat seine Produktpalette aus dem hypertextbasierten Argumentationssysteme *graphical Issue Based Information System* (gIBIS) heraus entwickelt.

CM/1

Funktion: (a)synchrones Diskussionssystem
Plattform: MS Windows

Das Corporate Memory Produkt gibt die verschiedenen inhaltlichen Aspekte und den Verlauf einer Diskussion über eine grafische Darstellungsweise wieder. Die dreistufige Gliederung einer Diskussion in Themen (Issues), Positionen und Argumenten dient der thematischen Strukturierung der Lösungsund Entscheidungsfindung. Das Werkzeug kann synchron zur Unterstützung von Diskussionsrunden und asynchron zur Verfolgung längerfristiger Themenveränderungen genutzt werden.

CoVision

Das US-amerikanische Softwarehaus hat sich auf Konferenz systeme für Macintosh Plattform spezialisiert.

Council

Funktion: Konferenzsystem
Plattform: Macintosh

Zur Vorbereitung, Durchführung und Dokumentation von Gesprächsrunden aller Art kann das Produkt Council herangezogen werden, das über verschiedene Abstimmungsmodalitäten und ein Zeitmanagement für die einzelnen Tagesordnungspunkte verfügt. Hauptvorteil des Produktes sind die im Vergleich zu anderen Systemen geringeren Installations- und Hardwarekosten durch die einfache Implementation auf Apple Powerbooks mit einem AppleTalk-Kabel als einfachster Netzverbindung.

Datafellows

Das für seine leistungsfähige Antivirussoftware bekannte finnische Softwarehaus profiliert sich seit einiger Zeit mit einer flexiblen Eigenentwicklung im Bereich des Information Sharing.

Vineyard

Funktion: Information Sharing
Plattform: MS Windows

Die vielfältigen Beziehungen zwischen Informationseinheiten werden durch Vineyard über eine grafische Darstellung als Netz verdeutlicht. Das Werkzeug, das ein Filesharing im lokalen Netz voraussetzt, ist seit kurzem auch in einer deutschen Version erhältlich. Per Drag und Drop können Dateien aus dem Windows Filemanager in die Informationsnetze übernommen, dort vielfältig kategorisiert und mit anderen Informationen verknüpft werden. Intern verwaltet Vineyard Unternehmen und Mitarbeiter sowie einfache Dokumente und Tabellenkalkulationen.

Delrina

Der für seine Faxsoftware bekannte US-amerikanische Hersteller hat eine Formularsoftware im Programm, die mit bekannten Email-Produkten als Workflowlösung verwendet werden kann.

FormFlow

Funktion: Workflow
Plattform: MS Windows

Formulare, die mit dem leistungsfähigen Entwurfswerkzeug erstellt wurden, können lokal auf Client-Server-Datenbanken zugreifen beziehungsweise über MAPI-, MHS- oder VIM-kompatible Email-Systeme versendet werden. Über die Intelligent Forms Language (IFL) können zudem Informationen mehrere Formulare verknüpft und die Weiterleitung im Netzwerk gesteuert werden.

Digital Communications Associates (DCA)

Der für seine Kommunikationssoftware bekannte Hersteller DCA hat sein Information Sharing Produkt OpenMind vor kurzem an die Firma Attachmate verkauft (siehe Seite 198).

Digital Equipment

Als Unternehmen mit einer der längsten Entwicklungs- und Einsatz-Traditionen für Bürokomunikationssysteme hat Digital Equipment in jüngster Zeit mit neuen Produkten an die Erfolge mit Produkten wie All-In-One anknüpfen können.

LinkWorks

Funktion:	Information Sharing, Workflow	
Plattform:	Server	Unix
	Client	MS Windows, Unix

Das objekt-orientierte System realisiert ein verteiltes Information Sharing auf der Basis relationaler Datenbanken. Dem Anwender präsentiert sich Linkworks als Erweiterung der üblichen Desktop-Metapher. Über Aktenschränke und Vorgangsmappen als Elemente der Benutzerschnittstelle werden gemeinsame Informationen verwaltet. Ausgehend von der grafischen Darstellung eines hierarchischen Organisationsmodelles können Dokumente weitergeleitet und einfache Automatisierungen von Vorgängen festgelegt werden. Herausragende Merkmale von Linkworks sind die Bereitstellung der persönlichen Arbeitsumgebung unabhängig von der aktuellen Arbeitsstation sowie die einfache dezentrale Administration verteilter Installationen. Für die Zukunft ist der Ausbau der Workflowkomponente für Routineabläufe geplant.

Edify

Der Hersteller von Telefonautomatisierungssoftware hat seine Basistechnologien für allgemeine Ablaufsteuerungen zu einem vollwertigen Workflowsystem erweitert.

Electronic Workforce

Funktion:	Workflow
Plattform:	OS/2

Auf der Grundlage eines einfachen tabellenorientierten Ablaufeditors ermöglicht das Produkt die automatisierte Bearbeitung einer großen Anzahl von Vorgängen unter Beteiligung vielfätiger Informationsquellen. Das prozedurale Werkzeug ist Datenbankbasiert und kann über eigens entwickelte Schnittstellenmodule mit bestehenden Softwaresystemen interagieren. Die über den *Agent-Trainer* definierten und getesteten Abläufe werden vom *Agent-Runtime* ausgeführt, wobei das System durch mehrere parallel arbeitende *Agenten* sehr gut für unterschiedliche Auslastungen konfiguriert werden kann.

FileNet

Der auf leistungsfähige Imaginglösungen spezialisierte US-amerikanische Anbieter hat seine Produktpalette um Workflowkomponenten erweitert.

Visual Workflo

Funktion:	Workflow	
Plattform:	Server	Unix
	Client	MS Windows, OS/2

Der *Composer* genannte grafische Editor des Produktes erlaubt die Definition von *WorkObjects*, Bearbeitungsschritte, die über bedingte Verzweigungen miteinander verknüpft und über eine Scriptsprache programmiert werden können. Über das *Conductor* genannte Administrationsmodul werden die aktuellen Vorgänge verwaltet und die Rechte der Benutzer definiert, die über das *Performer*-Programm an den Abläufen als Clients teilnehmen.

Fujitsu Personal Systems (FPS)

Die international agierende Tochter des japanischen Computergiganten Fujitsu versucht, sich mit Konferenzsystemen im Groupwaremarkt zu etablieren.

Desktop Konferencing

Funktion:	Konferenzsystem
Plattform:	MS Windows

Das als eigenständiges Produkt und als Integrationswerkzeug zu Lotus Notes erhältliche Produkt erlaubt Screen Sharing und Shared Whiteboard Operationen mit oder ohne zentralen Moderator. Die Integration mit Lotus Notes erleichert die Administration der verteilten Sitzungen und ermöglicht synchrone Operationen unter Lotus Notes.

grapVINE Technologies

Das australische Unternehmen hat die Forschungsergebnisse der Universität von New South Wales im Bereich des Informationsmanagements in eigenständige Produkte umgesetzt.

grapeVINE

Funktion:	Information Sharing	
Plattform:	Server	OS/2
	Client	MS Windows, OS/2, Macintosh

Aus dem Bercich des Information Retrieval kommend indexiert das Produkt alle eingehenden Informationen und kategorisiert diese Daten nach individuellen Profilen der verschiedenen Benutzer in einem sogenannten Knowledge-Chart. Je nach Relevanz der Informationen können einzelne Benutzer auch über das Eintreffen besonders wichtiger Informationen benachrichtigt werden. Die Integration mit Lotus Notes ermöglicht die Pflege der Benutzerprofile sowie der indexierten Informationen in Notes-Datenbanken.

International Computers Limited (ICL)

Als Bestandteil einer umfassenden Softwarepalette für die Vernetzung heterogener Systeme unter dem Namen *TeamWARE* bildet eine Kombination von sich ergänzenden Groupwareprodukten das flexible Angebot der zum japanischen Computergiganten Fujitsu gehörenden ICL.

TeamOFFICE

Funktion:	Email, Zeitmanagement, Workflow, Information Sharing, (a)synchrones Konferenzsystem	
Plattform:	Server	Unix, MS Windows NT, Netware
	Client	MS Windows, OS/2

Das aus fünf unabhängigen, aber integrierbaren Produkten bestehende Paket hat gute Chancen, sich als Groupwareplattform zu etablieren. Die *TeamMail* genannte Email-Komponente arbeitet X.400 basiert und kann mit einem Fax- beziehungsweise MEMO-Gateway ausgestattet werden. Das Konferenzsystem *TeamForum* ermöglicht strukturierte Diskussionen und kann in Weitverkehrsnetzen ebenfalls über X.400 Nachrichtenaustausch betrieben werden. Das Zeitmanagementwerkzeug *TeamCalender* bietet neben den üblichen Abstimmungsmechanismen auch die Verwaltung privater Kalender. Das Workflow-Produkt *TeamFlow* besteht aus den Komponenten *Case Plan Editor*, das zur Definition von Workflows dient, dem *Supervisor Tool*, das laufende Vorgänge verwaltet und dem *Document Folder*, dem Endbenutzer Clientprogramm. Die Archivkomponente *TeamLibrary* verwaltet einen strukturierten Informationsspeicher mit einer Versionsführung für einzelne Dokumente und verfügt über eine Volltextindexierung.

International Business Machines (IBM)

Durch die Übernahme von Lotus Development hat sich die IBM aus einer Verfolgerposition an die Spitze des Groupwaremarktes katapultiert (siehe Lotus Development). Die verschiedenen IBM-eigenen Groupwareprodukte wurden erst in jüngster Zeit zu einer Gesamtstrategie unter dem Namen Workgroup zusammengefaßt. Mit Basistechnologien wie dem *System Object Model* (SOM) beziehungsweise mit Kooperationen, wie der Beteiligung an Taligent, hat IBM mit die besten Voraussetzungen für einen langfristigen Erfolg im Groupwaremarkt.

Flowmark

Funktion:	Workflow
Plattform:	OS/2

Das objekt-orientiert implementierte Workflowsystem verbindet einen grafischen Workflow-Editor mit einer prozeduralen Scripting-Sprache und der Fähigkeit, Abläufe grafisch animiert zu simulieren. Neben der Auditfähigkeit des leistungsfähigen Produktes fällt insbesondere die Implementierung in C++ unter Verwendung einer Objektdatenbank auf.

Person2Person

Funktion: synchrones Konferenzsystem
Plattform: OS/2

Das Produkt erlaubt Screen Sharing und Shared Whiteboard Operationen und ist inzwischen auch Bestandteil des OS/2 Warp Bonus Pack.

Time and Place/2

Funktion: Zeitmanagement
Plattform: OS/2, MS Windows

Das Zeitmanagementprodukt verwaltet neben Terminkalendereinträgen von Arbeitsgruppen auch ToDo-Listen. Es bestehen Integrationsmöglichkeiten zu den hostbasierten Bürokommunikationsanwendungen OfficeVision und PROFS.

JetForm

Mit einer aus der Formularverarbeitung stammenden Anwendung, die um Workflowfähigkeiten erweitert wurde, ist der US-amerikanische Hersteller JetForm im Groupwaremarkt vertreten.

JetForm

Funktion:	Workflow	
Plattform:	Server	OS/2, Unix, VMS, MS Windows
	Client	Macintosh, MS Windows

Das Produkt besteht aus den drei Komponenten *Design*, *Server* und *Filler*, die als Entwurfswerkzeuge, Ausführungskomponente und Clientprogramm agieren. Zu allen gängigen Datenbanken stehen lokale Zugriffsmodule zur Verfügung, für verteilte Anwendungen können MAPI- beziehungsweise VIM-basierte Email-Transporte genutzt werden.

LION

Das bundesdeutsche Softwarehaus hat sich aus der akademischen Forschung heraus mit einem leistungsfähigen Workflowsystem einen Namen erwerben können.

LEU

Funktion: Workflow
Plattform: Unix

Das Petri-Netz basierte Workflowsystem verfügt neben einem grafischen Ablauf-Editor für hierarchisierbare Petri-Netze über eine leistungsfähige Ausführungskomponente mit umfangreichen Audit- und Analysemöglichkeiten. Der Durchsatz des Systems kann aufgrund der modularen Implementierung durch die Verteilung von Workflowausführungskomponenten auf dedizierte Server sehr gut skaliert werden.

Lotus Development

Der ursprünglich für seine Desktop-Anwendungen insbesondere im Bereich der Tabellenkalkulation bekannte Hersteller hat durch sein frühes Investment in die Groupwaretechnologie mit dem Produkt Lotus Notes nicht nur einen Quasi-Standard definiert, sondern den kommerziellen Markt für Groupware überhaupt erst geschaffen. Mit der Angliederung an die International Business Machines Corporation (IBM) wird sich diese Position in wachsenden Groupwaremarkt noch verstärken.

Notes

Funktion:	Email, Information Scharing	
Plattform:	Server	AIX, HP/UX; Netware, OS/2, SCO, Solaris, SunOS, MS Windows, MS Windows NT
	Client	AIX, HP/UX; Macintosh, OS/2, SCO, Solaris, SunOS, MS Windows, MS Windows NT

Das Produkt verfügt über einen Replikationsmechanismus, der Kopien von Notes Datenbanken über Netzwerk- beziehungsweise Telekommunikationsverbindungen abgleichen kann. Als Besonderheit werden die programmierbaren Eigenschaften der Datenbanken bei der Replikation ebenfalls mitübertragen. Zusätzlich ist ein vollständiger Messaging-Mechanismus implementiert, der in das Datenbankmanagement integriert wurde. Für die Authentisierung der Serversysteme und der Clients der Endbenutzer wird ein RSA-Verfahren verwendet. Für die Integration mit Datenbanken und anderen Messaging-Systemen stehen eine Reihe von Gateways zur Verfügung, ebenso verschiedene FAX-Schnittstellen.

Organizer

Funktion: GIM
Plattform: MS Windows

Der *Group Information Manager* (GIM) verwaltet Terminkalender, Arbeitsgruppen sowie persönliche Adreßverzeichnisse und ToDo-Listen. Über eine Integration der Terminabstimmung mit Lotus Notes kann das Produkt auch in weitverteilten Umgebungen eingesetzt werden.

Microsoft

Das im PC-Betriebsystem und -Applikationsmarkt dominierende Unternehmen versucht, sich mit einer eigenständigen Produktstrategie auch im Groupwaremarkt zu etablieren.

Information Exchange (MIX)

Funktion:	Information Sharing	
Plattform:	Server	MS Windows NT
	Client	MS Windows, MS Windows 95, MS Windows NT

Das ehemals *Enterprise Message Server* (EMS) beziehungsweise *Information Exchange Server* (IES) genannte Produkt ist bislang nur in Beta-Testversionen verfügbar. Das als X.400 MTA mit X.500 Direktory Service ausgelegte System verwaltet einen MAPI-kompatiblen OLE-Objectstore. Teile der zugrundeliegenden Folderhierarchie können durch einen Replikationsmechanismus über LAN-Verbindungen oder Email-Transporte mit anderen Exchange-Servern abgeglichen werden. Die Connectivity, die Sicherheitsmechanismen und die Administrationsmöglichkeiten des Produktes bauen auf Windows NT Betriebssystemfunktionalität auf. Die zugehörige Clientsoftware erlaubt einen Zugriff auf gemeinsame Bereiche der Folderhierarchie und ermöglicht die Integration von Windowsanwendungen.

Schedule +

Funktion: Zeitmanagement
Plattform: MS Windows

Das Produkt, das standardmäßig im MS Windows für Workgroups Paket enthalten ist, bietet die üblichen Zeitmanagementfunktionalitäten. Eine Client-Server-Version des Produktes kann auch im weit-verteilten Fall eingesetzt werden.

Novell

Novell hat mit dem Aufkauf von Wordperfect die Voraussetzungen geschaffen, um das erfolgreiche Netzwerkbetriebssystem Netware auf der Anwendungsseite zu einer Groupwareplattform aufzuwerten. Der vorangegangene Aufkauf von Softsolutions durch Wordperfect verleiht dieser Plattform zusätzliche Funktionalität im Bereich des Dokumentmanagement. Als integrierender Faktor bietet sich zudem die von Novell erarbeitete Entwicklungsumgebung Appware an.

GroupWise

Funktion:	Email, Zeitmanagement	
Plattform:	Server	OS/2, Netware, MS Windows, Unix
	Client	MS Windows

Neben einer leistungsfähigen Email-Komponente verfügt Groupwise über ein Zeitmanagementfunktion und ein ToDo-Listen-Verwaltung. Die Adressenverwaltung von Groupwise kann mit der eines Netware-Netzes verbunden werden. Für die Integration in heterogenen Netzen stehen eine Reihe von Gateways sowie eine Programmierschnittstelle zur Verfügung.

InForms

Funktion:	Workflow
Plattform:	DOS, MS Windows

Die Formularsoftware besteht aus einem Entwurfswerkzeug und einem Clientprogramm und erlaubt Zugriffe auf lokale Datenbanken beziehungsweise den Informationsversand über Email-Systeme.

Olivetti

Der italienische Informationstechnikhersteller ist im Groupwaremarkt mit einer integrierten Palette von Groupwarewerkzeugen vertreten.

IBIsys

Funktion:	Email, Zeitmanagement, Workflow, Information Sharing	
Plattform:	Server:	OSF/1, SCO, Unix SVR4
	Client:	MS Windows

Das IBIsys System von Olivetti setzt sich aus verschiedenen Produkten für heterogene Systeme zusammen, unter denen auch die grundlegenden Groupwarefunktionen zu finden sind. Neben der

Email-Komponente *X_Mail*, der Zeitmanagement-Software *X_Diary* und der volltextindexierenden Archivierungskomponente *X_Index* ragt insbesondere das Workflowwerkzeug *X_Workflow* heraus. Dies verfügt über einen grafischen Ablauf-Editor und implementiert eine regelorientierte, datenbankbasierte Vorgangssteuerung.

ON Technologies

Das US-amerikanische Softwarehaus ON Technologies hat sich mit innovativen Produkten im Groupwaremarkt eine Namen gemacht.

Instant Update

Funktion: gemeinsamer Editor
Plattform: Macintosh

Das Werkzeug zur gemeinsamen Bearbeitung von Dokumenten arbeitet synchron auf Macintosh-Maschinen in Appletalk-Netzwerken. Die Auflösung von Bearbeitungskonflikten geschieht durch jeweils denjenigen Benutzer, der eine konfliktäre Änderung vonehmen will.

Meeting Maker

Funktion: Zeitmanagement
Plattform: Macintosh, MS Windows

Das Zeit- und Ressourcenmanagementwerkzeug mit leistungsfähigen Abstimmungsmöglichkeiten arbeitet auf Macintosh und MS Windows Rechnern. Die Systeme auf den unterschiedlichen Plattformen können kooperieren, wenn ein Novell-Netzwerk verwendet wird.

Oracle

Der Datenbankhersteller Oracle ist dabei, verschiedene Produkte zu einer vollständigen Groupwareplattform zu integrieren.

Office

Funktion:	Email, Zeitmanagement	
Plattform:	Server	(alle Oracle 7 Plattformen)
	Client	Macintosh, MS Windows, OSF/1

Das Produkt verfügt über eine leistungsfähige Email und Zeitmanagement-Komponente, die von den integrierten Möglichkeiten der relationalen Datenbanktechnologie profitieren.

Polaris

Das US-amerikanische Softwarehaus Polaris hat sein *Personal Information Manager* (PIM) Produkt um Groupwarefunktionalitäten erweitert und zum *Group Information Manager* (GIM) ausgebaut.

Packrat

Funktion: GIM
Plattform: MS Windows

Das Produkt verfügt über eine integrierte Adreß-, Kalender- und ToDo-Listen-Verwaltung, enthält eine Volltextindexierung und ist über eine Makrosprache programmierbar.

Siemens Nixdorf Informationssysteme (SNI)

Die Informationstechnik Tochter der Siemens AG ist im Groupwaremarkt mit einem Workflowsystem vertreten. Die SNI verfolgt keine konsequente Weiterentwicklung vorhandener Bürokommunikationslösungen in Richtung Groupware.

WorkParty

Funktion: Workflow
Plattform: MS Windows, Unix

Das leistungsfähige Workflowsystem setzt sich aus dem Organisations- and Ressource Manager (ORM), einem graphischer Editor für Abläufe und einer Integration in die OCIS Bürokommunikationsumgebung zusammen. Das System arbeitet regelorientiert und datenbankbasiert auf der Grundlage des ORM Organisationsmodells.

SunSoft

Die auf Betriebssystem und Anwendungssoftware spezialisierte Tochter der Sun Microsystems Computer Corporation (SMCC) ist im Groupwaremarkt mit einem Konferenzsystem vertreten.

ShowMe

Funktion: Konferenzsystem
Plattform: Solaris

Das als Shared-Screen Werkzeug entwickelte ShowMe wurde vor einiger Zeit um Video- und Audiokommunikationsfähigkeit zu einem einfachen Konferenzsystem erweitert. Neben einer farblich unterschiedenen Markierungsmöglichkeit für alle Benutzer erfolgt die Weitergabe der Änderungskontrolle gleichberechtigt zwischen den Benutzern über ein Tokenverfahren.

SoftArc

Zu den am meisten unterschätzten Groupwareherstellern gehört das kanadische Unternehmen Softarc. Was die Zahl der installierten Systeme angeht, so liegt SoftArc mit über 3 Millionen Lizenzen mit in der Spitzengruppe des Groupwaremarktes. Durch die fast ausschließliche Konzentration auf die Macintosh Plattform ist Softarc jedoch weit weniger bekannt als andere Groupwarehersteller.

FirstClass

Funktion:	Information Sharing	
Plattform:	Server:	Macintosh
	Client:	Macintosh, MS Windows

FirstClass ermöglicht die Replikation von folderbasierten Informationsverzeichnissen über lokale Netze und/oder Telekommunikationseinrichtungen. Das sehr ökonomische System beschränkt sich dabei zunächst auf eine Übertragung von Beitragstiteln, um bei Bedarf des jeweiligen Benutzers die Übertragung des kompletten Inhaltes nachzuholen. Die Übermittlung der Daten geschieht dabei parallel zur laufenden Bearbeitung anderer Beiträge.

Software Ley

Als einer der wenigen bundesdeutschen Groupwarehersteller bietet die nordrheinwestfälische Software Ley ein leistungsfähiges Workflowsystem an.

COSA

Funktion:	Workflow
Plattform:	Unix

Das Petri-Netz-orientierte Vorgangssteuerungsystem arbeitet datenbankbasiert und ist über eine Scriptsprache programmierfähig.

Uniplex

Der Bürokommunikationshersteller hat seine aus dem Bürokommunikationsbereich stammende Produktpalette konsequent um Groupwarefunktionalitäten erweitert und erarbeitet mit kleineren Unternehmen Speziallösungen für Nischenmärkte.

OnGo

Funktion: Email, Zeitmanagement
Plattform: OSF/1

Das Produkt OnGo verfügt über eine X.400 kompatible Email-Komponente und ein einfaches Zeitmanagement. OnGo kann über verschiedene Zusatzprodukte wesentlich erweitert werden.

Ventana

Die Ventana Corporation ist ein weiteres Unternehmen des Groupwaremarktes, das auf einer langen akademischen Tradition fußt. Von Mitarbeitern der Universität von Arizona wurde die Firma gegründet, um die Forschungsergebnisse des *Arizona Meeting Rooms*, eines der ersten großen Labors für Konferenz systeme, in die kommerzielle Praxis umzusetzen.

Groupsystem V

Funktion: Konferenzsystem
Plattform: DOS, MS Windows

Eines der ersten und bekanntesten Konferenzsysteme ermöglicht die Sammlung, Aufbereitung und Bewertung von Diskussionsbeiträgen. Das System kann sowohl synchron wie asynchron im lokalen Netz oder in weitverteilten Netzwerken eingesetzt werden. Neben der Anonymisierung der Beiträge verfügt Groupsystem V über eine Vielzahl von Abstimmungs- und Bewertungsverfahren und kann mit oder ohne Moderation eingesetzt werden.

GroupWriter

Funktion: gemeinsamer Editor
Plattform: MS Windows

Ein gemeinsamer Editor für Textdokumente ermöglicht die gleichzeitige Bearbeitung unterschiedlicher Textstellen in einem Dokument. Die Abstimmung der Änderungsoperationen wird durch Sperrung der in Bearbeitung befindlichen Textstellen realisiert.

TeamGraphics

Funktion: gemeinsamer Editor
Plattform: MS Windows

Das System zum gleichzeitigen Editieren von Grafiken arbeitet sowohl in lokalen Netzen als auch über Telekommunikationsverbindungen über weite Entfernungen. Die Abstimmung der Benutzer untereinander geschieht über Sperrung der bearbeiteten grafischen Elemente.

B Abkürzungsverzeichnis

Erläuterungen zu den Abkürzungen finden sich im Glossar

ABC	Activity Based Costing
ANSI	American National Standardization Institute
API	Application Binary Interface
ARPA	Advanced Research Projects Agency
ASCII	American Standard Code for Information Interchange
ATM	Asynchronous Transfer Mode
BPR	Business Process Reengineering
BOA	Basic Object Adapter
CD-ROM	Compact Disk Read Only Memory
CGI	Common Gateway Interface
CMIP	Common Management Information Protocol
CORBA	Common Object Request Broker Architecture
COSS	Common Object Services Specification
DCE	Distributed Computing Environment
DII	Dynamic Invokation Interface
DTD	Document Type Definition
DSI	Dynamic Skeleton Interface
EDI	Electronic Data Interchange
EDIFACT	Electronic Data Interchange for Administration, Commerce and Transport
EDP	Electronic Document Publishing
EIS	Executive Information System
ESIOP	Environment Specific Inter-ORB Protocol
FDDI	Fast Digital Data Interface
FTP	File Transfer Protocol
GDSS	Group Decision Support Systems
GIM	Group Information Manager
GIOP	General Inter-ORB Protocol
GSM	Groupe Speciale Mobile

HTML	Hypertext Markup Language
HTTP	Hypertext Transfer Protocol
IDL	Interface Definition Language
IIOP	Internet Inter-ORB Protocol
ISDN	Integrated Systems Digital Network
ISO	International Standardization Organization
LAN	Local Area Network
MAPI	Message Application Programming Interface
MHS	Message Handling System
MIME	Multipurpose Internet Mail Extension
MIS	Management Information System
MTA	Message Transfer Agent
MO	Magneto Optical
NetBIOS	Network Basic Input Output System
NFS	Network File System
NII	National Information Infrastructure
NLM	Netware Loadable Module
NNTP	Network News Transfer Protocol
NSF	National Science Foundation
OCR	Optical Character Recognition
ODA	Open Document Architecture
ODBC	Open Database Connecivity
ODL	Object Definition Language
ODMG	Object Database Management Group
OLE	Object Linking and Embedding
OLTP	Online Transaction Processing
OMA	Object Management Architecture
OMG	Object Management Group
OQL	Object Query Language
ORB	Object Request Broker
OSF	Open Software Foundation
OSI	Open System Interconnection
PC	Personal Computer
PCMCIA	Personal Computer Memory Card International Association
PIM	Personal Information Manager

PDA	Personal Digital Assistent
RPC	Remote Procedure Call
RSA	Rivest, Shamir, Adleman
SGML	Standard Generalized Markup Language
SIG	Special Interest Group
SMTP	Simple Mail Transfer Protocol
SNMP	Simple Network Management Protocol
SWIFT	Society of Worldwide Interbank Financial Transfers
SOM	System Object Model
SQL	Structured Query Language
TCP/IP	Transmission Control Protocol /Internet Protocol
TQM	Total Quality Management
URL	Universal Ressource Locator
VIM	Vendor Independent Messaging
WAIS	Wide Area Information System
WAN	Wide Area Network
WORM	Write Once Read Many
WWW	World Wide Web

C Glossar

Soweit deutsche Übersetzungen gebräuchlich sind, werden diese aufgeführt, anderfalls werden die fremdsprachlichen Fachbegriffe erläutert.

Abort Folgenloser Abbruch einer Transaktion (siehe auch: Commit, Recovery, Transaktion).

Activity Based Costing (ABC) Aktivitätsgesteuerte Kostenrechnung, bei der die Aufschlüsselung der Kosten nach tatsächlich anfallenden Aktivitäten, nicht nach vorgegebenen Verteilschlüsseln erfolgt.

Authentisierung Identfizierung eines Systembenutzers durch Verschlüsselungstechnologien

Benchmarking Managementmethode zum Vergleich der eigenen Organisation mit dem besten Konkurrenzunternehmen.

Bürokommunikation Computerunterstützung für Bürotätigkeiten; Vorläufer von Groupware.

Business Process Reengineering Reorganisationsmethodik, die eine radikale Veränderung von Unternehmensstrukturen und Organisationsabläufen verfolgt.

Change Agent Verantwortlicher für Reorganisationsmaßnahmen.

Change Management Langfristige Steuerung der Veränderung von Unternehmen.

Competitive Intelligence Fähigkeit eines Unternehmens, Wettbewerber systematisch zu beobachten und Marktentwicklungen zu antizipieren.

Commit Erfolgreicher Abschluß einer Transaktion (siehe auch: Abort, Recovery, Transaktion).

Commitment Unterstützung des Managements für Reorganisationsmaßnahmen.

Distance Learning	Computergestützte Weiterbildung über Weitverkehrsnetze.
Downsizing	Prozeß der Umwandlung mehrstufiger Organisationen in flache Hierarchien beziehungsweise Wechsel von Großrechnersystemen auf Client-Server-Technik.
Entscheidungsraum	Besprechungszimmer, das mit einem Groupwaresystem zur Entscheidungsunterstützung ausgestattet ist.
Erfolgsfaktor	Unternehmenseigenschaft, die einen langfristigen wirtschaftlichen Vorteil sichert.
Geschäftsprozeß	Gewinn- beziehungsweise umsatzrelevanter Organisationsablauf.
Group Information Manager	Groupwaresysteme zur Verwaltung von Termin und Projektinformationen von Arbeitsgruppen.
Groupscheduler	Zeitmanagementwerkzeug für Arbeitsgruppen.
Groupware	Unterstützung von Organisationen durch Informationstechnologie
Imaging	Speicherung von Dokumenten und Bildern durch Informationssysteme.
Information Sharing	Verteilung und gemeinsame Nutzung von Informationen.
Heterogenität	Implementationsunterschiede zwischen Informationssystemen.
Lean Management	siehe Schlankes Management
Lean Organization	siehe Schlanke Organisation
Lean Production	siehe Schlanke Produktion
Medienbrüche	Fehlende Übergänge zwischen inkompatiblen Kommunikationsmedien.
Meetingware	Groupwaresysteme zur Unterstützung von Gesprächsrunden.
Messaging	Automatisierte Übertragung von Informationen mittels elektronischer Post.
Netiquette	Konvention von Verhaltensweisen in Groupware-

	systemen.
Office Automation	siehe Bürokommunikation
Organisationelles Gedächtnis	Fähigkeit einer Organisation, erworbenes Wissen zu bewahren.
Organisationelle Intelligenz	Fähigkeit einer Organisation, erworbenes Wissen gemeinsam zu nutzen.
Organizational Intelligenz	siehe Organisationelle Intelligenz
Organizational Memory	siehe Organisationelles Gedächtnis
Personal Information Manager	Anwendungssoftware zur Verwaltung von Termin und Projektdaten.
Prozessorientierung	Ausrichtung der Unternehmensstruktur nach Geschäftsprozessen.
Recovery	Wiederherstellung eines konsistenten Datenzustandes nach einem Systemzusammenbruch (siehe auch: Abort, Commit, Transaktion).
Rightsizing	Synonym für Downsizing.
Roadmap	Alternativenplan für den Ausbau von Informationssystemen.
Schlanke Organisation	Organisationsform mit optimalem Ressourceneinsatz für die Kern-Geschäftsprozesse.
Schlanke Produktion	Fertigungssteuerung mit kleinstmöglichen beziehungsweise ohne Zwischenlager.
Schlankes Management	Konzentration auf das Wesentliche als Managementprinzip.
Screen Sharing	Groupwaresysteme zur gemeinsamen Bedienung von Anwendungssoftware.
Selbstorganisation	Fähigkeit einer Organisation, sich selbstständig an Veränderungen anzupassen.
Shared Whiteboard	Groupwaresysteme zum Austausch von Kurzmitteilungen und Grafiken.
Simultaneous	Entwicklungsmethodik, die normalerweise sequen-

Engineering tielle Arbeitschritte parallelisiert.

Team Selling Vertriebsmethodik, die auf ein gemeinsames Bemühen aller Mitarbeiter um Kundenzufriedenheit abzielt.

Total Quality Management (TQM) ISO normierte Methode der schrittweisen Verbesserung produktionstechnischer und organisatorischer Abläufe.

Transaktion Änderungsoperation eines Datenbanksystems (siehe auch: Abort, Commit, Recovery).

Virtualisierung Loslösung der Kommunikationsvorgänge von physikalischen Beschränkungen.

Vorgangssteuerung Unterstützung organisatorischer Abläufe durch Informationssysteme.

Workflow (siehe Vorgangssteuerung)

Workgroup Computing Synonym für Groupware.

D Bibliographie

Die Einträge der Bibliographie gliedern sich wie folgt:

Autoren; Titel; Verlag; Erscheinungsort; Erscheinungsjahr;

sowie zusätzlich für Artikel:

Publikation; Band; Nummer; Erscheinungsdatum

[1] Ackerman Mark, Malone Thomas; Answer Garden: A Tool for Growing Organizational Memory; ACM; New York; 1990; Proceedings of COIS'90;;;1990

[2] Adams Dennis; Cooperative learning; Thomas; Sprigfield; 1990

[3] Angell; The Elements of E-Mail Style, Communicating Effectively via Electronic Mail; eMedia; Hannover; 1994

[4] Anteneh Salehu; Zur Lösung komplexer mehrkriterieller Entscheidungsprobleme mittels Decision Support Systemen; Peter Lang; Frankfurt; 1994

[5] Argyris Chris; Overcoming organizational defenses; Allyn and Bacon; Boston; 1990

[6] Bannon Liam; ECSCW'91; Kluwer; Amsterdam; 1991

[7] Borghoff Uwe; Schlichter Johann; Rechnergestützte Gruppenarbeit; Springer; Berlin ; 1995

[8] Brüggemann-Klein Anne; Einführung in die Dokumentenverarbeitung; Teubner; Stuttgart; 1989

[9] Bullen Christine, Johansen Robert; Groupware; Center for Information Systems Research; Cambridge; 1988

[10] Bullinger Hans-Jörg; Workflow-Management bei Dienstleistern; FBO; Baden-Baden: 1994

[11] Clarkson Mark; Informaiontheatre; McGraw Hill; New York;1993;Byte;;1;1993

[12] Coleman David; Proceedings of Groupware'92; Morgan Kaufman; New York; 1992

[13] Coleman David; Proceedings of Groupware'93 Europe; Morgan Kaufman; New York; 1993

[14] Coleman David; Proceedings of Groupware'93; Morgan Kaufman; New York; 1993

[15] Coleman David; Proceedings of Groupware'94 Europe; Morgan Kaufman; New York; 1994

[16] Coleman David; Proceedings of Groupware'94; Morgan Kaufman; New York; 1994

[17] Davenport Thomas H.; Process Innovation, Reengineering Work through Information Technology; Harvard Business Scholl Press; Cambridge;1993

[18] Dier Mirko; Groupware; CW-Edition; München; 1994

[19] Dordrecht; Computer supported cooperative work; Kluwer; Amsterdam; 1992

[20] Easterbrook Steven; CSCW: Cooperation or conflict?; Springer; 1993

[21] Ellstroem Per-Erik; Beyond organization development; Pedagogiska Institutionen; Linkoeping; 1985

[22] Fasnacht Daniel; Koordination verteilter und heterogener Datenbanksysteme; Josef Eul; Bergisch Gladbach; 1993

[23] Friedrich Jürgen; Computergestuetzte Gruppenarbeit (CSCW); Teubner; Stuttgart; 1991

[24] Gais Udo; Methodenunterstützung bei der Einführung eines Vorgangssystems; Peter Lang; Frankfurt; 1994

[25] Gibson; Neuromancer

[26] Greenberg Saul; Computer-supported cooperative work and groupware; Academic Press; London; 1991

[27] Grote Gudela; Schneller - besser - anders kommunizieren?, Die vielen Gesichter der Bürokommunikation; Teubner; Stuttgart; 1993

[28] Gunsheimer Thomas; Informationspartnerschaften, Konzeptionelle Grundlagen für die Gestaltung von Partnerschaften im Informationsmanagement; Peter Lang; Frankfurt; 1994

[29] Haken Hermann; Information and self-organization; Springer; Berlin; 1988

[30] Hammer Michael, Champy James; Reengineering the Coorporation; Harper Business; New York; 1993

[31] Hänle Michael; Systeme zur Unterstützung von Gruppenentscheidungen; Josef Eul; Köln; 1993

[32] Hartmann; Menschengerechte Groupware, ergonomische Gestaltung und partizipative Umsetzung; Teubner; Stuttgart;1994

[33] Holsapple, Whinston; Recent Developments in Decision Support Systems;Springer;New York;1993

[34] Holtham; in [13]

[35] Hutter Michael; Self-organization instead of regulation; Wirtschaftsverlag; Berlin; 1987

[36] Johansen Robert; Groupware; Free Press; New York; 1988

[37] Johnson-Lentz Peter, Johnson-Lentz Trudy; Groupware: the process and impacts of design choices; Academic Press; New York; 1982; Computer Mediated Communication Systems

[38] Kanter Rosabeth; When giants learn to dance; Simon and Schuster; New York; 1989

[39] Kauffels Franz-Joachim; PC-Netze und Workgroup Computing; Datacom; Bergheim; 1993

[40] Kaye; Collaborative Learning Through Computer Conferencing; Springer; Berlin; 1992

[41] Kerner Helmut; Rechnernetze nach OSI; Addison-Wesley; München; 1992

[42] Kirkpatrick David; Here Comes the Payoff from PCs; New York;1992;Fortune;1992-03-23

[43] Klotz Michael; Integrierte Anwendungssoftware und Unternehmensorganisation; Erich Schmidt; Berlin; 1993

[44] Köstinger Astrid; Groupware-Forum'94; IIR; Frankfurt; 1994

[45] Kummer Hans-Ulrich; Entwicklung eines Decision Support Systems für die Sortiments- und Distributionsplanung in Großhandelsunternehmen; Peter Lang; Frankfurt; 1993

[46] Laurel Brenda, Mountford Joy; The art of human-computer interface design; Addison-Wesley; Reading; 1992

[47] Lenk Martin; Wirtschaftliche und humanitäre Auswirkungen des Einsatzes moderner Telekommunikations-Technik; Peter Lang; Frankfurt;1994

[48] Luthans Fred; Organizational behavior modification and beyond; Scott Foresman; Glenview; 1985

[49] Malone Thomas; Intelligent Information-Shring Systems;ACM;New York;1987;CACM;30;5;1987

[50] Marca David; Groupware; IEEE; New York; 1991

[51] Nastansky Ludwig; Workgroup computing; Steuer- und Wirtschaftsverlag; Hamburg; 1993

[52] Neugebauer Oswald;Führen und geführt werden; Ferdinand Enke; Stuttgart; 1990

[53] Niculescu Horia; Entwicklung und Effektivität von CBT im Rahmen der betrieblichen Weiterentwicklung; Peter Lang; Frankfurt; 1995

[54] Nunnamaker Jay; persönliche Kommunikation;;;1994

[55] O'Malley; Computer Supported Collaborative Learning; Springer; Berlin; 1994

[56] Opper Susanna; Technology for Teams;Van Nostrand Reinhold; New York; 1992

[57] Österle Hubert; Unternehmensführung und Informationssystem; Teubner; Stuttgart; 1992

[58] Petersen Jörg; Lehren und Lernen im Umfeld neuer Technologien, Reflexionen vor Ort; Peter Lang; Frankfurt; 1994

[59] Pfeiffer Werner;Lean Management; Erich Schmidt; Berlin; 1992

[60] Quinn James; Intelligent enterprise; Free Press; New York; 1992

[61] Rasmussen Jesn; Distributed decision making; Wiley; Chichester; 1991

[62] Reinwald Berthold; Workflow-Management in verteilten Systemen; Teubner; Stuttgart; 1993

[63] Robinson Mike;Through a Lens Smartly;Mc Graw Hill; New York; 1991; Byte; ; 5;1991

[64] Rödiger Friedrich; Computergestützte Gruppenarbeit, ACM Bericht 34;Teubner; Stuttgart; 1991

[65] Sammon William; Business competitor intelligence; Wiley; New York; 1984

[66] Schmid; Computer Integrated Production Systems and Organizations; Springer; Berlin; 1994

[67] Schmitt Hans-Jochen; Client-Server Architekturen, Architekturmodelle für eine neue informationstechnische Infrastruktur; Peter Lang; Frankfurt;1993

[68] Schneider Michael; Kein Gramm zuviel; ; Hamburg;1993;Manager Magazin; ;8;1993

[69] Scholz Karsten; Ansätze für ein Controlling zur Sicherung einer erfolgreichen Standardsoftwareeinführung; Peter Lang; Frankfurt; 1995

[70] Scholz Rainer; Geschäftsprozessoptimierung; Joseph Eul; Köln; 1994

[71] Searle; Speech Act Theory; Suhrkamp; ; 1969

[72] Senge Peter; The fifth discipline; Doubleday; New York; 1990

[73] Shannon; A Mathematical Theory of Communication; AT&T;;1948;Bell Technical Journal;27;3;1948

[74] Spinas Philipp; Benutzerorientierte Softwareentwicklung; Teubner; Stuttgart; 1994

[75] Strauß Christine; Informatik-Sicherheitsmanagement, Eine herausforderung für die Unternehmensführung; Teubner; Stuttgart; 1991

[76] Styjan Yohanan; Impossible organizations; Greenwood; New York; 1989

[77] Tannenbaum Andy; Netzwerke, Springer; New York; 1992

[78] Tergan Sigmar-Olaf; Open learning and distance education with computer support; Bildung und Wissen; Nürnberg; 1992

[79] Ulrich Hans; Self-organization and management of social systems; Springer; Berlin; 1984

[80] Verdejo; Collaborative Dialogue Technologies in Distance Learning; Springer; Berlin; 1994

[81] Vetter Max; Global denken, lokal handeln in der Informatik; Teubner; Stuttgart; 1994

[82] Vetter Max; Informationssysteme in der Unternehmung; Teubner; Stuttgart; 1994

[83] Waern Yvonne; Cognitive aspects of computer supported tasks; Wiley; Chichester; 1990

[84] Weber-Schäfer Ute; Die Nachfrage und das Angebot von externen Informationen zu Unternehmensstrategien in einem Online-Informationssystem; Peter Lang; Frankfurt; 1995

[85] Wilson Paul; Computer supported cooperative work; Intellect; Oxford; 1991

[86] Woitass Michael; Koordination in strukturierten Konversationen; Oldenbourg; München; 1991

Sachwortverzeichnis

A

B

E

F

G

H

I

J

K

L

M

N

O

P

Q

R

S

T

U

V

W

X

Z

Handbuch Interorganisationssysteme

von Rainer Alt und Ivo Cathomen

1995. XII, 518 Seiten und eine Falttafel. Gebunden.
ISBN 3-528-05498-0

Aus dem Inhalt: Interorganisationssysteme (IOS) – Elektronischer Datenaustausch (EDI) – Computerintegrierte Logistik (CIL) – Waren-, Finanz- und Informationslogistik – Systembeschreibungen – Bahninformationssysteme – Cargo-Community Systeme (CCS) – Electronic Banking Systeme – Hafeninformationssysteme – Interbankensysteme – Versicherungssysteme – Zollsysteme.

Eine Analyse von über 130 Systemen aus dem Logistikbereich zeigt in einer bisher nicht existierenden Breite den heutigen Stand und die künftigen Entwicklungen von IOS auf. In der Analyse werden Systeme erfaßt, die die Geschäftsabwicklung, also den Transport physischer Güter und deren Bezahlung unterstützen. Mit dem breiten, die Waren- und Finanzlogistik umschließenden Logistikverständnis wird es möglich, die heute weitgehend getrennte Ausrichtung interorganisatorischer Systeme zu identifizieren und Wege zu einer computerintegrierten Logistik (CIL) aufzuzeigen. Vor diesem Hintergrund dokumentiert dieses Buch die bestehenden Aktivitäten und beurteilt sie hinsichtlich Entstehung, Funktionalität, technischem Konzept und künftiger Ausrichtung in übersichtlicher Darstellung.

Über die Autoren: Dipl.-Kfm. Rainer Alt und lic. oec. HSG Ivo Cathomen sind Wissenschaftliche Mitarbeiter am Kompetenzzentrum Elektronische Märkte des Instituts für Wirtschaftsinformatik der Hochschule St. Gallen.

Verlag Vieweg · Postfach 15 46 · 65005 Wiesbaden

Unternehmenserfolg mit EDI

von Markus Deutsch

1995. VIII, 260 Seiten (Zielorientiertes Business-Computing; hrsg. von Fedtke, Stephen) Gebunden. ISBN 3-528-05440-9

Aus dem Inhalt: Inhalt: strategische Bedeutung des elektronischen Datenaustausches (EDI) – Integration von EDI in Unternehmensabläufe – Re-Engineering durch EDI – Übertragungswege – Nachrichtentypen – Gestaltung eines Projektes zur Einführung von EDI: Vorbereitung, Durchführung, Nachbereitung – Erfahrungsberichte aus Firmen- und Branchenprojekten.

Das Buch spannt einen Bogen von der Einführung in die Denkweise des elektronischen Datenaustausches (EDI) bis hin zu einer Präsentation der momentanen Einsatzgebiete. Den Schwerpunkt bildet die Gestaltung eines Projektes zur Einführung von EDI im Unternehmen, unabhängig von Branche und Firmengröße. Die Praxisbeispiele und Erfahrungsberichte machen das Buch zu einer leicht verdaulichen Lektüre und Arbeitshilfe, in der die Leser ihre eigenen Problemstellungen wiederfinden können. Mit einer Vielzahl von Checklisten und Erfassungsbögen liefert das Buch einen idealen Begleiter, der weit über die Einführungsphase von EDI hinausreicht.

Über den Autor: Dipl.-Math. Markus Deutsch war mehrere Jahre für EDI-Projekte bei einem Konverterhersteller tätig und ist momentan selbständiger Unternehmensberater.

Verlag Vieweg · Postfach 15 46 · 65005 Wiesbaden